交通政务信息工作实务

《交通政务信息工作实务》编写组

人民交通出版社

图书在版编目（CIP）数据

交通政务信息工作实务/《交通政务信息工作实务》编写组编. —北京：人民交通出版社，2008.8
ISBN 978-7-114-07318-2

I. 交… II. 交… III. 交通运输管理-行政管理-信息工作 IV. F502

中国版本图书馆 CIP 数据核字(2008)第 120239 号

书　　名：交通政务信息工作实务
著 作 者：《交通政务信息工作实务》编写组
责任编辑：黄兴娜
出版发行：人民交通出版社
地　　址：(100011)北京市朝阳区安定门外外馆斜街 3 号
网　　址：http://www.ccpress.com.cn
印　　刷：北京市密东印刷有限公司
开　　本：787×960　1/16
印　　张：22.75
字　　数：320 千
版　　次：2008 年 8 月第 1 版
印　　次：2008 年 8 月第 1 次印刷
书　　号：ISBN 978-7-114-07318-2
定　　价：49.00 元

《交通政务信息工作实务》

编写组名单

主　编：杨　咏

副主编：陈毕伍　李　刚　杜殿虎　费维军

成　员：王华春　徐文强　智利敏　任　谊

薛超敏　白　晶　郝荷婷　何向红

关于本书

经过十余年的发展，交通政务信息工作已经成为交通系统各单位办公室工作的重要组成部分，形成了比较完善的工作制度体系，在服务各级领导全面掌握情况、科学民主决策、及时指导工作等方面发挥了越来越重要的作用。随着交通事业的不断发展，交通政务信息工作面临着新的形势和要求，其地位和作用将更加明显。为了进一步提高交通政务信息工作水平，更好地服务领导决策，同时，也是应部分交通政务信息一级网成员单位的要求，部办公厅组织编写了这本《交通政务信息工作实务》，以帮助从事政务信息工作的同志，尤其是刚开始从事政务信息工作的同志更好地了解政务信息工作知识，把握政务信息工作规律，提高政务信息编报的时效性、针对性、服务性和规范性。

本书作为政务信息工作的参考书，以实践性、指导性为编写原则，共五篇，第一篇《领导同志论信息工作》，摘录了部分党中央、国务院领导同志以及交通部和交通部办公厅领导关于信息工作的重要讲话。第二篇《交通政务信息工作规章制度》，收录了近年来中办、国办、交通部以及交通部办公厅制定的政务信息工作相关制度和要求。第三篇《交通政务信息案例实务》，介绍了部办公厅目前编辑的各种政务信息刊物；从近年来交通政务信息一级网成员单位报送的信息中选编了200个实例，列举了常见的政务信息类型和部分范例，说明了我们认为规范的政务信息编写方式，分析了合格的政务信息应具有的基本要素，并剖析了政务信息编报过程中几种比较容易出现的问题。第四篇

《交通政务信息工作经验交流》，收录了部分交通政务信息一级网成员单位提供的政务信息工作经验总结，以方便各单位互相学习借鉴好的政务信息工作方法。第五篇《部分交通部门（单位）政务信息工作制度》，收录了部分交通部门（单位）关于政务信息工作总体要求、考核办法等方面的制度。

本书由部办公厅主任杨咏任主编，部办公厅副主任陈毕伍、李刚、杜殿虎和部水运科学研究院副院长费维军任副主编，部办公厅信息处负责组织编写，部水运科学研究院协助编写。在编写过程中得到了交通政务信息一级网成员单位的大力支持，收入本书的信息案例、工作总结、规章制度均由各单位提供；内蒙古自治区交通厅王必亮、山西省交通厅郭富平、江苏省交通厅李红、长江海事局谢军、中国交通建设集团李自学等同志积极参与了本书《交通政务信息案例实务》部分的编写；在本书的初稿征求意见阶段，山东省交通厅赵方德、宁波市交通局胡本志、广西壮族自治区交通厅刘杏、四川省交通厅杜春屏、河北海事局刘力军等同志提出了许多宝贵的修改意见。同时，部海事局陆卫东、辽宁省交通厅郭晓峰、江苏省交通厅张欣、浙江省交通厅刘鹏飞、江西省交通厅熊华武、部长航局李定国、大连海事大学许民强、安徽省运管局张军等同志以及部办公厅研究室、文书处也对编写工作给予了很大支持。在此，我们对上述单位和同志表示衷心的感谢！

由于时间和水平的原因，本书难免有不足和疏漏之处，请各位读者不吝赐教。

本书编写组

二〇〇八年七月

目录

JIAOTONGZHENGWUXINXI GONGZUOSHIWU

MULU

第一篇 领导同志论信息工作

第二篇　交通政务信息工作规章制度

第三篇 交通政务信息案例实务

第五篇　部分交通部门(单位)政务信息工作制度

第一篇

领导同志论信息工作

第一章　党中央、国务院领导关于信息工作的讲话摘要

毛泽东同志讲话摘要

没有调查，没有发言权。

（摘自《反对本本主义》，《毛泽东选集》第一卷 109 页）

邓小平同志讲话摘要

中国社会过去闭塞，造成信息不通，是一个很大的弱点。

（摘自《政治上发展民主，经济上实行改革》，《邓小平文选》第三卷 117 页）

现在不是讲信息重要吗？确实很重要。做管理工作的人没有信息，就是鼻子不通，耳目不灵。

（摘自《在接见首都戒严部队军以上干部时的讲话》，《邓小平文选》第三卷 306－307 页）

总之，不要关起门来，我们最大的经验就是不要脱离世界，否则就会信息不灵，睡大觉，而世界技术革命却在蓬勃发展。

（摘自《保持艰苦奋斗的传统》，《邓小平文选》第三卷 290 页）

江泽民同志讲话摘要

办公厅是上情下达、下情上达的枢纽。下情上达，就是要把下面的情况全面地、准确地、实事求是地向上反映，既不能报喜不报忧，也不能报忧不报喜；既不能粉饰太平，又不能听风就是雨，虚张声势。

（摘自江泽民同志1990年在省、自治区、直辖市党委秘书长座谈会上的讲话）

当今世界，科技进步突飞猛进，特别是信息技术和网络技术发展迅速，对世界政治、经济、军事、科技、文化、社会等领域产生了深刻影响。这必须引起我们高度关注。

信息网络的发展，不仅为我国经济增长提供了新的动力和支撑点，而且为群众丰富文化生活，为党和国家机关改进工作，提供了新的手段和途径。

（摘自《推动我国信息网络快速健康发展》，《江泽民文选》第三卷300－301页）

县级以上党政领导机关，要经常分批抽调干部深入农村，调查研究，了解情况，倾听意见，提供信息，发现先进典型，帮助做好工作。

（摘自《高度重视农业、农民、农村问题》，《江泽民文选》第一卷275页）

胡锦涛同志讲话摘要

推进决策科学化、民主化，完善决策信息和智力支持系统，增强决策透明度和公众参与度，制定与群众利益密切相关的法律法规和公共政策原则上要公开听取意见。

（摘自胡锦涛同志2007年10月15日在中国共产党第十七次全国代表大会上的报告）

华建敏同志讲话摘要

为确保各级领导决策的正确，要求报告的情况和报送的信息，必须是真实而非虚假、客观而非主观、全面而非片面、本质而非表面，做到全面、准确、及时、规范。也就是说，报告的情况和报送的信息必须反映事物的全貌，既要报告初始情况，也要有后续反映，展现事态发展的全过程；反映客观事物本来面目，揭示事物的内在联系；报告要及时、迅速、规范，并善于捕捉带有倾向性、苗头性的重要情况。做好信息报告工作，必须尊重客观事实，认真研究实际情况，特别是要围绕中央重大决策和部署、领导同志重要批示的贯彻落实情况，反映涉及全局的普遍性、倾向性的问题；要围绕国民经济和社会发展中的重大问题，反映本地区、本部门开展工作的思路和成效；要围绕保障人民群众的合法权益，反映群众生产生活中的困难和问题；等等。……要扩大政务信息来源渠道和技术手段，拓宽信息内容，增加深度，提高质量。

（摘自华建敏同志2004年在全国政府系统秘书长办公厅主任会议上的讲话）

第二章　交通部及交通部办公厅领导关于交通政务信息工作的讲话

在交通政务信息工作座谈会上的讲话

交通部副部长　翁孟勇

（2003年5月30日）

同志们：

信息工作很重要。从社会发展历史进程看，信息发挥的作用越来越突出。当前我们正处于工业社会向信息社会转变的时代，信息的获取可有力地促进经济、政治、文化、社会建设，谁掌控了信息，谁就拥有主动权。刚刚结束的伊拉克战争就是美国在信息战中抢占先机，进而赢得这场战争的典型例子。这足见信息的重要性。

信息的种类很多，政务信息是其中重要的组成部分。从广义讲，所有与政府部门依法行政相关的信息都属于政务信息。而我们今天讨论的是狭义的政务信息，也就是向党中央、国务院报送的，向部党组、部领导提供的，以及向交通行业下发的政务信息。

今天召开座谈会，主要目的是进一步强调政务信息工作的重要性，提高思想认识，探讨发展思路，研究解决问题，使政务信息工作适应党的十六大提出的进一步转变政府职能的要求，适应交通事业发展的要求，适应当前抗非典这一特殊时期的工作要求。下面我在同志们讨论的基础上，谈几点意见。

一、充分认识加强和改进交通政务信息工作对于促进交通事业发展的重要性

加强和改进交通政务信息工作，既要立足当前，又要着眼长远，要紧紧围绕交通政务信息的三大功能开展工作。

一是为党中央、国务院领导决策提供信息服务。交通部是主管全国公路、水路交通的行业主管部门，必须准确、及时、全面地向中央提供信息，汇报部党组关于发展交通事业的总体思路，交通重点工作进展情况，行业发展存在的突出问题及对策建议，自觉接受党中央、国务院的领导，主动争取上级的关心和支持。这对于加快发展交通事业十分关键。比如我们在公路建设尤其是农村公路建设方面主动向中央汇报有关情况，争取政策支持。国务院领导非常重视，作出重要批示，这就为加快公路交通发展创造了有利条件，争取了宽松的环境。又如非典期间有的省提出要阻断交通，以防非典通过交通工具传播。我们及时反映有关情况并提出相应对策，得到了中央的充分肯定，从而保障了全国交通畅通和运输生产不断。

二是利用信息资源强化我部宏观管理职能。通过综合信息服务为部党组实施战略决策提供支撑;通过反馈行业信息,为部党组修订有关交通行业发展政策提供帮助;通过信息方式传达其他行业或地区的成功做法,为部党组借鉴其他部门的先进经验,促进交通行业自身发展提供参考。总之,要充分利用信息手段为部党组科学决策提供服务。

三是为全行业乃至全社会提供信息服务。党的十六大提出要进一步转变政府职能，这就要求各级政府部门要完善政务公开制度，特别是要及时向社会披露政务信息，切实保障人民群众的知情权、参与权和监督权。这次非典既给我国经济社会各个方面带来很大冲击，又提供了很多可借鉴的经验和教训。SARS 发现不及时，很大程度上和我们信息公开制度不完善有关系。交通部门也要深刻总结这次抗非典的经验教训，就应对突发事件来讲，其中很重要的一个方面就是要建立使交通工具使用者及时获取交通信息的渠道。当然，完成这项工作不容易，但我们必须不断向这方面努力。

今天我们讨论政务信息工作,就是要让各单位各部门充分认识交通政务信息工作的重要地位和重要作用。只有在认识上到位了,才能结合交通实际下大力气加强和改进政务信息工作,充分发挥好政务信息的三大功能。

二、必须认清当前交通政务信息工作存在的不足和问题

首先应充分肯定这些年我们在政务信息工作上所做的努力，不只是办公厅，还包括部机关各个司局，都做了大量的工作，应该说政务信息工作取得了一定的成绩，也得到了中央有关部门的好评。但是，在信息获取、报送渠道、反应机制等方面也还存在不小差距，概括起来主要有以下几方面问题：

一是信息采集的覆盖面不够广，网络不够健全。这与我们整个行业管理体制仍处在不断改革和发展之中有很大关系。前些年我们的建设任务很重，把很多精力放在了抓基础设施建设上，相对来讲对涉及行业管理方面信息的采集网络建设确实重视不够。将来要建立健全规范的信息公开制度，就要充分利用现代化的手段和公共网络体系采集各方面信息，这是十分重要的基础性工作。省和地市交通部门都要建立畅通的网络体系。没有这一网络，交通政务信息就成了无源之水，无本之木，信息的时效性和准确性就无法保证。

水上安全方面的信息相对较好。去年"5.7"空难因为我们有手段，能在第一时间掌握有效信息，为中央的应急处置提供了有力支持。交通行业其他方面，能否也建立这样一个网络系统，及时掌握与行业发展相关的第一手资料，这就需要各司局认真研究信息获取方式、采集范围、采集指标和采集时间，为宏观管理服务。宏观决策和政策制定必须建立在对大量有效信息分析的基础上，不能靠拍脑袋。同时，政策执行过程中，也需要通过信息反馈来掌握政策的执行情况和适应性，以便作必要的调整和完善。

二是部内信息渠道不够畅通，信息资源未能有效整合。各个部门都掌握大量信息，但就目前情况看，缺乏整合，未能形成信息网络，实现资源共享。最近虽然做了一些整合工作，但更多的是考虑应急需要。这次办公厅提出在各司局建立信息联系点，我觉得有必要。一方面如果所有信息都通过各司局办公室或综合处报送，由于他们对有些情况不一定掌握，无法满足信息要求，另一方面信息报送环节增多，影响工作效率。尤其是

再让司局长审核把关,信息的传递速度肯定打折扣,时效性必然降低。实际上,司局长们只需要审核重大信息,其他的文责自负。信息反映的内容必须真实可靠,负责采编信息的同志也要负责任。这方面要建立奖惩制度。应该讲,政务信息工作本身是政府部门管理工作中的重要组成部分,因此,部内如何确保信息畅通,会后各司局要落实好办公厅提出的意见,进一步加强这方面的沟通。

三是政务信息工作部门力量亟待加强。过去信息工作由办公厅秘书处具体负责,而秘书处还有其他大量的工作,真正从事政务信息工作的同志很少,这样不利于信息网络建设,不利于进一步提高信息质量。最近我们采取了一些临时性措施,如由研究室承担专报信息编报任务,现在看来效果很好,但这还不够。因此,我们决定在办公厅成立信息处,职责包括规划建设信息网络,整合部机关信息资源,编报政务信息等。

四是对政务信息工作认识不足。主要体现在对政务信息的重要性认识不够,局限于日常工作,满足于政务信息的报送量,对怎样实现政务信息的三大功能考虑不多。我前面已经强调,要从更深层次上认识政务信息工作。政务信息工作反映了两大方面,一是行业的整体管理水平,二是我们的政治敏感度,这也是对我们执政能力和水平的检验。我们要切实把提高政务信息工作水平和转变政府职能、改进工作作风、改进行业管理结合起来。目前我们从事政务信息工作的经验还不足,典型的例子是前几天贵州发生山体滑坡,我们掌握情况最早,上报也比较早,但没有产生应有的效果。我觉得这反映出两个问题:一是编报的信息结构不理想,几项措施分散在文中,不突出;二是信息渠道不畅通。类似事情要好好总结,举一反三,把经验和教训作为宝贵财富加以积累,以利于更好地开展政务信息工作。

上述存在的这些问题,必须引起高度重视,必须以高度的责任感和紧迫感加紧解决。

三、原则同意办公厅提出的《当前加强和改进部机关交通政务信息工作的意见》

一要明确加强和改进交通政务信息工作的指导思想,就是以实现交通新的跨越式发展为中心；为党中央、国务院和其他上级机关服务，为部领导、部机关服务，为交通系统各单位服务；围绕党中央、国务院的大政方针和一个时期部的中心工作，围绕交通法规、重要政策的制定和实施，围绕交通建设和管理中的热点、难点问题，围绕交通行业的重大事件，围绕交通行业改革、发展的趋势和需求五个方面，收集、研究、编报重点信息、综合信息、专报信息和参考性信息。交通政务信息工作要充分体现这一指导思想，不断改革创新，不断完善机制，不断提高质量。

二要高度重视政务信息工作。主要包括两个方面：一是各司局领导要重视和支持信息工作，从人力、物力方面给予必要的保障。二是加强制度建设。政务信息工作不仅是综合部门的工作，也是各业务部门工作的组成部分。政务信息工作虽然归口在办公厅，但却反映了交通部的全面工作，因此，必须通过制度建设，形成合力，从整体上推进。

三要抓好本部门政务信息工作。首先各司局要根据《当前加强和改进部机关交通政务信息工作的意见》筹划好信息源建设。我建议各司局结合行业管理进行研究，制定切实可行的措施，保证以有效方式获取必需的行业发展信息，最后送办公厅筛选，再由办公厅按照正常工作程序处理这些信息。作为制度来讲，有必要对各司局报送信息提出考核指标，但不能仅限于完成办公厅每月布置的两三篇信息稿件。我多次强调要加强信息网络建设，将来全行业的信息网应该是覆盖部机关各司局、各省厅和大型企业等相关部门的，这项工作有关部门都要做。今天我们研究的只是机关的政务信息工作，行业的相关工作也要跟上。我们要以交通政务信息工作为切入点，逐步完善行业管理的其他各个方面。

四要尽快建立部内信息快速传递、资源共享机制。这项工作由办公厅牵头。今天大家提了一些意见，要给予充分考虑。比如信息联系点问题，各司局可以根据情况进行调整，我要强调的，一是快，要减少中间环节，加快信息传递；二是准，要依靠正常的工作运行机制，决不能依据道听途说；三是活，要根据信息重要性和密级的不同，区别对待。

五要不断提高政务信息质量。办公厅提出了政务信息要做到“准、快、全、深、前”的要求，我很赞同，这是对政务信息工作的高标准严要求。

但在信息编报中,不同信息、不同时段对五个要求的侧重是不同的,不一定每条信息都能同时做到这五项要求,有些要快,有些要准,比如一些研究发展趋势的专报就要有前瞻性,为领导作决策提供参考。我觉得要提高信息质量不外乎三个方面:一是网络要健全,信息采集来源要广,数量要多,要有筛选的余地,筛选的面越广信息质量也就越高。二是机制要完善,要建立必要的考核、激励机制。三是具体工作人员的政策水平要高,文字能力要强,编报方式要准确。这就要求我们对具体工作人员进行培训,使信息编报人员扩大视野,了解国家的大政方针政策,了解中央领导对交通的关注点,了解部党组的重点工作,了解行业对交通信息的需求。这些要求也是对信息处同志们的要求,你们更要熟悉政策,了解业务,掌握情况。

六要办好政务信息刊物。办公厅提出办三个刊物,我原则同意。这三个刊物要有各自的侧重点,在办刊过程中要不断总结经验,提高质量。

今天的会议主要是为下一阶段的政务信息工作开个头,一是让大家知道党组对这项工作很关心、很重视;二是希望各司局结合工作实际,进一步完善信息网络建设;三是请各司局积极配合和大力支持信息工作,及时、准确、全面地提供政务信息。

最后,希望大家共同努力,扎实工作,齐心协力推动交通政务信息工作再上新台阶!

在全国交通政务信息工作会议上的讲话

交通部副部长　黄先耀

（2007年5月13日）

同志们：

这次交通政务信息工作会议很及时，也很重要。我主要是来转达部党组和李盛霖部长对从事信息工作同志的问候，并与大家一起探讨如何进一步做好政务信息工作，更好地为交通事业又好又快发展服务。参加这次会议也是一次学习。今天上午，部办公厅杨咏主任作了一个很重要的工作报告，总结回顾了去年以来交通系统的信息工作，提出了构建覆盖广、渠道畅、效率高、服务好的“大信息”格局的工作思路，安排部署了当前和今后一个时期的信息工作任务，我都赞成。国办秘书一局的陈胜处长专程到会指导，从更好地服务领导决策的角度，就如何做好政务信息工作，从理论与实践结合上，讲了非常好的意见，对我们从事信息工作的同志是一次很好的培训，对做好交通系统的信息工作具有很强的指导性，我们要认真学习，促进交通系统的政务信息工作再上新台阶。

刚才，7个省区交通厅和中交集团的同志，从不同角度介绍了做好信息工作的经验。这次会议印发的15个单位的经验交流材料，很生动，很丰富。各地交通部门和部属各单位、部机关各司局根据本部门本单位的实际，积极创新工作思路，提高工作质量，创造了许多值得学习的好经验、好做法，有力地促进了信息工作。比如，湖南省交通厅围绕交通改革发展大局，从内容上做文章，从质量上下功夫，努力打造信息精品，讲求信息实效性的做法；四川省交通厅坚持理念创新、机制创新、制度创新的做法；山东省交通厅围绕中心工作抓重点、围绕民生抓热点、围绕特色抓亮点的做法；河南省交通厅突出特色、创新机制，努力提升信息工作服务效能的做法；江苏省交通厅通过拓展网络、创新方法，不断提升政务信息服务层次与质量的做法；福建省交通厅把握重点、突出亮点，坚持“三个结合”的做法；宁夏回族自治区交通厅深入开展信息调研，使信息工作做到“三贴”、实现“三换”的做法；除此之外，还有内蒙古自治区交通厅加强信息网点建设、队伍建设和制度建设的做法；中交集团在信息工作中注重建章立制、完善组织机构、明确工作定位、营造竞赛氛围、提高人员素质、努力打造精品的做法；新疆维吾尔自治区交通厅畅通渠道、完善机制、提高信息针对性的做法；广西壮族自治区、河北省交通厅积极探索信息规律性，促进工作创新的做法；长江航道局、三峡通航管理局立足交通特色，抓住领导关心的问题报送信息的做法；等等，都值得认真学习借鉴。从大家介绍的经验看，对政务信息内容的要求有三个共同点：一是突出重点，二是抓住亮点，三是体现特点。只有这样，才能更好地发挥政务信息了解社情民意的渠道作用、沟通指导工作的平台作用和科学决策的参谋助手作用。

下面，联系对交通政务信息工作的思考，我讲三点意见。

一、充分肯定近年来交通政务信息工作取得的成绩

近年来，交通政务信息工作服务大局，真抓实干，积极创新，在新起点上又向前迈进了一大步，自2000年以来，部办公厅连续7年被中办和国办评为政务信息工作先进单位。各级交通部门等信息报送单位在当地党委政府的信息工作评比中，都取得了较好的成绩。政务信息对服务领导决策、促进交通工作发挥了积极作用。总结近年来的信息工作，有以下三个突出特点：

（一）政务信息基础工作明显加强。对信息成员单位进行调整，进一步完善了信息网络，畅通了信息渠道。对信息报送采编系统进行升级改造，建立政务信息网络交互平台，提高了信息报送和采编

效率。部和地方交通部门通过举办信息培训班、召开座谈会等形式，加大培训力度，加强业务交流，不断提高信息工作人员的业务素质。

（二）政务信息创新取得明显成效。信息工作在观念、制度、机制和方法等方面都有所创新。强化了观念创新，认真学习领会交通发展的新理念，在交通工作大局中审视信息工作，理清思路，更新观念，加深了对信息工作重要性、服务性的认识。强化了制度创新，完善信息工作规章制度，规范工作程序，促进了信息工作的制度化和规范化。强化了机制创新，健全激励机制，部和多数省区市交通部门每年都对信息先进单位和个人进行表彰，调动了大家的积极性和主动性。强化了工作创新，部办公厅创刊了《互联网交通信息》，为部领导了解舆情和发现问题提供重要参考。各单位也都积极创新信息工作思路和工作方法，不断为信息工作注入新的活力。

（三）政务信息服务质量明显提高。去年，部办公厅及时报送部贯彻落实党中央、国务院重要指示和部署的情况，及时反映部党组中心工作和行业重大方针政策，信息报送量大幅度上升，时效性明显增强，差错率明显下降，各信息联系点向部报送信息数量比上年增长20%以上，部向中办、国办报送信息数量增长近40%，信息质量和服务水平明显提高，领导批示次数实现了历史性突破。去年中办和国办信息刊物共采用交通部上报的信息近300篇（条），家宝总理、培炎副总理、建敏国务委员先后对所报交通信息作出批示，这是历年来所没有的。部领导批示信息86件次，是上一年的7倍多，其中李部长批示信息28件次。

回顾近年来的交通政务信息工作，有以下五点体会：

（一）领导重视支持是做好信息工作的前提。部党组、李盛霖部长高度关注信息工作、支持信息工作。各单位都比较重视信息工作，注意研究解决信息工作中存在的问题，为信息工作顺利开展创造了有利条件。实践证明，不论是部机关司局、部属单位还是地方交通部门，凡是交通政务信息工作做得好的地方，都是领导高度重视和大力支持的结果。

（二）服务中心工作是做好信息工作的关键。近年来，交通政务信息工作的定位越来越准确，思路越来越清晰，对内、对外、对交通系统的服务功能越来越凸显。实践证明，只有坚持围绕中心，服务大局，为各级领导决策提供有参考价值的信息，交通政务信息工作才能坚持正确的方向，体现自身的价值，发挥应有的作用。

（三）形成工作合力是做好信息工作的保证。信息工作是一项系统性工作，信息的产生、编写、报送、编辑、审核、采用，是一个多部门、多人员共同参与的过程，每一条信息都是集体作品。实践证明，做好信息工作，需要信息部门与业务部门的沟通协作，需要上下级交通部门的密切配合，齐抓共管，相互支持，配合协作，形成强大的工作合力。

（四）积极推进创新是做好信息工作的动力。近年来，面对交通政务信息工作的新情况、新问题、新矛盾，各级交通部门立足实际，积极应对，努力创新，在创新中发展，在发展中创新，每年都有亮点、有成效、有进步。实践证明，创新是推动交通信息工作的重要动力。只有敢于创新，政务信息工作才能与时俱进，才能增强工作的主动性、创造性和前瞻性，才能适应新形势，取得新突破，开创新局面。

（五）加强队伍建设是做好信息工作的基础。重视支持信息工作，关键是重视信息人员队伍建设，把队伍建设放在突出位置。各级交通部门高度重视信息人员队伍建设，在机构改革和人员精简的条件下，配备专兼职信息人员和现代化办公设施，加大培训力度，提高信息干部的政治和业务素质。实践证明，只有不断提高信息队伍的综合素质，培养团队精神，加强作风建设，培养一支业务精、能力强、作风硬的信息干部队伍，信息工作才能保持良好的发展势头。

近年来交通政务信息工作取得的成绩，是部党组正确领导的结果，是各单位重视支持的结果，也是广大交通政务信息工作者辛勤努力的结果。在此,我代表部党组和李盛霖部长向2006年度信息工作先进单位和先进个人表示热烈祝贺,向全体交通政务信息工作者表示亲切的慰问和衷心的感谢!

二、充分认识做好新形势下信息工作的重要性和紧迫性

今年全国交通工作会议,深入分析了交通面临的四个方面的机遇、四个方面的挑战和六个方面的突出矛盾和问题,强调要做好“三个服务”、实现交通又好又快发展,这对交通政务信息工作提出了新的更高的要求。交通政务信息工作是交通工作的重要组成部分,必须站在经济社会发展全局的高度,准确把握交通发展改革的趋势和任务,正确判断交通政务信息工作的定位和方向,充分认识做好新形势下交通政务信息工作的重要性、紧迫性。

(一)做好交通政务信息工作,是贯彻落实党中央国务院决策部署、建设服务型政府的客观要求。

建设“为民、务实、清廉”的服务型政府,在服务中实施管理,在管理中体现服务,把党中央、国务院的各项决策部署和要求落实到交通工作中,公开、透明是根本要求。2007年4月24日,家宝总理签署颁布了《中华人民共和国政府信息公开条例》,并将于2008年5月1日起实施,目的就是提高政府工作的透明度,促进依法行政,充分发挥政府信息对人民群众生产、生活和经济社会活动的服务作用。让政府更阳光更透明地做好服务,这就是信息工作的定位,也是交通管理部门履行公共服务职能、建设服务型政府机关的客观要求。通过信息渠道,全面、准确、及时地向党中央、国务院上报信息,使党中央、国务院领导同志及时了解交通工作思路、工作进展情况和遇到的问题以及解决问题的建议,这也是自觉接受党中央领导、促进部门工作的重要途径。各级交通管理部门都要善于运用信息渠道,向上级部门和领导汇报和反映政策执行过程中出现的问题,促进工作。

目前,大部分交通政务信息在上报上级部门、服务领导决策的同时,也通过网络向社会发布。据统计,交通部网站的点击率在国家机关网站中名列前茅,各省级交通部门也都通过网站向社会发布政务信息。

去年以来，我们通过信息渠道，主动向党中央、国务院反映交通系统在高速公路建设、农村公路建设、水上安全监管、海上人命救助、长江黄金水道建设、“绿色通道”建设等方面所做的工作，有关政策建议得到了国务院领导的重视，加快了相关问题的解决，有力地促进了交通行业重点工作。我们要进一步加大交通信息的发布力度，畅通人民群众了解交通信息的渠道，保障人民群众的知情权和监督权，充分发挥交通信息在建设服务型政府中的重要作用。

（二）做好交通政务信息工作，是落实“三个服务”、促进交通事业又好又快发展的迫切需要。

努力做好“三个服务”、推进交通事业又好又快发展，是部党组在深刻认识交通发展规律的基础上，对交通工作全面落实科学发展观本质要求的新认识，是新时期新阶段交通工作的重要指导原则。今年和今后一段时期，调整交通结构，转变增长方式，注重推进创新，强化行业管理，不断提高“三个服务”的水平，是交通的中心工作。交通政务信息工作必须紧紧围绕中心工作，找准定位，明确方向和重点，全面反映交通行业在实现、维护和发展最广大人民根本利益方面的成就，全面反映交通发展改革中的矛盾、问题和解决问题的思路建议，在落实“三个服务”、推进交通事业又好又快发展中发挥独特的作用。一方面，要拓展信息广度，突破就交通论交通的思维模式，跳出行业看行业，从经济社会发展全局、社会主义新农村建设、人民群众安全便捷出行等更广阔的领域提炼和编报信息，全方位反映交通在经济社会发展进程中的重要作用；另一方面，要挖掘信息深度，在编报好动态信息的同时，针对做好“三个服务”遇到的热点、难点、焦点问题，编报有情况、有分析、有建议的调研信息，直接服务决策，推动工作。

（三）做好政务信息工作，是交通系统各级领导把握全局、实施科学民主决策的前提条件。

科学民主决策、推进依法行政、加强行政监督，是政府行政工作的三项基本准则。中央要求，要进一步完善决策机制，健全深入了解民情、充分反映民意、广泛集中民智、切实珍惜民力的决策机制，建立多种形式的决策咨询机制和信息支持系统，使决策真正建立在科学、民主的基础之上。

落实中央的要求，全面推进交通部门科学、民主决策，交通系统各级领导机关和领导同志必须准确把握经济社会发展态势，全面掌握交通建设和管理的基本情况，全面、及时、准确地捕捉和分析研究各种信息，为科学决策奠定基础。要通过建立畅通的信息渠道和运转高效的信息工作机制，加强信息收集、加工、传递和反馈等各个环节，使信息成为充分反映民意、广泛集中民智的重要渠道，避免决策的片面性、滞后性，促进各项决策更加符合客观实际和交通发展规律。

（四）做好交通政务信息工作，是切实转变作风、促进工作落实的具体体现。

党组要求，要加快推进政府职能、工作作风、工作方法“三个转变”，促进各项工作的落实。政务信息是促进“三个转变”和工作落实的重要手段。日常的动态信息来自基层、来自一线，最真实最鲜活地反映交通系统广大干部职工求真务实、真抓实干、开拓进取的成效，使党组在第一时间及时了解和掌握决策部署落实情况，更好地把握全局。经验类信息提炼和总结落实交通工作中的新思路、好做法，为本系统其他单位和部门提供有益的借鉴，有利于以点带面，加快整体工作部署的推进速度。问题类信息反映工作落实的不平衡性，反映普遍性或特殊性的矛盾、困难和问题，促使有关单位和部门进一步加大工作力度，也为党组进行有针对性的重点指导和研究解决相关问题提供依据。

三、几点要求

（一）尽快建立“大信息”格局工作机制。要加快建立信息来源广泛、信息渠道畅通、信息资源共享的“大信息”格局工作机制。一是加强交通系统各单位对信息工作的重视支持，注重上下级交通部门之间的联系、沟通，建立健全信息工作互动和沟通机制，形成“大家关注信息、大家提供信息、大家使用信息”的格局。二是畅通信息渠道，建立健全交通信息发布制度，在全系统逐步推行全员办信息责任制，将任务层层分解落实到每一个网络单位、每一个责任人，形成工作合力。办公室要发挥主导作用，调动方方面面的积极性，实行全员办信息，做到办公室的每一个岗位都是信息源。三是鼓励专家学者通过政务信息渠道建言献策。重视调动行业内外专家学者的积极性，广泛收集研究机构、专家学者的调查报告、研究成果等，从中筛选、分析、提炼出对领导决策有参考价值的意见、建议等，为领导决策提供参考。四是与行业主要媒体和政府网络实行资源共享。分析不同受众对信息的需求，从新闻宣传稿件、网络消息中搜集有参考价值的信息。同时，将适合对外公开的信息及时通过报刊、网站向社会公开，提高信息资源共享水平。五是高度重视上级约稿信息工作。约稿信息涉及办公厅（室）和业务部门。对中办、国办和部约稿信息，办公厅要及时落实责任单位，有关单位要高度重视，克服困难，按时间和内容要求及时上报，确保信息质量。

（二）着力增强信息工作的服务水平。信息工作的价值体现在信息的服务性，要把提高信息的服务质量和水平作为信息工作的出发点和落脚点，不仅要善于通过信息为领导决策提供支持，也要善于收集各方面对上级政策的反映及贯彻落实情况，为领导判断决策得失和进一步完善决策服务。

要紧紧抓住党中央、国务院和部党组关注的重大问题、重要情况，紧紧围绕各个阶段的重点工作，在充分把握领导需求的基础上，筛选领导最为关注的问题作为编写综合信息的突破口，报送有决策参考价值的信息，增强信息工作的主动性、针对性、预见性和有效性，提高信息工作质量。要及时跟踪党中央、国务院的重大决策，国务院领导的重要指示，以及部领导重要批示的贯彻落实情况，及时反映重点工作部署情况、采取的措施和成效、存在的问题和困难等，使信息真正成为领导同志的“耳目”，成为领导了解动态、分析形势、发现问题、科学决策、指导工作的重要依据。要切实抓好反映本部门、本单位重要工作的信息，做到多渠道、多方位、多领域、多角度搜集，及时报送，不断跟踪，连续反馈。要牢牢把握信息工作的数量、及时、有效三要素。“数量”是基础，要体现信息的广泛性；“及时”是关键，要体现信息工作的价值；“有效”是核心，要体现信息工作的质量和水平。

（三）大力提高信息工作的创新能力。创新是交通事业持续快速发展的动力，也是信息工作不断开创新局面的关键。政务信息的特点是每天都面对着新情况、新问题，只有不断拓展新视野、提出新思路、实施新办法，才能不断挖掘信息工作新的“增长点”。建立大信息工作格局，就体现了信息工作思路的创新。要不断适应新形势新要求，加强学习，善于思考，坚持主动创新和持续创新，既要信息内容上创新，也要在工作方法上创新，又要信息刊物上创新，使信息工作不断创造新特色、实现新突破，取得新成绩。

推进信息工作创新，就要把创新体现在日常工作中。要创新信息网络和机制，进一步健全政务信息的搜集报送网络，建立更加灵敏高效畅通的信息机制。要创新具体工作制度，对信息工作的各个环节都要作出明确规定，促进信息工作的规范化、制度化建设，加快实现信息报送、采编的自动化。要创新信息采编规范，严把信息格式关和文字关，提高信息编报质量。要创新信息工作激励约束机制，建立健全信息工作激励机制，充分调动大家的工作积极性。

推进信息工作创新，就要加强信息调研，将信息调研作为信息工作创新的重要手段。部党组和李部长反复强调要把加强调查研究作为改进和加强机关作风的一个切入点，要求办公厅加大调查研究的组织协调力度。办公厅要结合信息工作，积极主动地开展“短、平、快”的信息调研，主动研究分析重点、难点问题，摸清情况，深入思考，总结规律，提出有前瞻性、可操作性的建议，组织编写内容准确、分析透彻、对策建议科学合理的综合信息。通过加强信息调研，不仅可以澄清一些问题，还可以消除模糊甚至是错误的认识。比如对收费公路问题，社会各方面反应不一，因对收费公路的经济社会效益还缺乏系统研究，认识也难免存在一些偏差。近年来，收费公路在交通发展过程中发挥了十分重要的作用。没有交通的支撑，经济社会不可能发展得这么快；没有收费公路政策，交通事业也不可能发展得这么快。要通过调研，由点到面，深入了解收费公路的有关情况，总结经验，以点带面；发现问题，提出解决问题的意见和建议，对促进收费公路的健康发展，将会起到重要作用。

（四）继续加强对信息工作的领导。做好信息工作，关键在领导。信息工作要取得好成绩，离不开领导的关心和支持。在新形势下，对信息工作的领导只能加强，不能削弱。各级各单位要切实加强组织领导，加大对信息工作的支持力度。各单位要真正把信息工作摆到重要位置，做到信息工作有人管、有人问、有人干，有部署、有落实、有检查。各级领导要经常就信息工作出题目、教方法、压担子、提要求，定期研究信息工作，经常过问信息工作，督促检查信息工作。办公室领导和从事信息工作的同志也要向领导同志多汇报，争取更多的关心、理解、支持。信息人员要开动脑筋，积极创新，探索新路子，立足本职，脚踏实地，把工作干实、干对、干好，提高工作效率和服务质量。要实行分类指导，加强工作联系，尽快扭转部分单位信息工作长期落后的被动局面。各单位要通过举办培训班、召开座谈会等多种渠道和形式，加强对信息人员的业务培训，提高综合素质，增强责任心和事业心，更好地适应工作要求。信息人员要多动脑，多动手，广泛收集信息，扩大信息来源。各级领导同志要为信息人员阅读文件、参加会议和重大政务活动，到基层调查研究等，提供更多的机会，不能让信息人员闭门造信息。各单位安排重要工作的会议和活动，都应安排信息人员参加，以便于信息人员及时了解领导决策意图、工作思路和工作部署。信息人员长期无私奉献，默默无闻，量化考核的任务重，工作压力大。要坚持以人为本，对信息人员政治上关怀，工作上关心，生活上关照，尽可能帮助他们解决后顾之忧，为他们创造良好的工作条件、环境和氛围。

（五）做好《中华人民共和国政府信息公开条例》实施的准备工作。今年国务院第165次常务会议，审议通过了《中华人民共和国政府信息公开条例》（以下简称《政府信息公开条例》）。《政府信息公开条例》首次对我国政府信息公开的范围和主体、方式和程序、监督和保障等内容作出了全面、系统、具体规定。制定实施《政府信息公开条例》的根本目的，就是“为了保障公民、法人和其他组织依法获得信息，提高政府工作透明度，充分发挥政府信息对人民群众生产生活和经济社会活动的服务作用。”建立政府信息公开制度，是推进社会主义民主和法治建设的重要举措，对发展社会主义民主、建立责任政府、保障公民合法权利、增强政府职能等方面,都具有重要意义。《政府信息公开条例》将于明年5月1日起正式实施,部还要专门召开会议进行部署。交通系统要按照“公开为原则,不公开为例外”的要求,积极做好实施准备工作。

要提前研究确定主动公开和不予公开的交通信息的种类。经过部法制部门初步梳理,交通部门应当依法主动公开的信息至少包括以下12个方面:1. 交通行政许可的事项、法律依据、办理程序、条件、时限、收费标准以及办理结果等。2. 征地拆迁批准文件、补偿标准、安置方案等。3. 重大交通突发公共事件的应急预案、预警信息及应对和处理情况等。4. 机构的设置、职责范围、联系方式及其调整、变动情况。5. 公务员招考、录用以及公开选任干部的条件、程序、结果等。6. 交通法律、法规、规章和规范性文件,交通工作的方针政策等。7. 公路、水路交通发展战略、中长期发展规划等。8. 公路水路发展的各项统计数字和信息。9. 国家重点公路、水路交通工程建设项目的批准情况、公开招标中标情况、资金使用情况、工程进度情况以及预算、决算报告。10. 政府集中采购项目的目录、采购限额标准、采购结果及其监督情况。11. 交通各项行政事业性收费的项目、依据、标准、批准机关、批准文件、收费期限等。12. 其他依照法律、法规应当主动公开的。

同志们,部党组对信息工作有很高的要求,也寄予了殷切期望。我们要紧紧围绕做好“三个服务”,适应新形势,探索新思路,创造新成绩,充分发挥政务信息的服务决策和参谋助手作用,为交通事业又好又快发展作出新的更大的贡献!

加快构建“大信息”工作格局
努力服务交通又好又快发展

交通部办公厅主任　杨　咏

（2007年5月13日）

同志们：

交通政务信息工作会议过去部里没有开过，随着新形势、新情况、新问题、新要求的发展与变化，随着政府社会管理和公共服务职能的加强，信息工作正在不断发挥着自身的特点和优势，也更加凸显了其重要性和基础性。所以，召开这次会议很重要。

这次交通政务信息工作会议的主要任务是：总结去年以来的信息工作，研究部署今后一个阶段的信息任务，表彰先进，交流经验和业务培训；围绕落实部党组提出“三个服务”的要求，围绕为交通事业又好又快发展服务，开拓创新，扎实工作，构建“大信息”工作格局，努力开创政务信息工作新局面。

昨天晚上，我们的老部长、现湖南省委张春贤书记在工作十分繁忙的情况下，到会上来看望了部分参加会议的同志。张春贤书记讲到，交通事业是伟大而光荣的事业，完成伟大、光荣的事业会遇到许多新情况、新问题，面对新情况，解决新问题，要加强政务信息工作。部领导对这次会议非常重视和支持。今天，先耀副部长亲自出席会议，为获奖的政务信息先进单位和先进个人的代表颁奖，下午还要作重要讲话。部领导对政务信息工作的重视支持、对信息工作人员的关心和爱护，是我们上下一起做好信息工作的重要前提和有力保证。国办对我部政务信息工作一贯十分支持，今天，国办秘书一局陈胜处长专程到会进行指导，还要为我们进行专题讲座。先耀副部长的重要讲话和国办同志提出的要求，我们要认真学习、认真理解、认真落实，进一步创新观念、创新思路、创新办法，强化措施，加大力度，努力把政务信息工作提高到一个新的水平。

下面,我先讲三个方面的问题。

一、去年以来政务信息工作的基本情况

2006 年以来,在部党组的正确领导下,在各省区市交通厅局和部机关、部属单位以及各成员单位的共同努力下,政务信息工作在原有基础上又取得了新的成绩。交通政务信息一级网各成员单位全年共向部报送信息 14700 多篇,比上一年增长 25%;部采用 4500 篇,增长 10%,编辑政务信息 1350 期;向中办、国办报送 880 篇,增长 35%;中办、国办采用 300 篇。交通部在国办的信息得分为 625 分,在国务院 85 个部委和直属机构、办事机构中名列第 11 位,这个成绩和排名得来是非常不容易的。家宝总理等国务院领导批示我部信息 4 次,部领导在信息刊物上批示信息 86 次。部办公厅被中办和国办评为 2006 年度政务信息工作先进单位,也是 2000 年以来,连续第 7 年获得这个称号。这个荣誉,不仅仅是办公厅的,也凝聚了部机关各司局、部属各单位、各省(区、市)交通厅局的共同努力和心血。行业的信息工作也取得了新成绩。今年 1 - 4 月,交通政务信息一级网各成员单位向部报送信息 5282 篇,比上一年增长 14%;部采用 1559 篇,增长 14%。其中向中办、国办报送 300 篇,增长 39%;采用我部信息 105 篇,增长 59%。家宝总理、培炎副总理、建敏国务委员先后就我部上报的农村公路建设、水上安全监管、海上人命救助等信息作出批示 4 次,部领导对信息工作批示 38 次。

总体看,去年以来的信息工作有以下几个特点:

(一)各级领导对信息工作更加重视支持。各级交通部门、交通各单位把信息工作摆在重要的位置,更加重视、关心和支持信息工作。部领导经常对政务信息工作提要求,对部制定的有关政策和重大事项,明确要求向中办、国办报送信息。部领导在外地参加重大活动，还打电话要求报送有关信息。部务会议、部党组扩大会议、研究重要工作的会议等，也都安排搞信息的同志参加，让他们尽可能多地了解掌握部里重点工作的进展情况、部领导关心和研究的重要事项。部领导经常对信息作出明确批示，提出具体指导意见，对信息工作取得的成绩给予充分肯定，对信息工作存在的问题与不足提出改进意见。2006 年李部长对信息工作批示 28 次，部办公厅被中办、国办评为信息工作先进单位后，李部长批示表示祝贺；翁副部长对重要信息修改把关，冯副部长多次对涉及公路行业管理的重要信息作出明确批示，徐副部长在每月召开的水运工作月度协调会上，听取水运单位信息工作情况汇报，强调加强信息报送工作。2006 年 12 月 8 日，先耀副部长听取了政务信息工作汇报，肯定了政务信息工作成绩，指出“信息工作已经逐步摸到了路子，探索到了规律，形成了良好机制，为进一步做好这项工作奠定了基础。”对下一步的信息工作，先耀副部长要求紧紧围绕“三个服务”，用心思、下功夫、做文章、见成效，为交通事业又好又快发展营造良好环境，并提出了突出工作重点、重视信息共享、加强信息调研、完善保障措施的指导意见。

部内各司局、部属各单位和各省（区、市）交通部门领导对信息工作也给予了高度重视，部公路司、水运司、海事局、救捞局等单位领导经常过问信息工作。福建、湖南、河北、江苏、山东、广东、宁夏等省（区）交通厅领导经常对信息工作提要求、点题目、出主意，使从事信息工作的同志知道干什么、怎么干；广西、陕西省（区）交通厅的主要领导看政务信息、批重要信息，使从事信息工作的同志了解掌握领导关心什么、需要什么；河北海事局每年召开两次会议研究部署信息工作，增强了信息工作的系统性和统筹性。各级领导的重视支持，为政务信息工作更好地开展创造了有利条件。

（二）信息工作服务领导决策更加自觉主动。去年以来，交通信息工作进一步发挥信息上传下达、左右沟通的功能，及时收集有关情况和热点、难点问题，向党中央、国务院反映交通发展的成绩、工作思路、工作措施以及工作中的困难和问题，发挥了信息见事快、反应迅速的作用，为促进中央领导同志了解交通、理解交通、支持交通，树立交通部门的良好形象，起到了积极作用。2006年8月8日，家宝总理批示要求有关部门确保“绿色通道”畅通，部里迅速组织报送了《交通部采取措施确保鲜活农产品运输通道畅通》的信息，当天即被国办采用。9日，家宝总理作出重要批示：“交通部行动快，工作抓得紧”。国办同志专门打电话表扬部报送的信息非常及时。李部长、冯副部长、先耀副部长对此也给予了肯定。治理公铁立交安全隐患，是国务院部署的一项重点工作。2006年年底，部里上报了治理工作进展情况的信息，被国办采用，建敏国务委员作出重要批示，肯定了开展公路铁路立交安全整治取得的重要进展，对下一步工作提出了明确要求。去年以来，部领导先后就规范运输市场、抢险救灾、收费公路管理、公路治超、道路运输安全、水上安全专项治理等信息作出了批示，通过落实部领导批示，促进了相关问题的解决，发挥了信息工作的独特优势和作用。

（三）信息工作重点更加明确突出。交通各部门、各单位结合各自的实际和特点，围绕上级领导关心、广大群众关注的交通问题，报送了大量有参考价值的信息。公路司把农村公路建设、公铁立交整治、“绿色通道”、公路治超、春运和黄金周旅客运输作为报送信息重点；水运司紧紧围绕港口生产、港口建设、航道整治、水运市场秩序治理等问题报送信息；部海事局在信息报送中突出海上安全监管和安全专项整治等重点环节，部救捞局、搜救中心突出人命救助、防抗风暴潮等信息重点内容；三峡通航局针对三峡船闸完建期通航情况和安全管理措施报送信息，使部领导能够在第一时间掌握有关情况。福建省交通厅抓住海峡两岸客货运直航这一关键点，每月定时报送信息，采用率较高；四川省交通厅对中央领导关注的朱德故里仪陇县“两路一桥”建设工程、川北革命老区农村公路建设等加大信息报送力度；宁夏回族自治区交通厅结合市场管理的难点问题报送调研信息，多篇调研信息部领导做了批示；南方部分省份去年受到特大暴雨袭击，这些省份及时报送了抢险救灾、公路抢通情况等方面的信息，使部领导及时掌握面上的情况，安排部署相关工作更有针对性和有效性。

（四）信息基础工作更加稳固。一是制度建设得到加强。部制定了《关于规范政务信息签发、报送工作的暂行规定》等规章制度，规范了信息日常工作程序，避免了忙中出错、忙中出乱的问题；对交通一级政务信息网成员单位不定期进行调整；改进了信息考评制度和计分办法；完善信息通报制度，对交通一级政务信息网成员单位信息报送和采用情况每月通报一次，对部内各单位每半月通报一次。这些措施取得了实际成效。目前，各单位抓信息的意识进一步得到增强，信息“零报送”单位越来越少。各省（区、市）交通厅通过建立和完善信息工作制度，规范了工作流程。二是激励机制不断健全。各单位积极创造条件，通过建立健全激励机制促进信息工作上台阶、上水平。各省（区、市）交通部门和长江航道局、三峡通航局、广东海事局等单位，将政务信息工作纳入目标管理，工作导向更加明确，激励和约束机制更加健全，调动了积极性，形成了信息工作争先创优的局面。三是队伍建设得到加强。去年部召开了3次信息座谈会，对近200多名同志进行了业务培训；各地也举办了信息业务培训班。四川省交通系统目前有专兼职信息工作人员80多人，基本消除了信息工作的“空白点”；河北海事局确定了21名信息员，政务信息网络覆盖了所属单位；大连海事大学在45个二级网成员单位中，配备了专兼职信息员73名；黑龙江、陕西、甘肃、宁夏、海南等省（区）交通厅对信息工作人员进行调整和补充，安排基础好、能力强的同志到信息岗位，并加强对信息工作人员的业务培训。通过信息报送情况可以看出，信息工作人员的工作能力和业务素质有了一个比较明显的提高。

（五）信息工作加强创新成效更加显著。主动适应领导要求和工作中的新情况、新问题，创新力度不断加大。一是加强了信息调研。去年，部领导亲自带队，邀请中办和国办信息部门的同志，就行业的重大问题进行深入调研，提交的调研信息更深入、更透彻、更准确。

二是调整了信息刊物。部里新创办了《互联网交通信息》,共出刊《互联网交通信息》82 期、200 多篇,为部领导及时了解掌握社情民意和舆论反映的问题提供决策参考。三是促进信息资源共享。向中央政府门户网站提供了大量信息,支撑了政府网站交通板块。在确保不失密泄密的前提下,将适合对外公开的信息及时通过网站发布,宣传了交通。

各地交通部门和部属各单位、部机关司局根据本部门本单位的实际,积极创新工作思路,创造了许多值得学习的好经验、好做法。比如,山东省交通厅围绕中心工作抓重点、围绕民生抓热点、围绕特色抓亮点,建立信息质量控制机制,提高了信息质量。福建、宁夏省(区)交通厅把信息工作与综合文稿起草、调研等工作有机结合,增强了信息的针对性、预见性和实效性。湖南省交通厅在丰富信息内容、增强信息时效、提高信息质量上下功夫,培养信息工作人员多看、多听、多接触、多思考,做到了立足点有高度,内涵有深度,反映问题有力度,编写手法有角度。内蒙古交通厅以提高信息服务质量为突破点,以普遍性、倾向性和苗头性的动态信息和调研信息为重点,加强信息网点建设、队伍建设、制度建设,不断优化信息结构,拓宽了信息服务领域。中交集团确定了"全面、及时、准确、针对、指导、规范、创新"的 14 字原则,完善组织机构、明确工作定位、营造竞赛氛围、提高人员素质、打造精品信息。四川、河南、江苏、河北、广西省(区)交通厅和三峡通航管理局也都在工作中创造了很好的做法,值得认真学习借鉴。

交通政务信息工作取得的成绩来之不易,与在座各位及从事信息工作同志的辛勤耕耘密不可分,凝聚着大家的心血和汗水。这次会议受表彰的 87 个先进单位、120 名先进个人,就是其中的优秀代表。借此机会,向与会的同志,并通过你们向从事交通政务信息工作的同志们,表示衷心感谢!

二、围绕"三个服务"构建"大信息"工作格局

今年的全国交通工作会议,以科学发展观为统领,总结了去年的交通工作,深入分析了交通发展面临的形势,部署了今年的8项重点任务。这次会议很鲜明的特点或者讲重要的收获,就是进一步深化了对“三个服务”的认识,进一步明确了“三个服务”的要求。“三个服务”是对交通运输本质属性的科学认识和高度概括,是统一交通广大干部职工思想认识和做好交通工作的重要指导原则。以做好“三个服务”的要求来审视交通信息工作,在充分肯定交通信息工作取得成绩的基础上,我们也要清醒地看到存在一些差距、问题和薄弱环节,主要是:信息资源还比较短缺,渠道还比较狭窄,往往“外情”已见诸媒体报端,“内情”信息还没有反映,形成“外”先“内”后的状况;有的信息时效性、针对性、适用性还不强,服务质量还不高;信息制度建设、队伍建设还有差距。我们必须把这些问题摆在贴近“三个服务”、围绕“三个服务”、保障“三个服务”的高度来审视,来改进,切入点和突破口就是着力构建覆盖广、渠道畅、效率高、服务好的“大信息”工作格局,提高信息服务能力,改进信息服务水平,为交通事业又好又快发展服务。

建立“大信息”工作格局的工作思路,是基于以下三个方面的考虑提出来的。

(一)建立“大信息”工作格局,是贯彻落实“三个服务”要求的一个重要措施。提出“三个服务”不容易,落实“三个服务”更不容易。信息工作一要找准定位,就是紧紧围绕服务经济社会发展全局、紧紧围绕服务社会主义新农村建设、紧紧围绕服务人民群众安全便捷出行。二要解决问题,就是解决信息资源短缺、渠道狭窄的问题。三要提高质量,就是不断增强信息工作的时效性、针对性、适用性。四要见到成效,就是不断提高信息工作的服务能力和服务水平。

(二)建立“大信息”工作格局,是服务于交通事业又好又快发展的一个重要措施。落实科学发展观,促进交通事业又好又快发展,面临着许多深层次的矛盾和问题,解决的难度大,工作的要求高。交通信息工作必须把握这个实际、抓住这个特点来谋划,来部署,来推进,来创新。建立“大信息”工作格局,就是形成部内外、系统上下信息工作有效联动,信息资源有效利用的工作机制。

(三)建立“大信息”工作格局,是信息工作有为有位的一个重要措施。形势在发展变化,各级领导衡量信息工作的标准也越来越高,要求信息工作比以往更灵敏、更快捷、更全面、更权威。整合信息资源,使信息成为沟通上下、交流内外和发现问题的重要平台,使信息工作既为领导决策服务,又为基层工作服务,上下都能了解信息、利用信息、用好信息。

建立“大信息”工作格局,要在广度和深度上进一步拓展、整合、优化信息资源,形成快捷、有效、规范的工作机制,着力提高交通信息工作的整体水平,体现覆盖广、渠道畅、效率高、服务好的要求。

(一)覆盖广。就是要使交通信息不断扩大覆盖范围。一是信息工作网络的覆盖面要广。就是要拓展交通政务信息成员网络,既要包括部、省、市、县各级交通主管部门,也要包括科研单位、交通企业和中介组织,还可以包括外行业的单位,对有积极性和代表性的交通单位,要及时调整充实到交通信息网成员单位中来。二是信息内容的覆盖面要广。在信息内容上,既要有贯彻落实党中央、国务院决策部署的情况,也要有交通部门自身工作的情况;既要反映交通行业内部的工作,也要反映行业外、国外的相关信息。总之,与交通行业和交通工作有关的重要情况,都可以纳入信息报送的范围。三是服务对象的覆盖面要广。信息工作既要为上级领导服务,也要为基层单位服务,加强内部的情况通报和工作交流。

(二)渠道畅。就是紧紧围绕党中央、国务院领导和部领导、省厅领导关心的问题,抓好重点工作、重点时段、重点领域的信息报送。继续把上报信息作为重点,及时通过信息渠道反映党中央、国务院领导及部领导的关注点,交通改革发展成果的亮点,交通发展过程中的难点,从正面反映社会的热点和交通突发事件的焦点。渠道畅通的主要标志:一是信息报送渠道畅通。党中央、国务院和部领导关注的重要情况,能够在第一时间内通过信息渠道及时反映上来。二是重要信息不迟不漏。减少和杜绝信息迟报、漏报现象,不允许出现信息约稿不报的问题。三是形成信息工作合力。加强各部门、各单位之间的协调配合，着力从整体上提高做好信息工作的能力和水平。

（三）效率高。一是信息工作以健全完善的规章制度来保证。各部门、各单位要结合各自实际，制定完善信息采集、汇总、编写、签发、报送等规章制度，促进信息的规范化和制度化，做到忙而不乱、忙而不错。二是信息工作要有好的机制。就是健全制度，完善网络，建立信息工作长效机制；突出信息的数量、及时、有效三要素，提高信息的时效性、针对性、规范性。建立信息工作激励约束机制、协调机制等，促进信息工作有序开展。三是信息工作人员要有相应的能力。加强业务培训，加强能力建设，进一步提高信息工作人员素质和敏锐性、工作责任心、事业心，这是提高信息工作效率的基础性工作。

（四）服务好。就是要进一步强化信息工作的服务意识，紧紧围绕贯彻落实"三个服务"，增强政务信息的敏感性和主动性，把信息服务做实做到位。一是要注重研究新情况，解决新问题，探索新方法，取得新成效。提高工作创新能力，加强信息制度和机制创新，为建立"大信息"工作格局注入动力和活力，使政务信息工作为各级领导提供高质量、高水平的服务。二是要提高信息的全面性、规范性、时效性、准确性，进一步拓展服务面，进一步提高服务质量和水平，使信息工作更好地发挥参谋助手作用。

建立"大信息"工作格局的思路和原则要求，大家可以结合各自的实际进行讨论，根据大家的意见和建议进行补充完善。总之，要不断增强工作主动性、紧迫性和创新能力，通过建立"大信息"工作格局，开创信息工作的新局面。

三、做好新形势下的交通政务信息工作

当前和今后一个时期，信息工作要在以下几个方面下功夫：

（一）要在增强信息的服务能力上下功夫。信息工作要着眼于服务交通工作，突出反映交通工作重要部署、重要工作的贯彻落实，做到“三个紧贴”。一是紧贴贯彻落实党中央、国务院重大部署报信息。党中央、国务院召开的重要会议，中央领导同志视察交通和对交通工作的批示指示，要在第一时间报送贯彻落实的有关措施。二是紧贴交通重点工作报信息。认真贯彻落实“三个服务”要求，通过信息渠道宣传交通改革、发展、建设、管理取得的成绩，反映交通工作中存在的困难和问题，提出合理有效的对策和建议。三是紧贴社会关注、群众关心的交通问题报送信息。要及时调整完善政务信息工作重点，结合社会和群众关心的问题报送信息，起到正面引导和促进有关问题的解决的作用。

（二）要在畅通信息渠道上下功夫。建立畅通的信息渠道，是做好信息工作的基础。一是要明确信息报送范围。凡是需要上级领导了解的情况，可以在新闻媒体报道的材料，都应当通过信息渠道报送。部机关各司局、部属单位向新闻媒体提供稿件时，应同时向办公厅报信息。今后，办公厅通过其他渠道得到相关材料编写的信息，不再计入该部门的信息得分。二是要加强部门协作。从事信息工作的同志要有很强的责任心和敏锐性，对接触到的材料深入分析研究，从中发现有价值的信息线索。要主动开展信息工作，提前收集梳理有价值的信息源，主动向有关方面约稿；各部门、各单位也要主动提供信息。在日常工作中，不是缺乏信息，而是缺乏信息意识。三是建立制约机制。对漏报、迟报重要信息的，要在一定范围进行通报，下决心解决目前存在的信息迟报、漏报的问题。四是处理好信息公开与保密的关系。对涉及国家和行业秘密的信息，要严格按规定的渠道和程序进行处理，严防泄密事件发生。最近，国务院公布了《中华人民共和国政府信息公开条例》，对政府信息公开的职责、内容、程序等作了明确的规定。政府信息公开的一个原则是“公开是原则，不公开是例外”。要从做好“三个服务”的角度正确处理保密与公开的关系，认真研究和修改交通“保密范围”，做到该保密的坚决保住，不以信息公开为由排斥保密，又要做到该公开的坚决公开，不以信息保密为由阻碍公开。

（三）要在提高信息质量上下功夫。报送信息要做到有的放矢，有行业特点，抓住领导关心的问题。信息上报要及时，特别对上级约稿信息要落实专人负责，在规定时间内上报。要加强对信息工作时效性的考评。减少信息的漏报、迟报。建立良好的信息日常工作机制，进一步规范信息组稿、编写、签发、报送各个环节。加强信息审核，保证准确性，减少信息差错。

（四）要在突出工作重点上下功夫。信息工作要紧紧结合各个阶段的重点工作，编写报送领导关心、关注的信息。要跟踪党中央国务院的重大决策、国务院领导的重要指示、部领导重要批示的贯彻落实情况，及时反映重点工作部署情况、采取的措施和成效、存在的问题和困难等方面的情况。要突出重点时段、重点领域、重点部门的信息报送工作。从交通行业看，农村公路、重点工程、公路治超、"绿色通道"、水上安全监管、人命救助、海峡两岸直航、黄金周道路和水路旅客运输、重点物资运输、内河通航保障、行业管理等方面的信息，都是党中央、国务院关注的重点，要多渠道、多方位、多领域、多角度搜集信息，及时报送，并不断跟踪，连续反馈。对交通工作中的热点、难点问题，要讲求信息的针对性和实效性；对通过信息反映的新情况、新问题，要重视典型性和倾向性，提高上报信息的"含金量"，使信息成为领导了解动态、发现问题、科学决策、指导工作的重要依据。

要切实加强交通突发公共事件应急信息的报送。近几年来，经济社会的发展速度明显加快，而社会运行各方面还存在不完善的问题，重大紧急事件多发、频发已成为一种常态。从交通行业看，重大交通突发性事件包括重大海难事故、重大工程施工安全事故、重大道路客运安全事故、重大危险品运输事故、罢工罢运事件、水域重大污染事故、重大港航治安案件、恶性交通阻断事件，以及其他对交通运输和交通工程建设有严重影响的重大事件等。领导要掌握全面情况，及时作出科学合理决策，处置重大突发事件，最大限度地减少人民群众生命财产损失，必须及时掌握突发事件的有关信息。2005 年年底，国务院办公厅专门成立了应急办公室，负责处置重大突发事件。同时，国务院办公厅秘书一局不再处理重大突发事件信息，也要求各部委不再向国办信息部门报送此类信息，此类信息直接报送国务院值班室（应急办）。交通部门要主动适应这一变化，如果各省级交通部门已单独成立了专门应急机构的，信息部门要及时与应急部门理顺职责；如果仍然需要通过信息渠道报送重大突发事件的，信息部门要继续履行好职责，及时将重大应急信息报部。总之，不管重大应急信息有无专职部门负责，信息部门都要积极主动工作，确保及时上报重大突发信息。

（五）要在推进信息创新上下功夫。在继承信息工作以往的好传统、好经验、好做法的同时，要积极探索和总结信息工作的规律，不断创新工作方法，努力用新思路、新举措解决新问题，敢于和善于突破工作的难点。要鼓励探索创新，尊重基层的首创精神，在信息工作的观念创新、手段创新、模式创新、途径创新等方面，有更大的作为，在政务信息工作中形成不懈探索、勇于创新的活跃氛围。要积极转变观念，克服“等、靠、要”的懒汉思想，重视对信息的深度开发和利用。要借鉴学习先进单位的一些成功经验，在拓展信息源、调动人员积极性、开展信息调研、调整信息刊物等方面进行创新。同时，创新必须把针对性、实效性、服务性放在首位，不能追求形式而忽视内容，更不能搞花样翻新，搞形式主义，做表面文章。

（六）要在加强队伍能力建设上下功夫。做好信息工作，离不开高素质的信息干部队伍。目前，一些单位，信息工作人员力量不足，工作开展不平衡，制约了信息工作的质量和水平的提高。要通过补充人员，培训学习，加强信息工作人员的能力建设，提高综合素质，增强责任心和事业心，更好地适应工作要求。要进一步增强信息工作人员的政治意识、责任意识，奉献意识，提高政策理解能力、文字写作能力、运用现代化办公设备的能力，使信息工作人员都能够干得了、干得好。各级领导要为信息工作人员阅读文件、参加会议和重大政务活动，到基层调查研究等，提供更多的机会。安排重要工作的会议和活动,尽可能安排信息工作人员参加,以便于信息工作人员及时了解领导决策意图、工作思路和工作部署。这些年,各地对信息工作的重视程度越来越高,对信息部门工作的支持越来越大,对信息工作人员的关心越来越多,广大信息工作人员要以此为动力,不断加强学习,切实提高自身工作能力和业务素质,努力把信息工作干对干好,做精做细。

同志们,做好新形势下的交通政务信息工作,责任重大,使命光荣。我们要团结进取,真抓实干,努力构建"大信息"工作格局,努力开创政务信息工作新局面,以优异的工作成绩为做好"三个服务"、实现交通事业又好又快发展作出应有的贡献。

振奋精神　埋头苦干
扎实做好交通政务信息工作

——在2006年政务信息工作培训班暨座谈会上的讲话

交通部办公厅副主任　陈毕伍

（2006年7月18日）

各位代表：

根据部办公厅工作安排，我们在内蒙古赤峰举办这次省（区、市）交通厅（委）和政务信息联系点交通局主管政务信息工作的办公室主任座谈会暨培训班，主要任务是通报情况、表彰先进、培训业务、交流经验、研讨工作，推动交通政务信息工作再上新台阶。

这次座谈会暨培训班虽然只有一天半时间，但内容丰富，交流活跃，获益匪浅。会上，通报了去年以来的政务信息工作情况；表彰了2005年度政务信息工作先进单位和先进个人；演示了新开发的政务信息系统；座谈了政务信息工作。内蒙古、福建、江苏、四川、湖南5个省（区）交通厅办公室的同志介绍了本单位政务信息工作的做法和经验，大家谈得都很好。内蒙古自治区交通厅提出发挥主动性，增强实效性，注重协调性，做好信息工作；福建省交通厅提出立足新形势对政务信息工作提出的新要求，突出抓好常规信息、亮点信息、重点信息、热点信息和难点信息；江苏省交通厅提出把争取领导重视和支持作为做好信息工作的关键因素，把不断创新作为激发信息工作活力的源泉，把为领导决策服务作为信息工作的主题，认真做好信息服务与领导决策、与工作过程、与解决问题“三个对接”；四川省交通厅提出完善信息工作规章制度、促进信息工作规范化、调动信息人员积极性，确保信息报送的真实性、时效性、全面性；湖南省交通厅提出建立政务信息报送、预约、稿酬、考评、奖励五项制度，不断增强信息工作的“动力”、保持信息工作的“活力”、深挖信息工作的“潜力”。这些经验和体会给我们留下了很深的印象，希望其他省（区、市）交通厅（委）和政务信息联系点交通局办公室的同志认真学习和借鉴。

借此机会，谈几点想法和大家交流。

一、交通政务信息工作得到各方充分肯定

近年来，在各级领导的重视和支持下，经过各有关部门的共同努力，交通政务信息工作取得了显著成绩。2000年以来，部办公厅连续7年被中央办公厅和国务院办公厅评为政务信息报送先进单位。我部上报的政务信息被“两办”采用的数量在有可比性的部委当中名列前茅。仅去年以来，中央领导和部领导批示我部政务信息就达45篇次。总结去年以来的政务信息工作，有以下几个突出特点：

（一）各级领导对政务信息工作越来越重视。领导重视是做好政务信息工作的关键。近年来，交通系统各级领导把政务信息工作作为了解情况、科学决策的重要渠道，作为把握全局、指导工作的重要依据，作为宣传交通、展示形象的重要窗口。李盛霖部长来部后，已对政务信息工作作出19次重要批示。其他部领导经常对政务信息采编出题目、交任务、提要求，对政务信息反映的情况作出重要批示。部务会议、党组扩大会议等重要会议，部领导都安排信息处人员参加，以便掌握第一手材料，及时编报政务信息。交通系统各单位领导对政务信息工作也十分关心，上述5个单位介绍经验时都谈到了领导对政务信息工作的重视与支持，很有代表性。这充分表明了政务信息在交通改革与发展中的重要作用，充分体现了政务信息在建立服务型政府中的重要价值。

（二）政务信息编报质量管理越来越严格。质量是政务信息的生命。近年来，交通政务信息总体质量大有改善，集中体现为“三个明显提高”：一是准确性明显提高。各单位严把政务信息选题关、文字关、数据关，其差错率明显降低，质量显著改观，采用率大幅上升。二是时效性明显提高。通过改进优化程序，加强部门协调，强化责任制，大大加快了工作节奏。如，党中央、国务院作出重大决策、召开重要会议后，部都在第一时间报送贯彻落实情况信息，保证重要信息不过夜；对部里作出的重大决策、召开的重要会议，各单位也能及时报送贯彻落实情况，体现政令畅通。三是约稿信息质量明显提高。中办、国办向我部约稿较多，办公厅也经常根据部领导要求向各省厅和部属单位约稿。各单位对部约稿信息高度重视，组织专门力量撰写并按时报出，确保了涉及交通重大问题的信息及时向上反映。

（三）政务信息创新成效越来越明显。创新是政务信息工作的动力源泉。近年来部办公厅注重加强政务信息工作的创新，不断挖掘政务信息新的“增长点”，已取得一些突破：一是实行了地方信息联系点制度。选择28个地（市）和26个县交通局建立了交通政务信息联系点，扩大了信息覆盖面。二是加强了信息调研工作。组织有关单位开展政务信息调研，收集第一手材料，综合、提炼、挖掘深度信息。特别是先后邀请中办、国办的同志到地方调研农村公路和红色旅游路建设情况，使“两办”同志加深了对交通行业的了解，并撰写出高质量的专报信息。三是创办了《互联网交通信息》刊物。今年“两会”期间，办公厅试刊《互联网交通信息》（《每日快报》专刊），以社会舆论对交通行业的评论为重点刊发信息，为部领导及时了解网络舆情提供服务。今年以来，部领导对《互联网交通信息》作出批示23篇次。

（四）政务信息围绕大局服务越来越主动。服务大局是政务信息的灵魂。经反复研究与实践，我们提出交通政务信息工作的定位是：服务领导决策、宣传交通工作、搭建交流平台。据此，我们确定了紧贴贯彻落实党中央、国务院重大部署，紧贴部党组中心工作，紧贴社会关注、百姓关心的交通问题“三个紧贴”的报送政务信息工作思路。近年来，交通发展需求越来越迫切，但面临的难题越来越复杂，深层次矛盾越来越突出。针对这些情况，我们充分利用政务信息自身的优势，及时向党中央、国务院反映交通改革与发展的工作思路、重大举措和主要成就，以及遇到的突出困难和问题。去年以来,我们主动加强与上级部门沟通,围绕领导关心的农村公路建设、水上安全管理、煤电油运服务、突发事件处置、海上人命救助、超限超载治理等重大问题,报送了大量有较高参考价值的政务信息,使党中央、国务院及时、全面、准确地了解和掌握中央决策部署在交通行业的贯彻落实情况,了解和掌握交通行业重点工作开展情况,了解和掌握交通行业面临的突出矛盾和问题,为营造交通改革与发展的良好环境作出了积极的贡献。

同志们,政务信息工作取得的成绩来之不易,凝聚着同志们的心血和汗水。借此机会,受部办公厅杨咏主任委托,代表办公厅向今天与会的同志,并通过你们向全体交通政务信息工作者表示衷心的感谢!

二、关于做好交通政务信息工作的体会

(一)如何对待政务信息工作。

我想谈三个方面的问题。

1. 高重视高层次。一是领导重视。在大会交流时大家都反复强调,没有领导的重视政务信息工作难以做好,我很赞同这一观点。二是信息源重视。要紧紧依靠信息源、努力培育信息源、切实用好信息源,充分调动提供信息单位的积极性,确保政务信息工作可持续发展。三是内部重视。就是分管政务信息工作的厅领导、办公室领导要重视,具体从事政务信息工作的同志更要重视。要整合力量,统筹安排,分头把关,把政务信息工作与交通重点工作同部署、同落实、同检查。只有各方面重视到位了,才能使政务信息由单一到综合、由初级到高级、由一般到创新,产生质的飞跃。

2. 高投入高产出。一是人力投入。要配备专职人员并保证信息员有充足的时间从事政务信息编报工作。二是才力投入。要注意培养三种素质:第一是政治素质。要全面、准确、深刻地理解和掌握党的路线、方针、政策,善于从政治和全局的高度观察、思考和研究问题。第二是业务素质。要努力钻研政务信息采编业务,善于将零散、孤立、表象的信息,及时进行归纳整理,综合分析,去粗取精,开发出有情况、有分析、有建议的高质量信息。第三是文化素质。南宋大诗人陆游说过,“汝果欲学诗,工夫在诗外”。他在另一首诗中还说到,“纸上得来终觉浅,绝知此事要躬行”。也就是说,真正做好每一件事,需要广泛涉猎,博采众长。对政务信息工作者来讲,就是要加强学习,拓展知识面,既要学习政治理论、业务知识,也要学习法律、历史、地理、科技等方面的知识,不断丰富文化底蕴。三是物力投入。要配备必要的办公设备,推进办公自动化,健全政务信息网络,保障必要的行政经费。“三力”投入到位了,就为信息的高产出奠定了坚实的基础。

3. 高密度高质量。一是政务信息载体要多一点。部里有4种政务信息刊物,我们打算再增加1-2种,扩展政务信息交流平台,以满足在信息社会条件下,各方面对政务信息的需求。二是政务信息来源要多一点。现在部机关很多上报信息主要依靠机关各司局和省厅提供,信息来源需要扩展。我们还有交通科研院所,各省交通厅也有类似机构,这些单位不少从事软科学研究,其研究成果完全可以摘要作为政务信息报送,提供有关方面参考。三是报送数量要多一点。报送数量和采用率成正比。只有数量到位了,才能有更多的选择,政务信息质量就可在量的基础上不断有新的提升。

(二)如何做好政务信息工作。

1. 悟。一是领会领导意图。要敢于站在领导的角度观察和分析交通改革与发展大局,熟悉和了解领导的工作想法,分析和吃透领导的讲话精神,阅读和思考领导的重要批示,这样才能使政务信息工作与领导思路同步、与重大决策同步、与解决问题同步,切实发挥好“耳目”、“助手”、“参谋”作用。二是打好文字功底。要想搞好政务信息工作必须不断提高写作能力,这样才能把“悟”出来的精华,用简洁、严谨、清晰的文字,恰如其分地表达出来。练好笔上功夫没有捷径可走,就是多看、多想、多练。三是努力钻研业务。每一条政务信息要充分体现其宏观性、真实性、权威性。这就要求政务信息工作者刻苦钻研业务,不断学习交通及相关业务知识,不断总结经验和教训,不断提高审视和辨别事物的能力,着力把握政务信息基本规律,努力做到“三个结合”:一是点与面相结合;二是直接收编与主动组织相结合;三是为本级、上级与下级

“三级”服务相结合。

2. 快。政务信息编报要做到“三快”：一是动脑快。每一条政务信息的重点在哪里，侧重报哪些方面，包括哪些基本要素，在编写时要有比较清晰的思路。二是动笔快。刚才我已介绍了部机关的一些做法，这里不再重复。三是动作快。勤请示、勤沟通、勤衔接，及早完成报送程序。

3. 情。一是感情。要爱岗敬业,把政务信息工作当作乐趣去享受,当做学问去研究,当作事业去追求。二是热情。古往今来,大凡作出一定成绩的人,必定有一种锲而不舍的精神。搞政务信息工作的同志不管遇到什么困难,一定要百折不挠,始终对工作保留一份执著的热情。“艰难困苦,玉汝于成”。三是激情。讲到激情,我强调一点就是创新。要努力培养和保持创新激情,积极探索政务信息工作的新思路、新方法、新途径。惟如此,才能使政务信息有特色、有质量、有价值,才能使政务信息工作不断攀上新的高峰。

三、扎实做好今明两年的交通政务信息工作

不断提高政务信息质量是政务信息工作永恒的主题。对政务信息的组织筛选、文字加工、校对审核等要实行严格的目标责任制,做到紧要信息求时效,常规信息求质量,调研信息求深度。

今明两年交通政务信息工作侧重以下六个方面：

(一)进一步加强重点工作、重点问题、重点时段的政务信息报送。政务信息采编和报送的重点可概括为五个方面：一是党中央、国务院和部党组的重大决策和重要工作部署贯彻落实情况，党和国家领导人及部领导重要批示、指示的贯彻落实情况。二是交通重点工作进展情况，包括交通经济运行情况，交通重要规划的实施情况，交通发展战略的实施情况，加快交通发展的重大举措，公路、水路运输保障情况，春运、黄金周等特殊重点时期的运输保障情况。今年，部启动实施了农村公路建设“五年千亿元”工程，要突出抓好这方面的政务信息报送。三是行业管理、交通体制改革、法规建设、交通科技创新等情况。四是安全监管、预防和处置重大事故、重大灾情、重大突发群体性事件的情况。五是交通行业党风廉政建设、精神文明建设和行风建设情况等。

(二)进一步拓宽政务信息渠道。在明确专职信息工作人员的前提下,要注重从各层面布网点,培育骨干,以点带面,实现政务信息收集网络化。要加强对重点问题的调查研究,摸清情况,深入思考,总结规律,组织编写出内容准确、分析透彻、对策建议科学合理的综合信息。各单位负责政务信息工作的同志要善于从阶段性的工作进展报告、调研材料、考察报告中发现信息,从工作汇报、情况反映、科研报告中收集信息,从发布文件、召开会议、工作研讨中挖掘信息。

(三)进一步完成好政务信息约稿任务。去年以来,中办、国办向部约稿的内容比较丰富,有的要求报送我部贯彻落实中央决策部署,如建设节约型社会、提高自主创新能力的情况;有的要求报送重点工作的进展情况,如国道主干线建设、农村公路建设管理情况;也有的是针对行业管理的某些具体问题,要求反映情况、做法和提出对策建议。下一步,部也将按照"深分析、精选题、重实效"的采编原则,加大向省级交通部门和地方联系点约稿的力度,请各单位按照约稿要求,组织好编写工作,确保在规定的时限内保质保量地完成约稿任务。

(四)进一步健全信息工作互动机制。一是加强政务信息反馈。部政务信息刊物《每日快报》和《交通情况与交流》的电子版可在部办公业务系统中看到,请各省(区、市)交通厅(委)办公室定时下载打印,报送领导阅知。各单位领导对政务信息工作的意见和建议,也请及时向办公厅反馈,以便改进和加强我们的工作。二是完善政务信息工作激励机制。去年以来,部在政务信息工作先进单位中设立了特等奖和一、二、三等奖。今后,还要进一步改进政务信息工作考评制度,不仅从报送数量、采用数量、批示数量等方面量化考核,而且更强调政务信息的质量,特别是针对漏报重要信息的问题要制定约束性指标。三是加大通报力度,表扬先进,激励后进,进一步调动各单位政务信息工作的积极性和主动性,不断提高交通政务信息工作水平。

(五)进一步打造高素质的政务信息工作队伍。各地交通部门要精心培养一支政治强、业务精、作风实的工作队伍。要牢固树立以人为本的思想观念，充分保护、调动、发挥大家的积极性、主动性和创造性，使他们能够在不同层面、不同位置、不同领域，舒心、安心、尽心地为政务信息工作贡献自己的聪明才智，切实当好领导见微知著的助手、运筹帷幄的帮手、攻坚克难的援手。各有关部门要积极创造条件，为政务信息工作人员提供交流、沟通的平台，采取举办培训班、召开座谈会、外出考察等多种形式，帮助大家增进知识、开阔视野、提高水平。

（六）进一步推进建立"大信息"工作格局。部办公厅杨咏主任提出建立大信息工作格局，我们在具体工作中要贯彻落实，着力构建覆盖面广、渠道畅通、机制灵活、运转高效的"大信息"工作格局。当前，要特别注意加强以下几个方面：一是加强与行业主要媒体的沟通合作。分析不同受众对信息的需求，从新闻宣传稿件、网络消息中搜集对领导有参考价值的信息，同时将政务信息中适合对外公开的信息及时通过报刊、网站向社会公开，提高信息资源共享水平。二是鼓励专家学者通过政务信息渠道建言献策。重视调动行业内外专家学者的积极性，广泛收集研究机构、专家学者的调查报告、研究成果等，从中筛选、分析、提炼出对部领导决策有参考价值的意见和建议。三是拓展互联网信息的收集编报渠道。请各有关单位重视互联网信息的采集、分析和综合，尤其是交通重大政策法规出台和重要工作部署实施前后，要关注网上舆情，及时向部报送社会各界的反应。

同志们，交通政务信息工作是交通事业发展的重要组成部分，任重而道远，需要大家付出更多的艰苦努力。希望同志们振奋精神，埋头苦干，扎实做好政务信息工作，为各级领导沟通情况、科学决策、指导工作提供优质高效的政务信息服务，为交通事业又好又快发展不断作出新的贡献！

谢谢大家。

在全国交通政务信息工作会议上的总结讲话

交通部办公厅副主任　杜殿虎

（2007年5月14日）

同志们：

这次全国交通政务信息工作会议历时一天半，在与会各位代表的共同努力下，圆满完成了全部议程，今天上午就要结束了。这次会议是部近年来召开的规格最高、规模最大的一次政务信息工作会议。会议以落实“三个服务”、构建“大信息”工作格局、服务交通事业又好又快发展为主题，总结了过去，谋划了未来，统一了思想，理清了思路。会议开得很圆满、很成功，可以说，这是一次团结紧张的会议，又是一次严肃活泼的会议。

各级领导对政务信息工作十分关心，对开好这次会议十分重视。我们的老部长、现湖南省委张春贤书记在百忙之中，亲切看望了参加会议的厅级以上领导，与大家一直座谈到深夜，其言谆谆，语重心长；湖南省委常委、副省长徐宪平专程参加了会议，发表了热情洋溢的讲话；黄先耀副部长代表部党组和李盛霖部长，专程到会看望大家，并给我们作了一个非常重要的讲话，充分肯定了去年以来信息工作取得的成绩，系统总结了信息工作的五条经验，分析了做好新形势下信息工作的重要性和紧迫性，提出了下一步的工作要求，为我们暖了心，鼓了劲，使大家群情振奋。办公厅杨咏主任作了大会工作报告，提出了围绕“三个服务”构建“大信息”工作格局的工作目标和部署，要求着力构建覆盖广、渠道畅、效率高、服务好的“大信息”工作格局。杨主任在讲话中强调要在增强信息的服务能力、畅通信息渠道、提高信息质量、突出工作重点、推进信息创新、加强队伍能力建设等方面狠下功夫,明确了信息工作下一步努力的方向。我们还专门邀请到国务院办公厅秘书一局信息处的陈胜处长为我们作了一个很好的业务讲座。湖南、福建、四川、江苏、山东、河南、宁夏省(区)交通厅以及中交集团的分管领导,在会上进行了经验发言,介绍了很好的经验。会议还印发了其他省份和单位的经验材料。这些单位的经验,都给我们以深刻启迪。

代表们围绕黄先耀副部长的重要讲话和杨咏主任的工作报告,进行了深入探讨。刚才,北京市交通委办公室主任郭卫亮、江苏省交通厅办公室主任朱培德、部规划司办公室主任顾霞、天津海事局办公室主任张铁军四位同志,分别代表四个组,汇报了分组讨论情况。从四位同志的汇报情况看,大家一致表示非常赞成黄先耀副部长的重要讲话和杨主任的工作报告,一致赞成建立"大信息"工作格局的具体思路和措施,一致认为这次会议日程安排紧凑,指导性和针对性都很强,交流了经验,提高了认识,明确了要求,为做好下一阶段的政务信息工作奠定了良好的思想基础,是一次非常成功的会议。大家还联系工作实际,提出了很多很好的意见和建议,我们一定会认真研究,积极吸收采纳。

归纳四位同志的发言,这次会议有以下几个突出特点:一是规格高。我们的老部长、现湖南省委张春贤书记亲自到会看望部分代表并与大家座谈;先耀副部长亲自出席会议并作重要讲话;杨咏主任作了会议工作报告。国办秘书一局的陈胜处长到会指导。7个省厅的主管副厅长和中交集团的主管副总裁到会,并代表各单位进行了经验交流发言。湖南省交通厅的欧阳斌厅长和杜翔副厅长参加了昨天全天的会议。各单位参加这次会议的办公室主任、副主任,占代表总数的85%以上。在历次信息会议中,这次会议的规格最高,规模最大。与会同志特别是具体从事信息工作的人员,倍感自豪,深受鼓舞。二是创新多。杨主任在报告中,第一次系统提出了构建"大信息"工作格局的思路、措施和具体工作部署。我们还邀请到了国办信息处的领导为我们作讲座，首次邀请部分先进单位的主管领导到会并作经验交流发言。这些都是本次会议的创新之处。三是收获大。通过参加这次会议，大家普遍感到收获很大，进一步明确了建立"大信息"工作格局的具体思路和工作措施；通过经验交流和座谈讨论，互相启发了思路，更加坚定了做好信息工作的信心和决心。四是效果好。这次会议组织周密，内容丰富，时间安排紧凑，各位代表集中精力开会，收到了良好的效果。这次会议开得很成功，达到了预期目的。这里我代表部办公厅和全体与会代表衷心感谢湖南省交通厅的大力支持和辛苦的工作。

下面，我就贯彻落实这次会议精神再强调几点意见。

一、贯彻落实会议精神，要体现在统一思想认识上

要把思想认识统一到先耀副部长的重要讲话和杨咏主任的工作报告上来。先耀副部长在讲话中指出，交通政务信息工作是交通工作的重要组成部分，必须站在经济社会发展全局的高度，准确把握交通发展改革的趋势和任务，正确判断交通政务信息工作的定位和方向，充分认识做好新形势下交通政务信息工作的重要性、紧迫性。要求各级各单位加快建立信息来源广泛、信息渠道畅通、信息资源共享的"大信息"格局工作机制。先耀副部长要求我们，着力增强信息工作服务水平，紧紧抓住党中央、国务院和部党组关注的重大问题、重要情况，紧紧围绕各个阶段的重点工作，报送有决策参考价值的信息，增强信息工作的主动性、针对性、预见性和有效性；要求我们大力提高信息工作创新能力，在创新信息网络和机制，创新具体工作制度、创新信息采编规范、创新信息工作激励约束机制等方面积极探索；要求我们继续加强对信息工作的领导，真正把信息工作摆到重要位置，做到信息工作有人管、有人问、有人干，有部署、有落实、有检查；要求我们做好政府信息公开工作，更好地为交通事业发展服务。先耀副部长的重要讲话，是我们做好信息工作的重要指导方针。大家一定要高度统一思想认识，认真贯彻落实这次会议精神，特别是先耀副部长的重要讲话，紧紧围绕

“三个服务”，把构建“大信息”工作格局作为信息工作的重要指导思想，增强做好交通政务信息工作的责任感和自觉性，推进政务信息工作不断上新水平。

二、贯彻落实会议精神，要体现在明确信息工作思路上

杨主任在报告中指出，当前交通政务信息工作的重点，就是要把握大局，突出重点，强化基础，积极创新，努力构建覆盖面广、渠道畅通、灵敏高效的“大信息”工作格局，提高信息服务能力，改进信息服务水平。他指出，建立“大信息”工作格局，是贯彻落实“三个服务”要求的一个重要措施，是服务于交通事业又好又快发展的一个重要措施，是信息工作有为有位的一个重要措施。同时指出，构建“大信息”工作格局要体现覆盖广、渠道畅、效率高、服务好的要求。做到信息工作网络的覆盖面要广，信息内容的覆盖面要广，服务对象的覆盖面要广；做到信息报送渠道畅通、重要信息不迟报不漏报、各部门之间形成信息工作合力；做到建立健全规章制度，建立良好的机制，保证信息的数量、及时、有效；做到提高信息的全面性、规范性、时效性、准确性，进一步拓展服务面，进一步提高服务质量和水平，使信息工作更好地发挥参谋助手作用。

各位代表在讨论中都表示，构建“大信息”工作格局是信息工作自身发展规律的必然要求，也是政务信息工作贯彻落实“三个服务”、促进交通事业又好又快发展的必然要求。各单位表示要按照先耀副部长和杨主任提出的要求，紧紧围绕“三个服务”，从反映党中央和国务院领导的关注点、反映交通改革发展成果的亮点、反映交通发展过程中的难点、反映社会有关热点、反映交通突发事件的焦点等方面，加强重点时段、重点工作、重点问题的报送。重视信息共享，加强在交通系统内横向、纵向交流和传递信息，完善信息保障措施，建立信息工作的长效机制。严把政务信息质量关，确保信息的全面、准确、及时、规范，增强政务信息的敏感性，加强信息调研，善于通过相关线索挖掘重要信息。进一步强化信息服务和决策参考功能，把信息办成沟通上下、交流内外、指导工作的重要平台。

三、贯彻落实会议精神，要体现在加强信息人员能力建设上

长期以来，各单位人手少、工作头绪多是一个普遍的现象。信息工作也不例外。2005 年下半年，部在浙江余姚召开了办公室主任工作会议，提出加强办公室人员能力建设的思路，要求“增强五种意识”，提高“五种能力”。我们必须切实加强信息工作人员的能力建设，通过能力建设来弥补人手不足。

（一）要认真学习借鉴各单位信息工作成功经验。总结经验的过程，是一个去伪存真、去粗取精、由表及里、由浅入深的过程，只有不断总结归纳经验，才能更好地把握信息工作规律。先耀副部长在讲话中指出，领导重视是做好信息工作的前提，服务中心工作是做好信息工作的关键，形成工作合力是做好信息工作的保证，积极推进创新是做好信息工作的动力，加强队伍建设是做好信息工作的基础。这是对近年来交通政务信息工作不断取得新成绩的深入总结，也是今后我们在工作中应该坚持的基本做法。这次会上，各单位在交流发言中也都介绍了自己的经验，福建省交通厅坚持信息工作与主题相结合、与综合相结合、与调研相结合；四川省交通厅坚持创新理念、创新机制、创新制度；湖南、河南、山东省交通厅都提出在信息工作中要坚持体现地方特色，做到“人无我有，人有我精”。这些都是实践证明行之有效的规律和方法，各单位应该注意总结和学习借鉴，取人之长，补己之短，改进工作。

（二）要强化责任意识和奉献精神。信息工作和办公室其他工作一样要求严谨细致，需要我们办公室的领导、信息工作人员以高度负责、精益求精的态度对待工作。信息工作时效性强，也导致了工作时间缺乏规律，休息时间和节假日加班是常态。需要办公室主任、副主任和信息工作人员甘于奉献，乐于奉献，把信息工作当作事业，当作一种追求。只有这样，才能产生干好工作的动力。当今社会是竞争的社会，拥有一份稳定的工作是值得珍惜的，办公室工作、信息工作既是一个十分稳定的工作岗位，又是一个十分重要的工作岗位，干不好是要遭淘汰的,我想我们在座的各位既然选择或被安排做信息工作,就要忠诚、敬业、称职、优秀。

(三)要积极鼓励创新。要按照先耀副部长在讲话中提出的,在创新信息网络和机制、创新具体工作制度、创新信息采编规范、创新信息工作激励约束机制等方面积极尝试,创造性地开展工作,全方位、多角度地思考问题,由满足于一般信息向主动贴近领导需求、抓深层次信息转变,由被动完成信息报送任务向自觉开动脑筋发掘信息新增长点转变,由仅注意做好对内服务向广泛开拓信息渠道、增强信息共享服务水平转变,使信息工作充满活力,及时适应形势的变化。

四、贯彻落实会议精神,要体现在促进信息工作上

通过这次会议,建立"大信息"工作格局的思路已经明确,措施也很具体,关键是狠抓落实。而落实的重要标志在于是否促进了信息工作。

这次会议上,我们提出建立"大信息"工作格局,根本目的就是适应信息工作面临的新形势新任务新要求,进一步提高信息服务质量和水平,更好地为交通事业发展服务。先耀副部长和杨主任在讲话中,都对信息工作取得的成绩给予了充分肯定。"不受一番风霜苦,哪得梅花放馨香",今天成绩的取得,是大家共同努力的结果,成绩来之不易,但也不能、不要成了我们前进的包袱。我们要清醒地认识到,信息工作还存在一些不足和薄弱环节。这里,我想简要分析一下政务信息中存在的几个突出问题,希望引起大家的重视。

(一)信息渠道不够畅通。有些单位主动报送信息的意识不够强,信息人员敏感性和责任心不强,有的重要工作和问题还不能及时通过信息渠道反映上来,一些重要信息时常被遗漏。一些党中央、国务院和部领导关注的重要情况,上了电视,登了报纸,发了文件,却见不到信息。正如杨主任在工作报告中强调的,往往"外情"已见诸媒体,"内情"还没有反映,"外"先"内"后的状况还比较普遍。一些事关全局、比较重要的情况不是通过信息主渠道,而是通过其他渠道反映上来的,这在交通政务信息工作中屡见不鲜。我们经常在其他媒体上了解到有关报道后,再找相关司局、厅局要情况,找材料编发信息,必然会延误时机。原因就是我们的信息渠道不畅,系统运转不灵。这一情况,在行业有,在部机关也有,已成为信息工作存在的一个突出问题。

(二)信息时效性不强。没有时效性,信息就没有价值。当前,重要信息迟报、漏报的问题仍时有发生。有时有的单位报送动态性信息,居然能够比实际事情发生情况的时间晚1个多月。有的单位编发信息后,明明可以上午报出,偏偏拖到下午或第二天,导致丧失信息价值。

(三)信息工作不平衡。成绩优秀的交通单位与落后的单位比较,不论是在报送数量、信息质量,还是采用上,都有相当大的差距,有的单位长期报送信息不够理想。说到底,这是分管信息的领导不重视,信息人员缺乏责任心造成的。

(四)报送信息不科学。有的单位报送信息喜欢打突击战,有时连续半个月、甚至几个月不报送一条信息。有时一天报送十多条信息。今年年初,有一个省厅在一天内向部报送了16条信息。这不是做好信息工作的科学办法。要知道,信息工作的成绩是靠一天天、一篇篇、一点点积累起来的。

(五)部约稿信息没有得到应有的重视。中办、国办经常向部约报重要信息,部有时也会向各单位约报有关信息。从各单位提供的信息看,一些单位能够按时交稿,且质量较好,但有个别单位应付了事,甚至置之不理。陈胜处长昨天讲了,约稿信息不报是政治问题、政治事件,要负政治责任!责任可不小啊!

(六)信息编写质量不够高。有的单位对信息把关不严,报上来的信息有时存在着要素不全、文字粗糙、格式不规范,或者语言表达欠准确、新闻色彩较浓、表述过于专业化等问题。具体为:

1. 综合分析不够。主要是综合、调研信息数量偏少,信息服务质量不高。这类信息向部报送不受每天各单位确定的报送指标的限制,因为这类信息是出专刊,不像动态类信息要受版面限制。再者这类信息不一定当天就能处理完报出去。

2. 不恰当使用新闻报道手法。主要是将信息与新闻稿件混为一谈,文字表达新闻色彩较浓。主要是修饰词、形容词、文字语言太多。

3. 信息中语法错误、语句搭配不当问题还经常发生。

4. 对术语表述过于专业化。有的单位上报信息对一些专用词语只报英文简称,不加注释,而实际上不可能所有领导对这些术语都了解、都熟悉。

(七)内容失实。有的信息的审核把关不严,文字表达欠准确,数字明显失实,有时甚至是在数字后多了个“万”字、多了个“亿”字,也就是说,比正确的数字整整扩大了1万倍或1亿倍。例如,前段时间一个省厅上报信息中说,该省份一个季度查处超载超限车辆两万多“万”辆,猛一看好像没有什么问题,但仔细一想却是两亿多辆,相当于几个月把全国的货运车辆查了几十遍,或者说一个省一天要查车200多万辆。可以说是差之毫厘,谬以千里。

(八)信息挖掘不够。有的单位报送信息抓不住重点,报了许多内部事务性工作、单位日常工作安排的信息,对领导关心的重要信息关注不够,信息的深度挖掘不够,信息价值未能充分发挥,常规的动态信息较多,高质量的调研信息数量过少。

关于如何做好信息工作,我想分几个层次谈一谈。

(一)对各单位领导来讲,要在注意力上予以倾斜。先耀副部长和杨主任在讲话中,都突出强调了加强信息工作的领导,这是做好信息工作的关键和前提。各级领导要经常听取信息工作汇报,研究加强和改进信息工作的意见,解决信息工作面临的困难,保证必要的基础设施建设投入,提高信息工作的科技含量,为做好信息工作创造良好的环境和条件。要坚持把信息工作人员的培养和使用有机结合起来,凝聚人心,稳定队伍。

(二)对各单位办公室主任、副主任来讲,应当对信息工作“高看一眼,厚爱三分”。在办公室所有工作中,目前信息工作是唯一能够量化考核的工作。各单位办公室的领导要切实把信息摆在特殊的重要位置,在参加会议、活动,开展调研、督查等工作时把编报信息放在优先考虑的位置,及时为信息工作人员创造条件或提供信息线索。要在干部培训和提高素质等方面为信息工作着想,为信息人员着想,夯实信息工作的基础,调动好、发挥好、保护好信息人员的工作积极性。

(三)对具体信息工作人员来讲,一定要增强信息意识。昨天,国办秘书一局陈胜处长讲到,对信息人员来讲,有无强烈的信息意识至关重要。一个看似普通的素材,信息意识强的同志可能会从中挖掘出信息精品;相反,信息意识差的同志很可能会将其等同一般情况不予理睬。增强信息意识,需要看悟性,需要靠潜质,但重要的是有强烈的责任心、事业心和较高的业务素质。我们倡导的"项项工作出信息,人人都是信息员"这个目标,希望能在我们办公室先行一步,从办公室做起,给单位、给处室做表率。

根据刚才各组汇报中的建议,下面我想先简单讲一下各单位、各部门、各司局如何抓住重点报信息?提出以下建议:

(一)对部规划司来说,应当及时提供每月的统计数据、有关战略规划研究方面的信息,以及重点项目建设总体情况的信息。

(二)对部公路司、水运司来说,应当结合业务特点,及时提供重点物资运输、建设和运输市场管理、行业管理等方面的信息。

(三)对长航局、长江航道局、三峡通航局、长江口航道管理局来说,应当及时提供长江航运、航道治理、三峡通航方面的相关信息。

(四)对各省厅来说,应当立足本地区实际,及时反映各方面的重大信息。各地方联系点应当反映"小中见大"、带有共性问题的信息。

(五)对海事、救捞部门来讲,要紧紧围绕海上安全监管、人命救助等提供信息。

(六)对科研单位来讲,应当及时提供研究成果中带有普遍性的问题和有指导性的对策建议方面的信息,使研究成果尽快进入领导决策,发挥效益。

对各单位报送信息,我这里只提了大致的要求,请各单位结合实际,认真梳理,有针对性地提出报送要点,做好工作。

同志们,你们的工作都很辛苦。希望大家注意休息,保重身体,劳逸结合,绝不透支体力,留得青山在,才能有柴烧。

谢谢大家。

第二篇

交通政务信息工作规章制度

第三章 中办、国办有关信息工作的制度和文件

中共中央办公厅关于报送重要信息实施办法(试行)

厅字〔1993〕29号

为进一步健全向中央办公厅报送重要信息的制度,更加准确、及时、全面地向中央报送信息,更好地为中央决策和指导工作服务,特制订本办法。

一、及时向中央报送重要信息是各地区、各部门及其办公厅(室)的重要职责。

信息是中央进行决策和指导工作的重要依据。向中央报送信息,是各省、自治区、直辖市党委,中央和国家机关各部门党组(党委)的职责,也是同级党委办公厅(室)的重要职责。为同级党委服务和为中央服务是一致的,各省、自治区、直辖市党委办公厅,中央和国家机关各部门办公厅(室)要认真做好收集报送信息的组织协调工作,建立和健全灵敏高效的信息网络,准确、及时、全面地为中央提供信息,努力成为中央了解信息的主渠道。

二、报送重要信息的主要内容。

(一)贯彻落实中央决策中的重要情况:

1. 各地区、各部门贯彻落实中央重要决策的思路、安排、部署、措施。

2. 中央重要决策作出后广大干部群众的反应,包括正反两方面的意见,以及各种要求和建议。

3. 贯彻落实中央重要决策中出现的新情况、新问题,包括阶段性成效、影响决策落实的突出问题和进一步修正、完善有关决策的意见、建议。

4. 中央领导同志视察工作时重要讲话精神的贯彻落实情况。

(二)各地区、各部门工作的重要情况:

1. 各地区、各部门贯彻落实中央决策,创造性地开展工作的情况,包括工作思路、大胆进行的探索和形成的经验。

2. 国民经济的重要行业和各地支柱产业发展情况,取得的新成就和遇到的新问题,以及国家重点建设项目的进展情况。

3. 经济体制改革尤其是企业、财税、金融、外贸、投资等方面体制改革和农村改革的新情况、新进展、新问题、新经验。

4. 农业和农村工作中值得重视的情况和问题。

5. 进一步扩大对外开放的新思路、新举措、新经验、新问题。

6. 政治体制改革的新情况。

7. 加强民主法制建设,建立健全各种法律法规,加强社会治安综合治理的意见、建议、新举措、新经验,以及有待解决的新问题。打击犯罪、惩治腐败的情况。

8. 加强党的建设和精神文明建设的新成效、典型经验或突出问题,包括党的组织、宣传、统战、纪检工作和思想作风建设,以及科、教、文、卫、体等方面的重要情况和问题。

(三)重大的社会动态:

1. 参与人数多、涉及面广、影响较大的上访、请愿、游行、罢工、罢市、罢教、械斗事件和非法集会,以及非法组织的活动等。

2. 各种重大事故,如爆炸、火灾、翻车、沉船、飞机坠毁以及劫机、劫船等造成重大伤亡或影响较大的事故。

3. 重大的自然灾害,如风灾、雪灾、水灾、旱灾,以及地震、海啸和严重疫情等。

(四)重要的社情民意,如一个时期干部群众最关心、议论较多、意见较大的问题等。

(五)重要的国际动态和港、澳、台动态。

(六)其他须报送的重要情况。

三、报送重要信息的时间要求。

(一)凡特大的群众性上访、请愿、游行、罢工、罢市、械斗事件、非法集会,或虽只有少数人参加、但影响极坏的突发性事件,以及重大事故和重大灾情,应在事件发生后的6小时以内报送有关情况,并及时续报事件进展和处理情况、原因和后果。

(二)定期收集民情、民意。除随时报送重要的民情民意外,各省、自治区、直辖市党委办公厅每季度末有侧重点地报送一次民情民意的综合性信息。

(三)中央重大决策出台前后,都要及时地、多层次、多渠道、多侧面地不定期收集有关情况并及时报送,每隔一个阶段要报送一份比较全面的综合材料。

(四)各省、自治区、直辖市党委办公厅要在每月13日前报送本地上月支柱产业以及一些重要经济指标完成情况,中央有关部门办公厅(室)要在每月10前报送上月全国性重要经济指标完成情况。重大的经济运行动态应随时报送。

四、对报送重要信息的情况进行督促检查。

(一)中办秘书局每月通报一次报送信息及采用情况,并查询、通报迟报、漏报重要信息的情况。

(二)中办秘书局组织报送重要信息情况和经验的交流,并以适当形式对报送重要信息工作搞得好的单位和个人进行鼓励。

中共中央办公厅关于进一步加强信息工作的意见

厅字〔1995〕18号

党的十一届三中全会以来,特别是1985年全国党委秘书长、办公厅主任座谈会以来,在中央和各级党委的领导下,党委办公厅(室)的信息工作迅速发展,对党委及时了解情况、进行科学决策和推动各项工作落实发挥了积极作用,已经成为各级党委了解信息的主渠道。当前,我国已经进入加快建立社会主义市场经济体制,促进国民经济持续、快速、健康发展的新时期。新的形势和任务对信息工作提出了新的更高的要求,信息工作必须立足全局,在反映改革开放和社会主义物质文明、精神文明建设的新情况、新问题和新发展上不断取得进展。为了适应新形势下党委对信息的需求,推进信息工作的规范化、科学化,现就进一步加强信息工作提出以下意见:

一、向党委报送信息是各级办公厅(室)的重要职责

信息是决策的基础和依据。随着改革开放的不断深入和社会主义市场经济体制的逐步建立,信息的作用日益重要,成为影响党委制定和实施决策的重要因素。党委办公厅(室)担负着为党委制定和实施决策服务的任务,为党委提供信息,是进行服务的重要内容和方式,是一项基础性的工作。各级党委办公厅(室)要把向党委报送信息作为重要职责,恪尽职守,切实履行。

在向本级党委报送信息的同时,要积极负责地向上级党委报送信息,各省、自治区、直辖市党委办公厅、中央和国家机关各部门及中央办公厅各信息直报点都要向中央报送信息。这是维护党的集中统一领导,保证中央和各级党委统揽全局、指导工作、进行正确决策的需要。各级党委要

支持办公厅(室)积极如实地向上级党委报送信息。办公厅(室)要努力增强上报信息的政治责任感和自觉性,把向上级党委报送信息作为义不容辞的责任。要建立健全上报信息制度和突发事件、其他重要紧急信息迟报、漏报检查制度。重要信息的迟报、漏报或不报都是不允许的。同时,还要向下级党委通报信息。

二、坚持及时、准确、全面提供信息的原则

及时、准确、全面提供信息是信息工作的基本原则,也是党委对信息的基本要求。

信息反映必须及时,重要信息要早发现、早收集、早报送。上级党委的重大决策出台后,要迅速报送下级党委的安排、部署和具体措施,每隔一段时间要报送决策实施的综合情况;各地重要工作的进展特别是经济工作的进展情况,至少每一季度要综合报送一次;重大突发事件发生后,应在6小时内报送有关情况,并续报事件处理进展情况。

准确,就是信息要真实,实事求是,尊重客观,符合实际,经得起历史和实践的检验。要加强对重要信息的分析、核实工作。提供部门要首先搞准确;信息部门收到重要信息发现有疑点时,要认真进行核实,务求内容确实、数字准确、情况清楚。有些信息还要进行横向和纵向的分析比较,并坚持追踪研究,以确认它的真实与准确。

强调全面,就是要坚持"两点论",有喜报喜,有忧报忧。在报喜中要避免虚假情况,在报忧中要敢于反映真实情况。党委要支持办公厅(室)报忧。对敢于报忧的部门和人员,要给予表扬和鼓励,不能歧视和打击。

三、紧密围绕党的中心工作提供信息

党的中心工作需要的信息,是信息工作的重点。办公厅(室)必须以党委决策为依据,根据党委的中心工作和为实现中心工作作出的阶段性部署,有针对性、有重点地开展信息工作,及时提供党委需要了解和需要党委了解的信息。党委重大决策制定前,要提供情况,反映各方面的意见和要求,反映有参考价值的预案和建议;党委决策作出后,要及时反馈下级党委的贯彻落实情况以及修正、完善决策的意见、建议。

要紧密围绕经济建设这个中心,及时反映社会主义市场经济体制建立过程中的成绩、经验和问题，反映党的建设、精神文明建设、民主法制建设和社会稳定等方面的重大情况，反映各地区、各部门开展工作的思路、进展和成效，反映重大的社会动态和重要的社情民意。中央和国家机关有关部门及有关地区还要向中央报送国际上政治、经济、军事和涉外等方面的重要信息以及港澳台重要动态。改革开放和经济建设方面的信息，要作为报送重点，经常不断地进行反映。

信息工作围绕党的中心工作进行，必须注重反映基层的真实情况和群众的意见情绪。各级党委办公厅(室)要及时了解和反馈基层在改革开放和经济建设中有价值的经验、做法以及存在的问题，反映群众的意见和呼声。要定期将基层的情况、群众的反映向上级党委反馈，各省、自治区、直辖市党委办公厅每个季度末要向中央办公厅报送一次社情民意的综合信息。

四、搞好信息的整体开发和综合利用

各级党委办公厅(室)要进一步重视信息的整体开发和综合利用，不断提高向党委报送信息的质量。

加强信息整体开发，要站在党委工作全局的高度，广泛收集党委工作需要的各种信息。在此基础上，对大量零碎、孤立的信息进行归纳整理、分析综合，从整体上开发它的深层价值，使之成为对党委决策有重要参考作用的高层次信息。党委办公厅(室)要成为信息的“加工厂”，不仅对信息进行初加工，而且要对大量信息进行深加工，在加工中使信息增值。

要加强信息的综合利用。一些重要信息除向党委提供外，还可供有关地区和部门使用，不少信息可以上下级共享。办公厅(室)要把为本级和为上下级的信息服务结合起来，在向本级和上级党委报送信息的同时，及时把一些对下级或部门有重要参考价值的信息转报或通报给下级或有关部门。

信息调研是从信息中发现问题、捕捉题目所进行的调研，是证实信息、扩充信息、挖掘和开发深层次信息的有效方式。各级党委办公厅(室)要加强对信息的分析研究，善于从信息中选择中央和地方党委各项工作中最为关注和需要解决的问题，进行信息调研，向党委提供有情况、有分析、有建议的信息调研报告。信息调研要加强针对性,突出"短、平、快"的特点,题目集中,目的性强,讲求时效。

五、进一步加强信息网络建设

网络是信息收集、传递和加工不可缺少的渠道,是信息源与信息需求者之间的媒介。网络建设是信息工作十分重要的基础建设。网络建设的重点是进一步完善、健全网络体系,建立快速灵敏的传递机制,加强对网络的维护、管理和指导,提高网络的整体功能和效率。健全网络体系,要保证信息源的全面性。综合经济部门应是网络中重要的组成部分,党委办公厅(室)要加强同综合经济部门的联系,为党委决策提供有价值的经济信息。

各级党委办公厅(室)要进一步重视信息网络的建设,通过网络加强对各级信息工作的指导,建立经常性的联系,及时传达党委的信息需求,反馈信息采用情况,提高报送信息的质量。要建立一整套科学的工作制度和程序,保证网络反应灵敏、采集准确、运行安全正常。加快信息自动化技术处理手段的研究、引入和运用,使信息传递更加快捷,效率不断提高。

各地的信息联系点是信息网络的重要组成部分。信息联系点要发挥自身的特点和优势,抓住领导的关注点和上级决策在基层的落实进展,及时反映基层的真实情况,不断提高报送信息的质量和适用性。

六、各级党委要加强对信息工作的领导

各级党委要充分认识信息工作的重要性,重视和利用好办公厅(室)报送的信息,发挥信息的作用。要切实加强对信息工作的领导,支持和指导办公厅(室)积极开展信息工作。要使办公厅(室)信息部门及时了解党委的意图、工作思路和工作部署,给他们提要求、交任务、出题目,充分发挥办公厅(室)报送信息的主渠道作用。各级党委办公厅(室)要加强对这项工作的具体领导和检查,工作上严格要求,提供各种便利条件。要保护信息工作人员的积极性,支持他们积极收集、如实反映情况和问题。要加强对信息点的指导,积极为他们提供工作条件。

要进一步加强信息工作的业务建设。研究信息理论,不断总结实践经验，提高工作水平。加强信息部门之间的横向、纵向联系，建立紧密广泛的联系渠道。逐步建立健全各项规章制度，实现信息工作的制度化。采取有力措施，不断提高信息刊物质量。上级信息部门要加强对下级信息部门的业务指导。

信息工作人员要努力学习马克思列宁主义、毛泽东思想，学习邓小平同志建设有中国特色社会主义的理论，学习党的路线、方针、政策，熟悉专业知识，不断提高政治和业务素质。要发扬勤奋工作、无私奉献的精神，经常深入实际，进行调查研究，收集反馈信息。要培养良好的工作作风，不断提高工作效率和质量。

国务院办公厅政务信息工作暂行办法

国办发〔1995〕53号

第一章 总 则

第一条 为了适应建立社会主义市场经济体制和政府管理职能转变的需要,实现全国政府系统政务信息工作规范化、制度化,制定本办法。

第二条 政务信息工作是各级政府及其部门的办公厅(室)的一项重要工作,其主要任务是:反映政府工作及社会、经济发展中的重要情况,为政府把握全局、科学决策和实施领导提供及时、准确、全面的信息服务。

第三条 政务信息工作必须坚持党的基本路线,遵守宪法、法律、法规,坚持实事求是的原则。

第四条 政务信息工作坚持分层次服务,以为本级政府服务为重点,努力为上级和下级政府服务。

第五条 政务信息工作应当围绕政府的中心工作和社会、经济发展中的重点、难点、热点问题,反映在建立社会主义市场经济体制进程中出现的新情况。

第六条 各级政府及其部门应当加强对政务信息工作的领导,提出要求,交待任务,做好协调,支持和指导本级政府或者本部门的办公厅(室)发挥整体功能,做好政务信息工作。

第二章 政务信息机构

第七条 省、自治区、直辖市人民政府和国务院各部门的办公厅(室)应当稳定并完善负责政务信息工作的机构,加强对本地区或者本系统所属单位政务信息工作的指导。

第八条 负责政务信息工作的机构履行下列主要职责：

（一）依据党和国家的方针、政策，结合本地区、本部门的工作部署，研究制定政务信息工作计划，并组织实施；

（二）做好信息的采集、筛选、加工、传送、反馈和存储等日常工作；

（三）结合政府的中心工作和领导关心的问题，以及从信息中发现的重要问题，组织信息调研，提供有情况、有分析的专题信息；

（四）为政府实施信息引导服务；

（五）组织开展政务信息工作经验交流，了解和指导下级单位的政务信息工作；

（六）组织本地区、本部门政务信息工作人员的业务培训。

第九条 政务信息网络是政务信息工作的基础，信息联系点是政务信息网络的组成部分。各级政府及其部门应当根据本地区或者本部门的实际情况和需要，逐步建立和完善政务信息网络。

第三章 政务信息队伍

第十条 政务信息队伍由专职、兼职和特聘的政务信息工作人员组成。县级以上各级人民政府办公厅（室）应当配备专职政务信息工作人员。专职政务信息工作人员的人数由本级政府或者本部门的办公厅（室）根据工作需要在编制范围内确定。

第十一条 政务信息工作人员应当具备下列基本条件：

（一）努力学习马列主义、毛泽东思想和邓小平同志建设有中国特色社会主义的理论，热爱政务信息工作，有较强的事业心和责任感，作风正派，实事求是；

（二）熟悉党的路线、方针、政策，熟悉政府或者部门的主要业务工作；

（三）掌握政务信息工作的基本知识和工作技能，具备一定的经济、科技和法律等方面的基本知识；

（四）具有较强的综合分析能力、文字表达能力和组织协调能力；

(五)严格遵守党和国家的保密制度。

第四章 政务信息工作制度

第十二条 下级政府应当及时向上级政府报送信息。政府各部门应当及时向本级政府和上级部门报送信息。下级政府或者部门对上级政府或者部门专门要求报送的信息,必须严格按照要求报送。

第十三条 上级政府和部门的办公厅(室),应当适时向下级政府或者部门的办公厅(室)通报信息报送参考要点和采用情况。

第十四条 各级政府及其部门负责政务信息工作的机构根据需要组织相互之间的信息交流,在依法保守秘密的前提下,实现信息资源共享。

第十五条 下级政府或者部门负责政务信息工作的机构向上级政府或者部门负责政务信息工作的机构报送的信息,必须经本级政府或者本部门的办公厅(室)分管领导审核、签发;必要时,报本级政府或者本部门分管领导审核、签发。

第十六条 对在政务信息工作中成绩突出的单位和个人,给予奖励。

第五章 政务信息质量

第十七条 政务信息应当符合下列要求:

(一)反映的事件应当真实可靠,有根有据。重大事件上报前,应当核实。

(二)信息中的事例、数字、单位应当力求准确。

(三)急事、要事和突发性事件应当迅速报送;必要时,应当连续报送。

(四)实事求是,有喜报喜,有忧报忧,防止以偏概全。

(五)主题鲜明,文题相符,言简意赅,力求用简练的文字和有代表性的数据反映事物的概貌和发展趋势。

(六)反映本地区、本部门的新情况、新问题、新思路、新举措、新经验,应当有新意。

（七）反映情况和问题力求有一定的深度，透过事物的表象，揭示事物的本质和深层次问题，努力做到有情况、有分析、有预测、有建议，既有定性分析，又有定量分析。

（八）适应科学决策和领导需要。

第六章　政务信息工作手段

第十八条　各级政府及其部门应当加强政务信息工作现代化手段的建设，保证政务信息工作的正常开展，实现信息迅速、准确、安全地处理、传递和存储。

第十九条　各级政府及其部门应当建立严格的网络设备管理、维护和值班制度，保持网络设备的正常运行和信息传输的畅通。

第二十条　省、自治区、直辖市人民政府和国务院各部门的办公厅（室）应当逐步建立电子数据资料库，收集、整理和存储本地区或者本系统的基本的和重要的数据资料，以适应随时调用和信息共享的需要。

第二十一条　省、自治区、直辖市人民政府和国务院有关部门的办公厅（室）应当管好、用好计算机远程工作站，严格遵守国家有关安全、保密的规定。

第七章　附　　则

第二十二条　本办法由国务院办公厅秘书局负责解释，并根据施行情况适时修订。

第二十三条　本办法自 1995 年 11 月 1 日起施行。

第四章 交通部及交通部办公厅有关交通政务信息工作的制度和文件

交通政务信息工作暂行办法

交办发〔1997〕151号

为了加强交通政务信息工作，逐步实现交通政务信息工作的规范化、制度化、科学化，更好地发挥交通政务信息的作用，以促进交通事业的改革和发展，根据国务院办公厅《政务信息工作暂行办法》和交通工作的实际，制定本办法。

第一章 交通政务信息网络

第一条 交通一级政务信息网由各省、自治区、直辖市、新疆生产建设兵团、计划单列市、经济特区交通厅(局、委、办)，部属及双重领导单位，部机关各司局组成，具体工作由各单位的办公室(综合处)或相应机构负责办理。

除交通一级政务信息网成员单位之外，部可根据工作需要指定建立若干交通政务信息联系点，交通政务信息联系点视同交通一级政务信息网成员单位。

第二条 交通一级政务信息网成员单位的主要任务是：负责报送本单位、本地区的交通政务信息，为本单位和上级领导了解情况、科学决策提供服务。

第三条 交通一级政务信息网成员单位，可根据工作需要设立下一级交通政务信息网，并负责对下一级交通政务信息网的管理和指导。

第四条 交通一级政务信息网的成员单位应确定一位办公室(综合处)或相应机构的领导为本单位交通政务信息工作的负责人,并指定1~2名具有较高政策水平、综合分析能力和文化素质的同志为专职或兼职交通政务信息员。

(一)交通政务信息工作负责人的主要职责是:

1. 管理和指导本单位和下一级交通政务信息网的交通政务信息工作;

2. 对本单位和下一级交通政务信息网的交通政务信息工作提出要求,并进行检查;

3. 审核本单位上报的交通政务信息;

4. 负责本单位和上级领导对交通政务信息指示的查办、催办工作,并及时向领导反馈查办、催办情况;

5. 负责本单位、本地区交通政务信息工作的总结和表彰。

(二)交通政务信息员的主要职责是:

1. 按部发布的交通政务信息报送要点,了解、收集、编辑本单位、本地区的交通政务信息;

2. 按部规定的格式、时间、方法和要求报送交通政务信息;

3. 为本单位领导和上级部门提供交通政务信息服务;

4. 完成上级部门和本单位领导布置的与交通政务信息有关的工作。

第五条 部办公厅负责对交通一级政务信息网成员单位交通政务信息工作的归口管理和指导,其主要职责是:

(一)收集、整理交通一级政务信息网成员单位报送的交通政务信息,编写《每日动态》、《交通政务信息》等动态性和一般性交通政务信息刊物,报中共中央、国务院和部领导,送有关单位领导参阅。

(二)将中共中央、国务院和部领导在交通政务信息刊物上的指示,迅速传达到交通一级政务信息网有关成员单位,并将查办落实情况和有关事项的办理结果向本单位和上级领导反馈。

(三)负责指导和协调交通一级政务信息网成员单位的交通政务信息工作。

（四）根据中共中央、国务院和部不同时期对交通工作的部署，及时发布交通政务信息报送要点；预约重要交通政务信息的报送。

（五）负责指定交通政务信息联系单位。

（六）负责年度交通政务信息工作的总结和表彰。

第二章 交通政务信息工作程序

第六条 交通政务信息的收集

交通政务信息可以通过多种形式、多种渠道进行收集。其主要来源是：上报或下发的文件、会议材料、领导指示、电话记录、工作总结、基层情况、调研报告、交通事故报告、群众反映、信访材料及下级报送的交通政务信息、文件、材料和报表等。必要时也可以直接下基层采访、调研，收集第一手材料。

收集交通政务信息时目的要明确，特别要注意收集有典型性、指导性和普遍性的综合类交通政务信息。

第七条 交通政务信息的编辑整理

（一）对收集到的交通政务信息要进行分类登记，经过筛选确定其性质、使用价值和可靠性。

（二）对采用的交通政务信息要进行综合、编辑。编辑上报的交通政务信息应符合下列要求：

1. 反映的事件应当真实可靠，有根有据。重大事件上报前应当核实；

2. 所列的事例、数字、单位应力求准确无误；

3. 要实事求是，有喜报喜，有忧报忧，防止以偏概全；

4. 要主题鲜明，文题相符，标题简明，结构严谨，语言简练；

5. 反映情况和问题力求有一定的深度，努力做到有新意、有分析、有预测、有建议。

（三）动态性交通政务信息不要超过300字，一般性交通政务信息不要超过3000字。

第八条 交通政务信息的报送

交通政务信息要按规定的格式打印，经本单位交通政务信息工作负责人审核签字后报部。

(一)数量要求:

交通一级政务信息网成员单位要按部规定的数量报送。

(二)时间要求:

动态性交通政务信息从收集到报部不得超过24小时,重大突发性事件不得超过2小时。如情况紧急可先通过电话或其他方式口头直接上报,但必须在4小时内以文字补报。

一般性交通政务信息应尽可能缩短报送时间。

(三)传递方式:

交通政务信息应优先采用交通系统计算机互联网络的电子邮件方式传送,待条件成熟后格式化数据采用AMT/EDI方式传送,也可采用电话传真、邮寄、文件交换、直接送达的方式及时报部。

(四)对重要交通政务信息要进行跟踪,有新情况要及时续报。

第九条 交通政务信息的反馈

交通一级政务信息网成员单位收到部交通政务信息的反馈后,要迅速向本单位领导报告,并负责向部反馈处理后的情况。

第十条 交通政务信息资料的管理

交通政务信息资料应按档案管理的有关规定立卷归档和保管。

交通一级政务信息网成员单位要充分利用办公自动化的先进手段,建立交通政务信息数据库。

第三章 交通政务信息工作制度

第十一条 重要交通政务信息必报制度

重要交通政务信息必须迅速收集和上报,以下内容为重要交通政务信息:

(一)中共中央、国务院和省、部级领导对本单位、本地区交通工作的重要指示和批示。

(二)中共中央、国务院和省、部级领导到本单位、本地区视察工作的情况和讲话要点。

(三)对部的重要工作部署、交通工作的重大改革措施和重大决策的贯彻落实情况。

(四)省级人民政府出台的有关交通工作的法规、政策和措施。

(五)关系国计民生的重要生活、生产资料的运输生产情况。

(六)交通重点工程建设项目的立项、审批和建设情况。

(七)重大事故和突发性事件,重大自然灾害给本单位、本地区交通造成损失的情况。

(八)交通一级政务信息网成员单位在工作中的重要事项和重要举措。

(九)部机关各司局主管业务范围内的重要事项和基础统计数据。

(十)部确定的其他重要交通政务信息。

对漏报、迟报甚至扣压不报重要交通政务信息的交通一级政务信息网成员单位,部将予以通报批评。

部机关各司局的交通政务信息工作列入部机关目标管理内容。

第十二条 重要交通政务信息预约制度

部视需要,可通过预约方式,向交通一级政务信息网成员单位发出重要交通政务信息预约通知,提出预约交通政务信息的内容、撰写要求和报送时间。有关成员单位应按要求组织专人搜集材料和撰写,按时上报。

第十三条 交通政务信息保密制度

交通政务信息工作严格维护国家的安全和利益,切实遵守国家和部有关保密的规章制度;在交通政务信息材料的收集、使用、传递、保管、移交等各个环节,要严格按照保密规定办理。

第十四条 交通政务信息稿酬制度

部对采用的交通政务信息实行稿酬制度。

交通一级政务信息网成员单位(部机关各司局除外)可参照本办法对下一级交通政务信息网实行相应的稿酬制度。

第十五条 交通政务信息工作考评和表彰制度

(一)考评办法:

部对交通政务信息工作考评实行计分制。

交通一级政务信息网成员单位每年1月15日前,向部报送上年度本单位交通政务信息工作总结,并推荐上年度本单位优秀交通政务信息员。部将根据交通一级政务信息网成员单位年终总分分组排序和交通政务信息工作的情况,确定交通政务信息工作先进单位和优秀交通政务信息员。

(二)表彰:

部对交通政务信息工作先进单位和优秀交通政务信息员进行表彰。奖励以精神鼓励为主,物质鼓励为辅。

第四章　交通政务信息工作的基础建设

第十六条　交通一级政务信息网成员单位要保持交通政务信息工作队伍的健全和相对稳定。由于工作或其他原因,需要换交通政务信息负责人和交通政务信息员时,要及时向部报备,确保交通政务信息工作的连续性。

第十七条　交通一级政务信息网成员单位要支持交通政务信息员的工作,对交通政务信息员参加会议、查阅文件、采编交通政务信息、业务学习、外出调研等方面提供便利条件。

第十八条　交通一级政务信息网成员单位应不定期地对交通政务信息员进行培训,经常组织交通政务信息员学习政治和业务知识,加强交通政务信息采编等方面的训练,不断提高交通政务信息员的政治和业务水平。

第十九条　交通一级政务信息网成员单位应配备计算机、传真机、复印机等现代化办公设备,保证交通政务信息迅速、准确、安全地处理和传递。

第二十条　交通政务信息员应熟练掌握现代化办公设备的操作技术,快速处理和传递交通政务信息,提高工作效率和质量。

第五章　附　则

第二十一条　本办法由部办公厅负责解释。

第二十二条　本办法自1997年4月1日起施行。

关于贯彻实施《交通政务信息工作暂行办法》有关问题的通知

厅秘字〔1997〕23号

各省、自治区、直辖市、新疆生产建设兵团、计划单列市、经济特区交通厅(局、委、办),部属及双重领导单位,部机关各司局,部交通政务信息联系点:

《交通政务信息工作暂行办法》(交办发〔1997〕151号)已经部批准发布实施,现将贯彻实施的有关问题通知如下:

一、关于交通政务信息报送数量

1. 各省、自治区、直辖市、新疆生产建设兵团、计划单列市、经济特区交通厅(局、委、办)每年向部报送交通政务信息数量不少于48条,每月不少于2条。

2. 部属及双重领导单位每年向部报送交通政务信息数量不少于24条,每月不少于1条。

3. 部机关各司局每年向部报送交通政务信息数量不少于15条(其中综合类交通政务信息不少于3条),每月不少于1条。

二、关于交通政务信息稿酬标准

1. 部《每日动态》采用1条发稿酬10元。被部领导批示,奖励20元。

2. 部《交通政务信息》采用1条发稿酬50元。被中共中央、国务院办公厅采用,奖励100元;被中共中央、国务院和部领导批示,奖励100元。

三、关于交通政务信息考评计分办法

1. 部《每日动态》采用1条计2分。被部领导批示,加计8分。

2. 部《交通政务信息》采用1条计10分。被中共中央、国务院办公厅采用,加计20分;被中共中央、国务院和部领导批示,加计20分。

3. 考评分组进行,各省、自治区、直辖市、新疆生产建设兵团、计划单列市、经济特区交通厅(局、委、办)为第一组,部属及双重领导单位为第二组,部机关各司局为第三组,部交通政务信息联系点为第四组,各组总分高者为先进。

四、关于交通政务信息联系点

1. 部指定下列单位为第一批交通政务信息联系点:北京市公路局,哈尔滨市交通局,石家庄市交通局,浙江省舟山市交通局,吉林省辽源市交通局,湖北省黄石市交通局,江苏省苏州、徐州市交通局,江西省宜春地区交通局,河南省洛阳市交通局,云南省怒江傈僳族自治州交通局,三峡工程通航指挥部,上海航运交易所,招商局蛇口工业区有限公司,大连远洋运输公司,天津远洋运输公司,青岛远洋运输公司,上海远洋运输公司,广州远洋运输公司,中国外轮代理总公司,中远国际货运有限公司(中国汽车运输总公司),中远国际贸易公司(中国船舶燃料供应总公司),交通部第一航务工程局,交通部第二航务工程局,交通部第三航务工程局,交通部第四航务工程局,上海航道局,天津航道局,广州航道局,交通部第一公路工程总公司,交通部第二公路工程局。

2. 交通政务信息联系点单位以后将根据工作需要不定期进行调整。

五、自本通知印发之日起,交通部办公厅1995年印发的《交通动态信息工作管理规定》(厅秘字〔1995〕50号)**同时废止。**

六、请交通一级政务信息网成员单位将本单位交通政务信息工作负责人、信息员名单(见附件三)**按要求填写,于5月1日前送办公厅**(秘书处)。**今后以上人员如有变动,请及时向部报备。**

联系人:梁德明　联系电话:(010)65292513。

附件:1. 交通一级政务信息网成员单位名单(略)

2. 交通政务信息报送格式(略)

3. 交通政务信息工作人员登记表(略)

当前加强和改进部机关交通政务信息工作的意见

厅信息字〔2003〕230 号

交通部作为全国公路、水路行业主管部门,在全面建设小康社会的历史进程中责任重大。部党组高度重视交通政务信息工作对实现交通新的跨越式发展目标的重要作用。新一届政府组成后,张春贤部长多次作出指示,指出信息工作能够反映出部门的政治敏感性,反映行业管理的整体水平。要求必须建立健全覆盖交通全行业的信息网络和快速反应机制,进一步提高信息工作水平,为党中央、国务院领导了解交通行业情况并进行决策做好信息服务;充分利用信息资源强化部的宏观管理职能,为部领导和部机关进行行业管理和决策提供服务;并在行业内实现信息共享,通过信息工作推动交通事业的发展。根据部领导的指示精神,在办公厅成立了信息处,归口负责交通政务信息工作。经部领导同意,在征求各司局和各有关单位意见后,现提出当前加强和改进部机关交通政务信息工作的意见。

一、做好信息工作需要部内各司局各有关单位的共同努力与合作

近年来,交通政务信息工作不断发展和进步,报送的深度和范围逐步加大,反映问题的全面性和准确性日益提高,参谋助手作用不断加强,取得了一定的成绩:2002 年,向中办、国办报送信息数比 1998 年增加了 8.2 倍,中办、国办采用数增加了 7.8 倍。领导对信息的批示率也逐年提高。2000 年以来我部连续 4 年被中办和国办评为“报送信息先进单位”。信息工作取得的这些成绩,归功于部党组的正确领导,归功于各司局和各有关单位的共同努力和大力支持。但应该看到,与实现交通新的跨越式发展的战略要求相比,现在的交通政务信息工作还不能够完全适应,在思想认识、信息网络、反应机制等方面都存在着一定差距。各司局和各有关单位要充分认识加强信息工作的重要性和紧迫性,加强领导,通力合作,不断改进交通政务信息工作。

二、交通政务信息工作的指导思想

交通政务信息工作要以“一个中心、三个服务、五个围绕”为指导思想,即:以实现交通新的跨越式发展为中心;为党中央、国务院和其他上级机关服务,为部领导、部机关服务,为交通系统各单位服务;围绕党中央、国务院的大政方针和一个时期部的中心工作,围绕交通法规、重要政策的制定和实施,围绕交通建设和管理中的热点、难点问题,围绕交通行业的重大事件,围绕交通行业改革、发展的趋势和需求五个方面,收集、研究、编报重点信息、综合信息、专报信息和参考性信息。

三、进一步加强交通政务信息上报工作

作为交通行业主管部门,及时向中办、国办上报交通政务信息,报告贯彻落实中央各项决策、部署和领导同志批示的情况,反映工作的进展情况以及涉及行业发展的重大问题,使党中央、国务院领导同志及时掌握交通行业的重要工作和重大事件,是交通部职责所在,也是当前交通政务信息工作要着重加强的一个方面。各司局和各有关单位要切实采取措施完成好这项任务。

1. 办公厅要健全上报信息的审核、审批程序和激励约束机制;要根据领导指示和工作需要采用定期编发和临时定题的办法,提出报送信息要点供各单位参考。向中办、国办上报的信息均先送相关单位或信息联系点阅核,常规信息由办公厅领导签发,重大信息、反映问题的信息或可能对交通行业产生影响的信息均经部领导审批后再上报。加强督促检查,对于信息报送及时、准确、高效的单位,给予表彰;对于未落实有关报送信息要求的单位,及时提出督查意见;因迟报、漏报、误报信息导致工作失误的,要通报批评,造成重大损失的将建议有关部门追究责任。

2. 各司局和各有关单位要把报送信息作为本部门、本单位工作的一个重要组成部分,由一位领导专门负责,制定收集和报送信息的制度、程序和计划,研究提出报送信息的重点,确定信息员,积极主动地提供、报送

信息，并按办公厅的要求，完成有关信息的编写、核稿等工作，确保每月报送信息数不少于2篇。此外，要积极创造条件让信息工作人员参与各项重要工作，加强业务培训，提高工作水平。

3. 当前上报信息的重点是：贯彻中央提出的一手抓防治非典，一手抓经济建设的方针，围绕我部"抓试点、抗非典、促重点"各项工作，及时收集、上报重要信息，反映我部贯彻中央方针政策、领导批示的情况和建议。各司局和各有关单位要结合本部门的工作实际，将各项工作进展情况及时编报信息。部防控非典领导小组办公室仍负责向国家防治非典指挥部报送信息，同时由办公厅将防控非典工作重要信息报送国办；水上重大安全事故信息仍由中国海上搜救中心值班室上报，同时抄送办公厅，其他重大事故事件信息由有关单位负责整理，报部领导批准后由办公厅归口上报。

4. 各司局和各有关单位要为上报信息积极提供线索。对所了解的中央国务院领导和部领导的重要批示以及上级机关重要文件，除非保密制度有专门规定，均要及时复印送办公厅（信息处）阅研，并围绕有关要求及时编报信息；部的重要会议、活动等，主办单位要提前向办公厅通报，由办公厅决定是否派员参加；各司局和各有关单位组织的调研、考察、检查等活动，形成的报告要同时抄送办公厅（信息处）。

四、健全交通政务信息网络

对信息网络进行必要的调整，将交通行业中较有影响的企业、科研院校等纳入信息网络。各司局和各有关单位信息工作仍由办公室（综合处）归口管理，同时在征求意见的基础上在有关处室建立信息联系点（名单见附件1），必要时，其所报信息可不通过所在单位办公室（综合处），经单位领导签批后直接向办公厅提供；办公厅也可直接向信息联系点提出约稿或核稿要求。

五、努力提高信息质量

提高信息质量要强调"准、快、全、深、前"。一是要准，报送信息务求准确，不夸大成绩，不掩盖问题；对于突发事件，在情况不甚清楚时，要先及时报送掌握的情况与相关背景，进一步核实事件或采取措施后，再抓紧补报。二是要快,对重大事项、重大突发事件及苗头、重大事故及险情,以及行业的重要数据等,要做到发现情况快、报送信息快。三是要全,各司局和各有关单位报送信息不能仅限于提供情况,要适当介绍事件的前因后果,对专业术语进行必要解释,使信息内容更完整。四是要深,通过深入调查研究,发掘信息内在价值和可能产生的作用,做到有情况、有分析、有建议。五是要前,要有超前意识和大局观念,对中央关注和社会关心的重要问题,对影响行业发展的重大趋势,提前作出反应,及时收集分析有关情况,充分发挥信息工作的参谋助手作用。

不同类型的信息针对上述五点要求可有不同的侧重点:反映重大突发事件的信息更强调时效性;数据类信息务必准确;调研参考类信息更注重内容全面深入、能够揭示主要矛盾或发展趋势。编报信息时,对于重要数据信息要有对比情况和原因分析,对重大突发事件信息要有处置措施,对反映问题类信息要有对策建议,等等。对于重要信息,还要不断跟踪,连续反馈,以形成系统的决策依据。同时,希望各司局和各有关单位每年能够提供1—3篇通过调研、论证等方式形成的综合信息,提高信息服务的水平。

六、建立和完善运转高效的信息工作机制

1. 按照"统一归口、分工负责"的原则,由办公厅归口管理政务信息工作。信息处具体负责制定并组织实施信息工作计划,收集整理交通系统政务信息并向中办、国办上报,督查各级领导对信息批示的办理情况,协调日常有关工作等。各司局和各有关单位按职责分工负责业务范围内信息的收集、分析、编写工作,并向信息处提供,由信息处整理、编发和报送。根据需要,也可由有关单位编写信息稿件,经单位领导核签后,使用信息处提供的编号,呈部领导签发,报上级机关或有关部门,并抄送信息处。

2. 建立信息沟通服务机制。各司局和各有关单位需要通过信息反映的问题,可起草信息后商办公厅按程序报出;领导同志就信息内容作出的批示、指示,或办公厅掌握的对业务工作有参考价值的信息,办公厅及时转相关单位阅知。

3. 建立重要工作和领导批示的信息反馈机制。各司局和各有关单位要及时对重要工作计划和各级领导批办的工作进展情况整理信息，反映办理的进度和结果，以及遇到的困难和建议，从而为完善决策、推动决策落实提供信息服务。

4. 建立信息快速反应机制。有关党和国家领导人关于交通行业的视察（批示、讲话）、对部的重要工作部署和决策的贯彻落实情况、交通行业中不稳定因素或隐患、重特大运输安全事故或工程质量事故以及其他突发重大事件，应在事件发生或接到批示的当天即整理报送信息；情况特别紧急或影响特别重大的，可先通过电话方式在 2 小时内报告，并在 4 小时内补报文字信息。

七、整合信息刊物

对现有的《每日动态》、《交通政务信息专报》、《交通政务信息》信息刊物进行整合。整合后的信息刊物由《每日快报》、《交通部专报信息》、《交通情况与交流》组成，同时参照中办、国办和其他部委的做法，对栏目设置、版面安排、发送范围等进行调整（见附件 2），以使信息资源得到更为科学、有效的配置和利用。

附件：1. 各司局各有关单位信息联系点名单（略）

2. 信息刊物整合方案

附件 2

信息刊物整合方案

一、将《每日动态》调整为《每日快报》,每个工作日编发一期。具体栏目设置安排如下:

1. 领导批示

刊登部领导在前一个工作日作出的有指导意义的重要批示(如请某单位阅研、提出意见或提交会议讨论等批示不登)。由办公厅秘书处、文书处、机要处、部领导秘书及有关单位提供。

2. 重要活动

主要刊登近日部领导主持召开或参加的会议活动、重要接待与会见、出访任务等。由办公厅秘书处和有关单位提供。

3. 部发文件

刊登前一个工作日以部或部办公厅名义发布的重要文件(就具体问题的批复等文件不登),涉密件除外。由办公厅文书处提供。

4. 交通动态

刊登交通系统各单位和各司局提供的重要动态信息。由办公厅信息处收集编写。

5. 相关信息

主要刊登铁道、民航等行业以及国家发展改革中的重大信息。由各有关单位提供或办公厅信息处收集整理。

二、将《交通政务信息专报》调整为《交通部专报信息》,不定期编发。

主要用于向中办、国办报送交通行业落实中央国务院方针政策和工作部署的情况,行业重要数据、重要工作部署、建设和运输的基本运行情况及存在的突出问题、重大突发事件或险情,以及交通行业发展的重要观点等。

三、将《交通政务信息》调整为《交通情况与交流》,不定期编发。

主要用于向交通系统通报交通有关单位的重要工作情况,交流工作经验和做法,反映对交通行业改革和发展的建议,提供交通行业内外重要的参考信息。

关于进一步加强交通政务信息工作的意见

厅信息字〔2005〕143号

近年来,交通系统政务信息工作认真贯彻落实党中央、国务院和部党组的有关指示,不断创新政务信息工作的思路和方法,扎实工作,取得了突出成绩,为各级交通部门科学决策、指导工作提供了高质量的信息服务。为适应新形势要求,进一步发挥政务信息主渠道作用,增强信息时效性,提高信息质量,解决政务信息工作中存在的突出问题,提高信息服务水平,根据工作实际,制定本意见。

一、进一步提高对交通政务信息工作重要性的认识,明确加强和改进信息工作的思路和目标

1. 交通政务信息是政府交通部门了解掌握交通情况、指导交通工作、密切与人民群众联系的重要渠道,是贯彻科学执政、民主执政、依法执政的要求,实施科学民主决策的重要基础。进一步加强交通政务信息工作,对于各级交通部门沟通情况、发现问题、改进工作,不断提高行政能力,推动交通事业全面协调可持续发展具有重要意义。

2. 当前和今后一个时期,交通政务信息工作的基本思路是:以科学发展观为指导,以提高质量为核心,以队伍建设为基础,以服务为重点,求真务实,开拓进取,努力开创政务信息工作新局面,为构建社会主义和谐社会作出积极贡献。

3. 交通政务信息工作的目标是:用3年左右的时间,使全系统信息意识明显增强,初步形成"人人关注信息、人人提供信息、人人使用信息"的格局,杜绝重大信息迟报、漏报现象;信息网络进一步健全,有条件的地方信息联系点单位与部实现信息联网,省与地市之间、地市与县之间加快实现信息联网；信息队伍素质明显提升，建成专兼职结合、相对稳定的信息队伍，建立信息人员分层次培训机制；信息质量进一步提高，上级部门采用交通政务信息数量稳步递增，信息编报全面、及时、准确、规范，切实发挥政务信息的作用。

二、围绕中心，准确把握当前和今后一个时期交通政务信息工作的重点

4. 各部门各单位要充分发挥政务信息工作主渠道作用，紧紧围绕交通重点工作，及时通过政务信息渠道，向上级部门报告贯彻落实各项决策、部署和领导同志批示、指示的情况，反映工作进展以及行业发展的重大问题、重要事项和重要工作部署，使各级领导同志及时掌握交通重要工作动态。

5. 当前和今后一个时期交通政务信息报送的重点：

一是党中央、国务院和部党组的重大决策和重要工作部署的贯彻落实情况，党和国家领导人以及部领导重要批示、指示的贯彻落实情况等。

二是交通重要工作进展情况，包括交通经济运行情况分析，交通重要规划和"十一五"计划的编制情况，区域交通发展战略的实施情况，各地加快交通发展的政策措施，重点工程建设进展情况；公路水路交通为国民经济和社会发展提供运输保障的情况，特殊重点时期和黄金周、春运期间的运输生产和保障情况等。

三是各地规范公路水路运输市场秩序，深化行业管理体制改革，加强行业管理，完善政策法规体系，促进科技创新等工作情况。

四是履行安全监管职责，保障安全生产，预防和处置重大事故、重大灾情的情况。

五是交通行业加强党风廉政建设、精神文明建设和政风建设的情况，预防和处置重大突发群体性事件，保持交通行业稳定的情况等。

六是其他方面的重要信息。

三、高度重视并认真做好重大紧急信息和问题类信息的报送工作

6. 重大紧急情况必须及时向部报告。各单位务必高度重视并认真做好重大紧急信息的报送工作，建立重大紧急信息处理应急机制。对交通

行业管理范围内的突发性事件、重大事故和重大灾情，要在事发后6小时内报送有关情况，并跟踪事件进展，做好续报工作，直至事情处理完毕。情况特别紧急或影响特别重大的，应在事发后立即通过电话方式报告，并在4小时内补报信息。与交通行业相关的重大紧急信息，也应及时上报。对因迟报、漏报给工作造成损失的，将予以通报批评。

7. 着力解决问题类信息报送难的问题。上报问题类信息内容要准确可靠，恰如其分，反映问题真实，使上级部门全面、准确了解实情，使信息成为发现和解决问题的重要渠道。

四、规范政务信息采编和报批工作

8. 围绕“准、快、全、深、前”的要求，精选精编每一条信息，着力提高信息采编质量。“准”，就是信息内容务求准确，不夸大成绩，不掩盖问题。“快”，就是不断提高信息的时效性，3个工作日以前的动态信息和已在媒体上发布的信息部一般不采用。重大突发事件及其苗头、重大事故及险情等要做到随时发现随时报送，情况不甚清楚时，可先报送掌握的情况与相关背景，进一步核实后，抓紧补报事件进展和采取的措施。“全”，就是全面反映事物的原貌、本质及其特点，重要内容写深写透，防止以偏概全。信息的基本要件要反映清楚，并适当介绍事件的前因后果，对专业术语进行必要解释，使信息内容完整、全面。“深”，就是通过对信息进行调查研究，深入发掘内在价值，分析事件产生的原因、规律及其经验教训，做到有情况、有分析、有对策、有建议。报送统计数据类信息时，要注意分析变化情况和发展趋势，并说明同比、环比情况。“前”，就是要有超前意识，对上级部门关注、社会关心的重大问题，提前作出反应，及时收集分析有关情况，增强信息工作的前瞻性和预见性。

9. 规范信息审批报送程序。各单位要健全并坚持信息审批报送程序，信息上报前必须经办公室领导签发，重要信息要经本单位领导签发，反映问题的信息要认真核实有关情况。上报信息时要同时注明签发人、签发时间和编辑者等项目。

五、拓展信息采集渠道，加大信息开发力度

10. 要善于调动各方面积极因素，通过加强信息约稿等方式，将信息工作延伸、渗透到调研、督查、信访、公文处理、会议、值班及交通规划、建设、改革、管理、宣传、信息化等各项政务、业务工作中,形成工作合力,采集、挖掘、开发信息资源,努力形成“项项工作出信息、人人都是信息员”的工作局面。

11. 进一步拓宽信息来源,广泛收集和反映相关部门、研究机构、专家学者对交通工作的意见、建议等,为领导科学决策提供参考。互联网信息数量多、反应快、影响大,已经成为各级领导了解社情民意的重要渠道。要重视互联网信息的果集、分析和综合,尤其是交通重大政策法规出台及重要工作部署实施前后,要关注网上舆情,向领导及时报送社会各界的反应。

12. 加强调查研究,提高信息服务质量。要鼓励信息人员深入基层,掌握第一手材料,发现问题,反映真实情况,写出内容翔实、有深度分析和对策建议的调研信息。敏锐把握经济社会发展的形势,密切关注环境变化对交通工作的影响。对交通改革发展的重大问题,要进行跟踪调研,提出解决办法。不断深化对交通发展的规律性认识,提供有决策参考价值的信息。各单位每年要向部提供1—2篇调研信息。

13. 注重了解、研究社情民意,及时分析有关情况,充分发挥信息工作的桥梁纽带作用。信息人员要关注交通行业不稳定因素的线索、苗头和可能引发群体性突发事件的问题、隐患,为上级机关和领导提供预警信息,防止和避免矛盾激化,为交通改革发展创造稳定的环境。

六、切实加强政务信息工作的组织领导,加强制度、网络和队伍建设

14. 搞好政务信息工作,关键在领导。各级领导要切实把信息工作摆到重要议事日程,明确主管领导,落实工作机构,配备专兼职信息人员并保持相对稳定;加大对信息工作的投入,保证必要的经费;定期研究政务信息工作,为开展信息工作创造条件;切实解决信息工作中存在的困难和问题,关心信息工作人员的成长和进步。

15. 完善政务信息工作制度,推动信息工作制度化、规范化。建立健全信息工作责任制,将信息工作纳入本单位的目标管理考核体系,不断完善政务信息工作各项制度。建立政务信息工作激励机制,调动各部门信息工作积极性;信息人员参加重要会议、查阅文件、调研、考察学习和机关其他部门提供信息等也要形成制度。加强各单位之间信息的交流和共享。

16. 加强信息网络建设,提高交通政务信息的覆盖面和安全性。部将在部分市、县建立信息联系点,省、市两级交通部门要尽快实现网络联通,并逐步向县一级延伸。要加强信息保密和网络维护工作,信息传输网络不得与互联网连接,及时对网络系统进行升级改造,保证系统反应灵敏、运转高效、安全可靠,加快推广使用标准统一的政务信息软件。要充分发挥网络在信息工作中的作用,除向上报送信息外,下发信息也要尽量使用网络传输。

17. 把队伍建设作为交通政务信息工作的一项根本任务来抓。各单位可采取集中培训、以会代训、交流锻炼等形式,有计划、有步骤地对信息人员进行业务培训,努力建设一支高素质的信息员队伍。信息人员要开阔眼界,勤于动脑,脚踏实地,积极创新,把信息工作干对干好,努力推动信息工作不断迈上新台阶。

关于确定交通政务信息一级网地方信息联系点的通知

厅信息字〔2005〕144 号

各省、自治区、直辖市交通厅(局、委):

为进一步增大交通政务信息工作覆盖面,更加快速、真实、准确地反映交通行业发展中的新情况、新问题、新经验,交通法律法规和重大决策的贯彻执行情况,部决定试行地方信息联系点制度。在各省级交通部门推荐意见的基础上,研究确定了第一批交通政务信息一级网地方信息联系点单位(名单附后),现就有关事项通知如下:

一、信息联系点向部办公厅报送政务信息的范围和要求

(一)关于重要交通法律法规起草制定的意见建议,实施的情况,遇到的问题,基层单位和人民群众的反映与建议。

(二)当地贯彻落实党中央、国务院关于交通工作的方针、政策、部署和重要会议的情况;当地主要领导视察交通工作的情况,对交通工作的批示、指示及贯彻落实情况;对党中央、国务院关于交通工作的方针政策的反映及意见建议。

(三)当地贯彻落实部重要会议精神和工作部署的情况;执行部有关政策及重大部署时遇到的问题及意见建议。

(四)当地交通工作中有指导和借鉴意义的工作经验和措施。

(五)部办公厅约稿的其他信息。

上述信息(不含涉密内容)可暂以传真方式向部办公厅报送,待条件成熟时通过网络方式报送,涉密信息按当地机要保密规定的渠道报送。

二、信息联系点管理办法

(一)部办公厅将各信息联系点单位分为市级联系点和县级联系点,按交通政务信息系统计分办法评分考核。各信息联系点每年向部办公厅报送信息不少于6条。

(二)各信息联系点在报送信息时,同时抄报上级交通部门;日常信息工作仍接受直接上级交通部门的管理,按原管理方式向上级交通部门报送信息。

(三)信息联系点向部办公厅直接报送的信息被采用或得到领导批示后,同时为其所在省、自治区、直辖市交通部门计采用分。

各信息联系点要认真落实上述要求,各省级交通部门要加强对信息联系点信息报送工作的督查和指导,以确保信息联系点制度有效实施。

部办公厅信息处联系电话:010－65292519 ,传真:010－65292566。

附件

交通政务信息一级网地方信息联系点单位

（共54个）

	市级联系点（28个）	县级联系点（26个）
北京市	顺义区交通局	
天津市		静海县交通局
河北省	邢台市交通局	黄骅市交通局
山西省	大同市交通局	万荣县交通局
内蒙古自治区	包头市交通局	二连浩特市交通局
辽宁省	抚顺市交通局	建平县交通局
吉林省	延边朝鲜族自治州交通局	辉南县交通局
黑龙江省	佳木斯市交通局	同江市交通局
江苏省	扬州市交通局	太仓市交通局
浙江省	温州市交通局	兰溪市交通局
安徽省	芜湖市交通局	太和县交通局
福建省	泉州市交通局	晋江市交通局
江西省	景德镇市交通局	兴国县交通局
山东省	菏泽市交通局	莱阳市交通局
河南省	开封市交通局	南召县交通局
湖北省	宜昌市交通局	通城县交通局
湖南省	株洲市交通局	泸溪县交通局
广东省	东莞市交通局	阳春市交通局
广西壮族自治区	桂林市交通局	凭祥市交通局
海南省	三亚市交通局	儋州市交通局
重庆市		合川市交通局
四川省	泸州市交通局	宜宾县交通局
贵州省	毕节地区交通局	赤水市交通局
云南省	玉溪市交通局	大理市交通局
西藏自治区	日喀则地区交通局	
陕西省	汉中市交通局	
甘肃省	天水市交通局	和政县交通局
青海省	海东行署交通局	格尔木市交通局
宁夏回族自治区	固原市交通局	西吉县交通局
新疆维吾尔自治区	喀什地区交通局	

关于调整交通一级政务信息网成员单位和考评计分办法的通知

厅函信息〔2006〕238 号

根据《关于进一步加强交通政务信息工作意见》(厅信息字〔2005〕143 号)精神,为进一步拓宽政务信息渠道,建立健全政务信息网络,调动信息成员单位的积极性,更加全面、准确、及时地反映交通行业发展中的新情况、新问题、新经验,经研究,我部决定对交通一级政务信息网成员单位进行调整,现将有关问题通知如下:

一、交通一级政务信息网成员单位调整及分组情况见附件。《关于调整交通一级政务信息网成员单位等有关问题的通知》(厅信息字〔2003〕389 号)中"交通一级政务信息网成员单位名单"废止。

二、信息成员单位调整后,各单位交通政务信息报送任务相应调整如下:

1. 第一、二组成员单位每月报送信息 4 条,全年 48 条;
2. 第三、四组成员单位每月报送信息 3 条,全年 36 条;
3. 第五、六组成员单位每月报送信息 2 条,全年 24 条;
4. 第七、八组成员单位每月报送信息 1 条,全年 12 条。

以上为最低报送标准,未完成月度和年度报送任务的单位,不进入年度交通政务信息工作先进单位和先进个人的评选范围。

三、调整后的信息成员单位统计计分增加基础分、核稿分,中共中央办公厅、国务院办公厅综合性刊物采用分和地方信息联系点的得分。计分标准如下:

1. 各单位报送 1 条信息,计基础分 0.25 分。一个单位每年累计基础分不超过 50 分。

2.《每日快报》和《互联网交通信息》采用 1 条计 2 分;被部领导批示 1 次,加计 8 分。

3.《交通部专报信息》和《交通情况与交流》采用 1 篇计 10 分;被中共中央办公厅、国务院办公厅动态性刊物采用 1 次,加计 20 分;被中共中央办公厅、国务院办公厅综合性刊物采用 1 次,加计 40 分;被中共中央、国务院和部领导批示 1 次,加计 20 分。

4. 各种刊物综合采用多个单位的信息,每个单位均按照上述标准计分。

5. 各单位为部办公厅核信息稿 1 篇,计 0.25 分。

6. 第七、八组地方信息联系点的得分,同时计入其所在的省、自治区、直辖市交通部门积分。

各单位信息报送和采用情况每月通报一次。

四、信息按组进行考评,每年考评一次。根据《交通政务信息工作暂行办法》有关规定和计分情况,评选年度信息工作先进单位,先进单位分为特等奖和一、二、三等奖,共四个等次。获得先进单位二等奖(含)以上的单位,可推荐信息工作先进个人。地方信息联系点从 2006 年开始参加考评。

本方案自 2006 年 10 月 1 日起施行。

附件:交通一级政务信息网成员单位名单

附件

交通一级政务信息网成员单位名单

（第一组至第八组共计194个）

第一组

1. 河北省交通厅
2. 山西省交通厅
3. 内蒙古自治区交通厅
4. 辽宁省交通厅
5. 吉林省交通厅
6. 黑龙江省交通厅
7. 江苏省交通厅
8. 浙江省交通厅
9. 安徽省交通厅
10. 福建省交通厅
11. 江西省交通厅
12. 山东省交通厅
13. 河南省交通厅
14. 湖北省交通厅
15. 湖南省交通厅
16. 广东省交通厅
17. 广西壮族自治区交通厅
18. 海南省交通厅
19. 四川省交通厅
20. 贵州省交通厅
21. 云南省交通厅
22. 西藏自治区交通厅
23. 陕西省交通厅
24. 甘肃省交通厅
25. 青海省交通厅
26. 宁夏回族自治区交通厅
27. 新疆维吾尔自治区交通厅

第二组

1. 北京市交通委员会
2. 天津市交通委员会
3. 天津市市政工程局
4. 上海市建设和交通委员会
5. 上海市城市交通管理局
6. 上海市市政工程管理局
7. 重庆市交通委员会
8. 新疆生产建设兵团交通局
9. 大连市交通局
10. 宁波市交通局
11. 厦门市交通委员会
12. 青岛市交通委员会
13. 深圳市交通局
14. 珠海市交通局
15. 汕头市交通局
16. 洛阳市交通局

17. 北京市路政局
18. 北京市运输管理局
19. 北京市首都公路发展有限责任公司

第三组

1. 部办公厅
2. 部体改法规司
3. 部综合规划司
4. 部财务司
5. 部人事劳动司
6. 部公路司
7. 部水运司
8. 部科技教育司
9. 部国际合作司
10. 部公安局
11. 部直属机关党委
12. 部审计办
13. 部质量监督总站
14. 部离退休干部局
15. 驻部纪检组监察局
16. 部机关服务中心
17. 交通专业人员资格评价中心

第四组

1. 部海事局(搜救中心)
2. 部救助打捞局
3. 中国船级社
4. 上海海事局
5. 天津海事局
6. 辽宁海事局
7. 河北海事局
8. 山东海事局
9. 江苏海事局
10. 浙江海事局
11. 福建海事局
12. 广东海事局
13. 广西海事局
14. 海南海事局
15. 长江海事局
16. 黑龙江海事局
17. 深圳海事局
18. 营口海事局
19. 烟台海事局
20. 连云港海事局
21. 厦门海事局
22. 汕头海事局
23. 湛江海事局
24. 北海救助局
25. 东海救助局
26. 南海救助局
27. 烟台打捞局
28. 上海打捞局
29. 广州打捞局

第五组

1. 上海市港口管理局
2. 上海组合港办公室

3. 长江航务管理局
4. 长江航道局
5. 长江口航道管理局
6. 珠江航务管理局
7. 长江三峡通航管理局
8. 上海航道局
9. 天津航道局
10. 广州航道局
11. 中国远洋运输(集团)总公司
12. 中国交通建设集团
13. 中国长江航运(集团)总公司
14. 中国海运(集团)总公司
15. 中国外运(集团)总公司
16. 中国外轮理货总公司
17. 上海国际港务集团公司
18. 秦皇岛港务(集团)有限公司
19. 宁波港集团公司
20. 大连港(集团)有限公司
21. 天津港(集团)有限公司
22. 青岛港(集团)有限公司
23. 广州港(集团)有限公司
24. 湛江港(集团)有限公司
25. 南京港口(集团)公司
26. 重庆港务(集团)有限责任公司
27. 上海航运交易所
28. 厦门港口管理局

第六组

1. 交通部规划研究院
2. 交通部科学研究院
3. 交通部水运科学研究院
4. 交通部公路科学研究院
5. 北京交通管理干部学院
6. 中国交通报社
7. 人民交通出版社
8. 中国交通通信中心
9. 天津水运工程科学研究所
10. 大连海事大学
11. 上海海事大学
12. 中国道路运输协会
13. 中国航海学会
14. 中国公路学会
15. 中国港口协会
16. 中国船东协会
17. 中国交通企业管理协会
18. 中国交通监理行业协会
19. 中交公路规划设计院
20. 中交水运规划设计院

第七组

1. 北京市顺义区交通局
2. 河北省邢台市交通局
3. 山西省大同市交通局
4. 内蒙古自治区包头市交通局
5. 辽宁省抚顺市交通局
6. 吉林省延边朝鲜族自治州交通局
7. 黑龙江省佳木斯市交通局
8. 江苏省扬州市交通局

9. 浙江省温州市交通局
10. 安徽省芜湖市交通局
11. 福建省泉州市交通局
12. 江西省景德镇市交通
13. 山东省菏泽市交通局
14. 河南省开封市交通局
15. 湖北省宜昌市交通局
16. 湖南省株洲市交通局
17. 广东省东莞市交通局
18. 广西壮族自治区桂林市交通局
19. 海南省三亚市交通局
20. 四川省泸州市交通局
21. 贵州省毕节地区交通局
22. 云南省玉溪市交通局
23. 西藏自治区日喀则地区交通局
24. 陕西省汉中市交通局
25. 甘肃省天水市交通局
26. 青海省海东行署交通局
27. 宁夏回族自治区固原市交通局
28. 新疆维吾尔自治区喀什地区交通局

第八组

1. 天津市静海县交通局
2. 河北省黄骅市交通局
3. 山西省万荣县交通局
4. 内蒙古自治区二连浩特市交通局
5. 辽宁省建平县交通局
6. 吉林省辉南县交通局
7. 黑龙江省同江市交通局
8. 江苏省太仓市交通局
9. 浙江省兰溪市交通局
10. 安徽省太和县交通局
11. 福建省晋江市交通局
12. 江西省兴国县交通局
13. 山东省莱阳市交通局
14. 河南省南召县交通局
15. 湖北省通城县交通局
16. 湖南省泸溪县交通局
17. 广东省阳春市交通局
18. 广西壮族自治区凭祥市交通局
19. 重庆市合川市交通局
20. 海南省信州市交通局
21. 四川省宜宾县交通局
22. 贵州省赤水市交通局
23. 云南省大理市交通局
24. 甘肃省和政县交通局
25. 青海省格尔木市交通局
26. 宁夏回族自治区西吉县交通局

第九组

(其他单位,略)

关于启用新的交通政务信息网络系统的通知

厅信息字〔2006〕328 号

为进一步规范政务信息工作，提高信息质量和效率，部对原政务信息系统进行了升级改造，新系统于 2006 年 10 月 15 日正式启用。现就有关事项通知如下：

一、各信息成员单位从 2006 年 10 月 15 日起，通过交通行业专网上的交通政务信息网络交互平台网站向部报送信息。网站访问地址和初始用户名、口令参见附件，口令可自行修改。

二、尽快接入交通行业专网。尚未接入交通行业专网的单位，抓紧进行联网工作，确保每个单位至少有 1 台计算机能够访问交通政务信息网络交互平台。

今年 12 月 31 日前，交通政务信息网络交互平台和电子邮件系统并行运行，但只能采用一种渠道报送信息。没有开通专网的单位，可临时使用现有电话拨号网络接入交通行业专网。从 2007 年 1 月 1 日起，停止使用电子邮件系统，全部使用交通政务信息网络交互平台报送信息。涉密信息必须通过保密渠道报送。

三、各单位要安排专门人员，根据平台提供的帮助文件，抓紧掌握交通政务信息网络交互平台操作技术，确保信息报送工作正常进行。

四、对在交通政务信息网络交互平台使用过程中发现的问题，请及时反馈技术人员。

技术人员：陈冰强，联系电话：010—64372795、65292519；

电子邮件：cbq @ braveyet. com。

附件：交通政务信息网络交互平台访问地址及用户清单

附件

交通政务信息网络交互平台 访问地址及用户清单

一、交通政务信息网络交互平台访问地址

接入交通行业专网方式不同,网站访问地址不同。如下:

1. 部内各司局等直接连接专网及电话拨号上网的单位:

(略)

2. 省、自治区、直辖市、新疆生产建设兵团、计划单列市、经济特区交通厅(局、委)等通过专线上网的单位:

(略)

3. 通过 INTERNET VPN 上网的单位:

(略)

二、单位管理员初始用户名及口令清单

(略)

各单位请用本单位的用户名口令登录系统,进入后首先修改自己的口令。

第三篇

交通政务信息案例实务

第五章　部办公厅信息刊物种类及说明

信息刊物是交通政务信息的重要载体。部办公厅主办的交通政务信息刊物经过几次整合，目前主要有《每日快报》、《交通部专报信息》、《交通情况与交流》和《互联网交通信息》四种，每种刊物的服务对象不同，在信息报送内容、报送时限、报送篇幅及编辑整理等方面要求也不一样。

《每日快报》为动态类信息刊物，每个工作日编发一期。设有"领导视察"、"部长批示"、"重要活动"、"部发文件"、"交通动态"、"相关信息"等栏目，主要刊登国家领导人参加交通行业重大活动、部领导批示、部领导重要活动、部发文件、交通系统各单位重要工作部署及进展情况等。该刊物信息要求时效性强，一般应在事发三个工作日内报送，紧急突发或有特殊要求的信息即时报送。信息内容应简明扼要、重点突出、基本要素齐全，篇幅不宜过长，一般不超过300字。

《交通部专报信息》主要用于向中办、国办报送交通行业贯彻落实党中央国务院方针政策和重要工作部署的情况，行业重要数据、重大工作部署、交通建设的基本运行情况及存在的突出问题、重大突发事件或险情，交通行业发展的重要措施建议等。该类信息应突出行业特点或地方(单位)特色，站在全局的高度分析问题，要求概括全面、成效具体、数据准确、措施实在、建议可行。篇幅一般应控制在1000字以内。

《交通情况与交流》主要用于向交通系统通报交通有关单位的重要工作情况，交流工作经验和做法，反映对交通行业改革和发展的建议，提供交通行业内外重要的参考信息。该类信息要求背景交待清晰，经验做法比较典型、成效显著，建议切实可行，参考信息具有一定的借鉴意义。篇幅一般应控制在2000字以内。

《互联网交通信息》主要收集编辑互联网上关于交通行业的信息，以及社会公众对交通热点问题的评论和意见建议，供部领导掌握舆情。出于时效性的考虑，所刊登的信息主要由部办公厅直接摘编。

上述四种刊物的格式模板和范例如下：

每 日 快 报

（期号）

签发人：× × ×

交通部办公厅　　200×年×月×日

栏目名称

正文

报：部领导，部总工。

送：部内各单位，部海事、救捞局。

审核人：　　责任编辑：　　电话：

每日快报

（××）

签发人：×××

交通部办公厅　　　　　　200×年×月×日

领导视察

×月×日，**中共中央总书记、国家主席胡锦涛**在秦皇岛港视察电煤转运情况时作出指示：希望秦皇岛港广大干部职工发扬全国一盘棋的精神，及时保证灾区电煤正常供应，特别是要搞好货源的衔接，加强装备的维护、管理，提高装卸效率，努力完成抢运电煤的任务，为夺取抗灾救灾的全面胜利作出更大贡献。（河北省交通厅）

部长批示

×月×日，**李部长**在中国交通报社主办的《交通内参》（第1期）上批示：**先耀同志并转体法司、交通报社：《内参》阅，觉得很好，也十分必要，四篇记者研究文章针对性很强，很值得反思，对灾后经验教训的总结很有用处。从网上摘的信息也很好，阅后很有启发。希望把交通内参越办越好。针对不同时期的交通焦点问题，发表一些文章，对科学决策是很有帮助的。感谢交通报社的同志们。**

重要活动

×月×日，**李部长**参加国务院第××次常务会议。

部发文件

关于印发公路桥梁养护管理制度的通知（交公路发〔200×〕××号）。

交通动态

★×月×日，**江苏省委书记梁保华在检查除雪保畅工作时提出：**交通部门要全力以赴，再接再厉，采取各种有效措施，确保道路畅通；要维护好交通秩序，做到安全第一。（江苏省交通厅）

★**安徽省采取措施减轻高速公路通行压力。**一是打开全部高速公路收费站出口，并提醒过往车辆改走国省干线公路；二是全省普通干线公路收费站从×月×日－×日，免收所有客车和轿车通行费；三是各级公路部门集中力量，想方设法确保普通干线公路畅通。（安徽省交通厅）

★**江西省交通部门积极分流湖南往广东方向车辆。**组织人员、设备前往重点部位清除积雪冰冻，打通湖南至江西、江西至广东等高速公路通道，并免收所有分流车辆通行费。（江西省交通厅）

★**湖南高速公路服务区采取措施全力确保油品供应。**一是积极组织送油工作，确保加油站满库存，对京珠、衡枣高速公路沿线的加油站另安排备用油车；二是调集技术骨干驻站，确保发电加油设备运行正常；三是组织人员到京珠高速公路为车辆送油。（湖南省交通厅）

★**长江窑监水道疏浚工程进展顺利，水深条件得到改善。**截至目前，挖泥方量达40万立方米，航道宽度由80米拓宽至100米。（长航局）

★【续报】**×月×日17时，累计停航96小时的烟台至大连航线客运船舶全面恢复运营。**这是历史上持续时间最长的一次停航。截至今日15时，已开航客运船舶15个班次，疏散旅客6986人、车辆1345台，滞留旅客和车辆已疏散完毕。（山东、烟台海事局）

★**春运前十天,三峡船闸**共运行273闸次,通过旅客8.3万人、电煤49.79万吨、鲜活产品1.35万吨;翻坝转运滚装车1.3万余辆。**海南省**经琼州海峡进出旅客27万人,同比增长6%。**四川省**共完成客运量2170.25万人,同比增长2%。受雨雪恶劣天气影响,停班线路169条,车辆378辆。其中发往广东、福建、浙江等方向的车辆在贵州受阻,受阻车辆164辆。**广西**共投入客运车辆2.79万辆,开行班车77.08万班次,累计运送道路旅客1043万人,与去年同期基本持平。受雨雪冰冻灾害影响,共停开客运班线400余条,停开班车1.4万班次。**内蒙古**共运送旅客34万人,同比增长3%。(综合)

★**交干院团委近日荣获"中央国家机关五四红旗团委"称号。**(交干院)

★【地方联系点信息】从×月×日晚开始浙江省兰溪市连降大雪,道路积雪厚结冰严重,**×月×日起全市两大汽车站长短途班车和农村乡镇之间的支线班车数千班次全部停运。**(浙江省兰溪市交通局)

报:部领导,部总工。

送:部内各单位,部海事、救捞局。

审核人:××× 责任编辑:××× 电话:010-6529××××

交通部专报信息

（期号）

交通部办公厅　　　　　　　　　　　　　　　200×年×月×日

标题

正文

（办公厅信息处根据××××信息整理）

报:中共中央办公厅、国务院办公厅,部领导、部总工。

送:部内各单位,部海事局、救捞局。

签发人:　　　　　　　　　　　　　审核人:

责任编辑:　　　　　　　　　　　　电话:

交通部专报信息

（××）

交通部办公厅　　　　200×年×月×日

东北三省交通基础设施安全隐患排查治理行动取得初步成效

8月中旬以来，黑龙江、吉林、辽宁三省交通部门认真贯彻落实交通部部署要求，全面开展以桥梁为重点的交通基础设施安全隐患排查治理行动，对在建和运营桥梁质量进行拉网式检查，评定桥梁技术状况等级，切实排查整改安全隐患，取得初步成效。黑龙江省开展专项督查活动6次，共查出各类隐患×××处，已整改×××处，整改率94%。吉林省对在建和已投入使用的9839座桥梁、71座隧道进行了排查治理，目前还有×××座危险桥需要改造加固，其中98%在农村公路。辽宁省共检查大桥193座、特大桥7座、隧道20座，公铁、公公立交28座，共排查出安全隐患×××处，已治理×××处，正在整改××处。

在排查治理中，三省交通部门均成立了技术指导督查组，对在建高速公路和重点工程项目中的桥梁、隧道和上边坡等部位进行重点质量安全督查；加强了桥梁日常养护管理工作和大桥、特大桥、病害桥梁的专项监控，全面停工整顿在建的圬工拱桥；进一步加大治超工作力度，防止超限超载车辆上路上桥。目前排查治理行动按计划稳步推进。

（办公厅信息处综合整理）

报:中共中央办公厅、国务院办公厅,部领导、部总工。

送:部内各单位,部海事局、救捞局领导。

签发人:×××	审核人:×××
责任编辑:×××	电话:010-6529××××

交通情况与交流

（期号）

交通部办公厅　　　　　　　　　　　　200×年×月×日

标题

正文

（办公厅信息处根据××××信息整理）

报：中共中央办公厅（秘书局综合处），中共中央政策研究室（经济组），国务院办公厅（秘书二局三组），国务院研究室（工交司），本部领导、部总工。

送：各省、自治区、直辖市、新疆生产建设兵团、计划单列市、经济特区交通厅（局、委），部内各单位，部属各单位，各直属海事、救助、打捞局，部管社团，信息联系点单位。

签发人：　　　　　　　　　　**审核人：**

责任编辑：　　　　　　　　　**联系电话：**

交通情况与交流

(××)

交通部办公厅 200×年×月×日

宁夏全面推进计重收费遏制超限超载运输取得成效

宁夏回族自治区交通部门采取经济手段与行政手段相结合的方法,在全区干线公路上全面实施计重收费,综合治理车辆超限超载运输行为,取得了成效。

一、科学确定治超计重收费原则

按照“先试点、后推开,先国道、后高速”的原则,宁夏交通部门从2005年12月起,先后在110、109和307国道的7个收费站进行计重收费试点工作,为全面推广计重收费积累经验。在试点工作中,制订了周密的实施方案,分阶段逐步扩大实施范围,加大收费调节系数,确保政策平稳过渡。2007年7月15日,宁夏在全区所有干线公路上全面实施了计重收费。在推行计重收费工作中确定了以下原则:

一是最大限度方便社会。采取治超站与收费站相结合的方式,依托收费站开展治超工作。将原有的固定治超站全部撤销,并入收费站,实行计重收费与治超互动。治超站与收费站合并后,减少了公路上的站点,提高了运输效率,树立了交通行业执政为民的良好形象。

二是发挥经济调节手段作用。通行费与车货总重量挂钩,计重费率向不超限超载的大吨位车辆倾斜,鼓励多轴大吨位车辆发展。对超限超载车辆,除按原标准缴纳通行费外,还按超限超载的比例收取通行费,增加超限超载车辆运输成本。通过经济杠杆,使不超限超载的运输车辆得到优惠,不增加合法运输业户的负担,减少治超工作的阻力。

三是在处罚力度上实行分类指导。将超限超载运输群体中少数恶意超限超载运输业户作为治理重点,实行严管重罚。对于超限超载运输群体中大多数运输业户,运用经济杠杆,将超限超载比例控制在一定的范围内,直到各类车辆不再超限超载运行。

四是统筹干线支线公路治超。由于农村公路相对技术标准低,通行能力差,大量超限超载车辆绕行农村公路,将会对农村公路设施造成严重破坏。宁夏在干线公路实行固定治超的同时,在农村公路实行流动治超,严格限制车货总重超过20吨的车辆驶入农村公路。

二、出台优惠政策推进计重收费工作

为确保计重收费顺利进行,2006年11月,宁夏回族自治区政府颁布了《宁夏回族自治区收费公路管理条例》,对计重收费作出明确规定,为推行计重收费提供了法律保障。实施计重收费后,宁夏高速公路车辆基本费率由×.××元/吨公里降低到×.××元/吨公里,基本费率在全国处于较低水平;普通公路车辆基本费率由原来的×.××元/吨车次和×.××元/吨车次两种收费标准,统一调整为×.××元/吨车次,合法运输车辆的运输成本进一步降低。为避免由于称重设备出现误差造成车辆经济利益受损,宁夏规定在实际称重重量基础上优惠10%,也就是按车辆称出重量的90%进行收费。对于车货总重超过20吨的合法装载的重车,按线性递减降低收费标准。对于运输鲜活农产品车辆继续执行“绿色通道”优惠政策,并由国家规定的2条“绿色通道”扩大到全区除高速公路外的所有收费站。

三、实施计重收费取得的成效

宁夏回族自治区全面实施计重收费2个多月以来,共检测车辆×××万辆,其中超限超载车辆××万辆,对遏制超限超载运输起到了重要作用,全区治超形势有了明显改观。一是全区干线公路交通畅通,各收费站、治超站工作秩序正常，计重收费工作进展平稳，没有发生暴力抗检、聚众闹事事件。二是超过《道路车辆外廓尺寸、轴荷及质量限值》80%以上的恶意超限超载运输车辆大幅降低，由实施计重收费前的13.7%下降到0.12%。三是通过经济手段，将80%左右的超限超载车辆的超限超载比例控制在超限30%以下。

（办公厅信息处根据宁夏回族自治区交通厅材料整理）

报：中共中央办公厅（秘书局综合处），中共中央政策研究室（经济组），国务院办公厅（秘书二局三组），国务院研究室（工交司），本部领导、部总工。

送：各省、自治区、直辖市、新疆生产建设兵团、计划单列市、经济特区交通厅（局、委），部内各单位，部属各单位，各直属海事、救助、打捞局，部管社团，信息联系点单位。

签发人：×××	**审核人：×××**
责任编辑：×××	**电话：010－6529××××**

报:部领导

送:厅领导

网络信息未经核实

互联网交通信息

(第×期)

交通部办公厅 200×年×月×日

标题

正文

签发人:	审核人:
责任编辑:	联系电话:

报:部领导

送:厅领导

网络信息未经核实

互联网交通信息

(第××期)

交通部办公厅 200×年×月×日

各大网站纷纷报道2007年渤海溢油应急演习

6月5日,我部和河北省人民政府联合主办的2007年渤海溢油应急演习在秦皇岛海域举行,新浪网、新华网、人民网、中国新闻网等各大网站均对此次演习进行了报道。其中,新华网报道全文如下:

我国在渤海举行海陆空溢油应急演习

中国5日在河北秦皇岛渤海海域进行了一场大型海上溢油应急演习,参演人数达500人,动用各类船艇20艘、直升机2架,这是中国历史上规模最大的一次海陆空立体海上溢油应急演习。

5日上午,秦皇岛海域天气晴朗。9时30分,溢油应急反应中心办公室接到溢油事故报告,随即派人赶赴事故地点调查取证,同时召集专家对事故可能造成的危害进行评估。随后,清污行动全面展开……

根据评估结果,应急中心将事故情况报告上级部门并通报受溢油影响的有关单位。演习共持续1个半小时,通过险情处置、消防过驳、海上清污、岸滩清污四个阶段,演示了海上油污处理过程中的各项技术和程序。

“这次演习锻炼了我们的海上溢油应急反应队伍,强化了其应对公共安全危机的能力,有助于进一步维护海洋环境安全。”交通部海事局常务副局长刘功臣说。

近年来,中国水上物流运输业和石油开采业迅速发展,船舶溢油污染风险也随之增加。

2006年,中国成为世界第二大石油消费国,全国沿海石油运输总量达到4.31亿吨,其中90%是通过海上船舶运输完成的。统计显示,去年航行于中国沿海水域的船舶已达到464万艘次,其中各类油轮为162 949艘次。

“随着船舶的大型化发展,油轮特别是超大型油轮在中国水域频繁出现,使原本已经十分繁忙的通航环境更加复杂,导致船舶溢油污染隐患增加。”刘功臣说。

统计显示,在1973－2006年间,中国沿海共发生大小船舶溢油事故2 635起,其中溢油50吨以上的重大船舶溢油事故共69起,总溢油量37 077吨。其中,渤海湾、长江口、台湾海峡和珠江口水域被公认为是中国沿海四个船舶重大溢油污染事故高风险水域。

渤海水域面积约为7.8万平方公里,海岸线长约3000公里,渔业、海盐、石油等资源丰富,沿岸商港、渔港近百个。

去年10月,环渤海地区的交通部辽宁、河北、天津和山东海事局共同签署了“渤海海域船舶污染应急联动协作备忘录”,共同应对海上重大船舶污染风险。

此外,交通部已于2004年制定了中国船舶溢油应急预案体系建设工作的纲领性文件——《中国国家船舶污染水域应急计划》。交通部海事局要求在2008年底前,各沿海省市的应急预案编制工作要全部完成。

就在距此次演习水域南面不远的渤海湾滩海地区,中国石油天然气集团公司上月初刚刚宣布在此发现了储量规模达10亿吨的大油田——位于河北唐山境内的冀东南堡油田。消息令人振奋的同时,也引起了一些人的担忧:新油田的开发会不会对海洋生态环境带来新的污染?

对此,中石油冀东油田公司副总经理常学军表示:“在开发大油田的同时,我们将尽力保护好渤海水域的环境,采取一系列有力措施来保证不发生原油泄漏事故，把这个大油田建设成为绿色油田、环保油田和和谐油田。”

签发人：×××	审核人：×××
责任编辑：×××	联系电话：010－6529××××

第六章　常见类型政务信息范例55例

本章归纳了政务信息常见的十一种类型，每种类型选择了一些编辑比较规范的案例，并结合实际阐述了各种类型政务信息编报时应该注意的问题，供信息工作人员参考。

● 领导视察类

编写此类信息，应当注意不要只叙述领导同志视察日程、陪同人员等情况，更应写清楚领导同志在视察过程中对相关工作的指示、要求等，以使信息阅读者了解领导同志视察的意义以及工作思路，进而指导下一步的工作。

例6-1：

胡锦涛总书记到中交集团上海振华长兴基地视察

6月13日上午，中共中央总书记、国家主席胡锦涛来到中交集团上海振华长兴基地视察。胡总书记认真听取了中交集团董事长×××和上海振华总裁×××的工作汇报，了解了上海振华的生产经营，特别是技术自主创新的情况，察看了上海振华公司生产状况，并同公司干部职工亲切交谈，对上海振华在自主创新和引进消化吸收再创新方面取得的成绩给予肯定。在观看了双40英尺箱起重机的示范表演和江面上整装待发将驶往瑞典的振华4号轮、码头边在装的振华1号轮，以及创新成果展览后，胡总书记很高兴，即兴发表了讲话。他指出，上海振华港机公司自主创新搞得好，希望同志们要继续瞄准世界科技的前沿，特别是我们港口机械的科技前沿,大力加强企业的自主创新能力,努力掌握关键技术、核心技术,把我们的企业做得更大、更强,为我们伟大的祖国,为中华民族增光。(中国交通建设集团信息,《每日快报》采用)

例 6-2:

胡锦涛总书记视察润扬大桥工地

5 月 1 日上午 11 时,中共中央总书记、国家主席胡锦涛和随行的中共中央政治局候补委员、书记处书记 × ×,在江苏省委书记 × × ×、省长 × × × 等陪同下,从扬州乘车来到润扬大桥北汊斜拉桥现场,视察了正在建设中的润扬大桥,并向工程建设者们挥手致意。在现场,江苏省交通厅厅长 × × × 与润扬大桥现场总指挥 × × × 向胡锦涛总书记汇报了工程概况和建设进展情况,期间,胡锦涛总书记不时询问工程技术方面的有关问题,当得知南汊悬索桥于 4 月 17 日顺利合龙时,胡锦涛总书记十分高兴。他希望广大建设者抓住机遇,开拓进取,艰苦奋斗,为努力实现江苏全面建成小康社会、率先基本实现现代化的目标作出贡献。(江苏省交通厅信息,《每日快报》采用)

例 6-3:

中共中央政治局常委、中央纪委书记贺国强
在日照调研期间视察日照港

11 月 16 –17 日,中共中央政治局常委、中央纪委书记贺国强在山东省委书记 × × ×、代省长 × × × 等省领导陪同下到日照调研,期间视察了日照港和奥林匹克水上公园。贺国强充分肯定了日照港近年来的快速发展、港口体制、机制和发展思路,并详细询问了码头的泊位水深、装卸效率、堆存能力、卸车能力、疏港能力以及集疏运情况。贺国强说,日照港发展势头很好,要抓住机遇,依托宝贵的深水资源,构建完善的集疏运体系,为促进鲁南、山东乃至中西部经济的发展作出贡献。(山东海事局信息,

《每日快报》采用)

例6-4:

中共中央政治局委员、广东省委书记 ×××到省交通厅调研

9月6日,中共中央政治局委员、广东省委书记×××到省交通厅,就学习贯彻胡锦涛总书记“6.25”重要讲话精神和省第十次党代会精神,在新时期新形势下坚持党的群众路线、做好群众工作进行专题调研。

×××书记对十六大以来全省各级交通部门坚持以邓小平理论和“三个代表”重要思想为指导,认真贯彻落实科学发展观,在原有工作基础上取得的显著成绩给予充分肯定。他分析了当前和今后一段时期交通工作面临的形势和任务,要求交通部门坚持科学规划、协调发展;注重质量、保证安全;依法管理、改善服务;深化改革,激发活力,推动全省交通发展再上新台阶。×××书记就促进交通事业又好又快发展,提出了四点要求:

一、交通是基础产业,要优先发展。交通是社会进步的标志、经济社会发展的前提,必须加强对交通工作的领导,将其摆上战略位置,通盘考虑、超前规划、协调发展,加大投入、确保质量。

二、交通关系国计民生,要科学发展。要节约土地,坚决贯彻“三条红线”,切实维护农民合法权益;注重保护环境;大力发展交通科技;注重交通安全;加强交通突发事件的应急处理;进一步加强交通信息化建设。

三、交通是长青产业,要在改革创新中发展。要深化交通管理体制、交通建设投资体制、招投标管理体制和国有交通运输企业等领域的改革,进一步加强法制建设,激发和调动各方面发展交通的积极性。

四、要抓好班子带好队伍。班子要配强,干部要交流轮岗,队伍要有好的作风,成为一支党和人民放心、能打硬仗的队伍。(广东省交通厅信息,《每日快报》采用)

例 6-5:

河北省省长×××视察秦皇岛港

5月20日,河北省省长×××在视察秦皇岛港时要求,一是加快工程建设,按照城市总体定位和发展目标,认真搞好规划论证,科学调整岸线功能;二是依托省内腹地现有资源和铁路公路优势,大力发展临港工业和物流业,处理好港口与腹地的关系,充分发挥港口对区域经济的带动作用;三是处理好港口产业发展与环境保护的关系,在保护中发展,在发展中优化。(河北省交通厅信息,《每日快报》采用)

例 6-6:

江西省常务副省长×××
要求高速公路项目经得住考验

近日,江西省常务副省长×××在视察高速公路建设时要求,高速公路项目要经受汽车工业发展等三大考验。

一是工程质量要经受汽车工业发展的考验。按照江西省高速公路提出的"三年不小修,七年不中修,十年不大修"的工程建设要求,要坚定信心、提高标准、严格监理,确保高速公路建设工程质量适应我国汽车工业发展的要求。

二是干部队伍要经受反腐倡廉的考验。全省交通系统广大干部职工要常修为政之德、常思贪欲之害、常怀律己之心,进一步加强党风廉政建设,切实筑牢拒腐防变的思想道德防线,着力建立健全工程资金体外循环、工程转包分包和个人廉洁自律的工作体制和机制,严禁以权谋私和权钱交易行为。

三是优化环境要经受竣工通车的考验。要牢牢绷紧施工安全这根弦,竣工通车前,着力抓好道路封闭的安全管理,着力做好施工便道和临时用地的恢复,着力做好农民工工资以及工程款的支付,切实维护好群众利益,努力把高速公路建成优质、高效、廉洁的工程。(江西省交通厅信

息,《每日快报》采用)

例 6-7:

辽宁省人民政府副省长××视察高速公路建设

8 月 20 日至 21 日,辽宁省政府××副省长在省交通厅、国土厅领导的陪同下,视察了辽宁省高速公路建设工作,亲切慰问了奋战在一线的公路建设者,实地视察了高速公路建设进展情况和质量情况,详细听取了公路建设管理单位和施工企业的汇报。××副省长充分肯定了全省高速公路建设工作,并指出,辽宁振兴要靠交通,高速公路建设要适应省委、省政府推进沿海经济带开发开放战略的部署,进一步调整发展规划,连接沿海,连接外省,连接区域经济,为全省经济发展提供有力支撑。

××副省长对高速公路建设工作提出了五点要求:一是要进一步强化前期工作。抓好征地动迁、土地审批等重要环节。各市政府要加强征地动迁稳定工作,凡是征地动迁补偿已经到位的,绝不允许再出现上路阻挠施工的现象。今后,交通厅、国土厅要对各市的征地动迁工作组织验收。二是进一步推进项目建设。抓住关键工程,倒排工期,加快建设,确保按期完成。要注重文明施工,保护环境,努力减少对环境的影响,尽可能少占地。三是进一步加强工程质量管理。越是任务重、工期紧,越不能放松质量问题。要健全质量管理制度,做到精细管理。四是进一步加强施工安全管理。今年以来我省高速公路建设没有发生一起安全事故,安全周期越长,越不能松懈。五是进一步加强组织领导。省委、省政府对高速公路建设十分重视,经济社会发展对高速公路需求很大,交通部门要加强领导,做好各方面组织协调工作,找出建设过程中的薄弱环节,果断决策,尽快加强。(辽宁省交通厅信息,《每日快报》采用)

● 贯彻落实类

编写此类信息,既要写明是关于何次会议、文件或者领导批示的贯彻落实情况,更为重要的是要写明贯彻落实的具体措施。

例 6-8:

交通部迅速贯彻落实国务院领导重要批示精神 采取有力措施确保鲜活农产品运输通道畅通

近日,温家宝总理作出重要批示,要求有关部门立即采取措施,疏通农产品销售渠道,切实解决设卡和乱收费的问题,为农民销售农产品(特别是瓜果蔬菜等)创造方便条件。交通部领导对此高度重视,要求交通部门迅速贯彻落实国务院领导批示精神,采取切实措施,确保鲜活农产品"绿色通道"畅通。

一是全面消除"绿色通道"通行费政策差别。在国家规定的"五纵二横"全国"绿色通道"网络线路上,不同省(区、市)运送鲜活农产品的车辆享受本地同样的通行费优惠政策,不得对外地车辆实行不同的收费标准。

二是确保"绿色通道"安全畅通。加强"绿色通道"养护管理,做到路况良好,标志明显,畅通高效。加大对施工、易堵路段的疏导力度,减少交通延误。严厉打击"车匪路霸"违法犯罪行为,维护"绿色通道"交通秩序。

三是进一步完善全国鲜活农产品流通"绿色通道"网络建设。在今年年底前,将与"五纵二横""绿色通道"线路平行的已建成的高速公路纳入"绿色通道"网络。

四是加大治理"三乱"力度。加强监督检查,对不执行"绿色通道"政策,妨碍鲜活农产品"绿色通道"畅通的单位和人员,以及乱查车、乱收费、乱罚款问题,依法严肃查处。(《交通部专报信息》采用)

例 6-9:

交通部认真贯彻落实国务院领导批示精神 采取切实措施清偿交通建设领域拖欠的农民工工资

最近,温家宝总理和曾培炎、回良玉副总理先后对拖欠农民工工资问题作出重要批示,要求切实做好清欠工作。交通部立即采取切实措施落实国务院领导批示精神,清偿交通建设领域拖欠的农民工工资。2月7日,交通部和建设部联合下发了《关于切实做好春节期间交通建设项目农民工工资支付工作的紧急通知》。2月8日下午,李盛霖部长主持召开全国交通省级部门主要负责同志参加的电视电话会议,进一步部署做好交通建设领域清欠工作。一是加强对清欠工作的组织领导。全国交通系统各单位立即组织专门班子,一把手负责,责任落实到人,切实加大清欠工作力度。二是立即组织对在建交通建设项目欠薪情况进行全面检查,千方百计筹措资金,要求春节前足额支付农民工应得的工资。属于企业投资的,责成企业尽快拨付。对拖欠情况存在争议或难以及时计量支付的,责成建设单位和拖欠企业先行确定暂付金额,并全部用于支付农民工工资。三是各省立即设立解决拖欠问题的举报投诉电话,指定专人处理群众投诉举报。四是按照"谁承包、谁负责"的原则,加大对欠薪企业的督查督办力度。对恶意拖欠、克扣农民工工资的,严格按照交通部公路建设市场信用体系建设的规定,降低其信用等级,依法在市场准入、招投标等方面采取限制措施,并追究有关责任人的责任,在媒体上曝光。严格规范各承包企业的用工行为,企业必须和所有正在使用的农民工签订劳动用工合同。五是加大监管力度,对清欠工作开展不力,或因拖欠引发影响社会稳定群体性事件的地区,交通部将暂停或核减对其下年度交通建设项目投资补助。各地今后上报投资建议计划时,必须落实防止拖欠的责任单位和责任人,并出具承诺书。凡未按要求办理的,交通部将不予立项审批和补助。六是进一步完善有关规章制度,加快建立交通建设市场信用管理体制和预防拖欠农民工工资的长效机制。(《交通部专报信息》采用)

例6-10:

山西省交通部门认真贯彻
全国农村公路工作会议精神

2月26日交通部召开全国农村公路电视电话会议后,山西省交通厅迅速传达贯彻会议精神,集中力量抓好今年八项任务:一是完成“通达”工程,全省实现具备条件的建制村通公路。二是完成通畅工程10000公里,新增1000个建制村通水泥、油路,省里确定的2000个新农村建设推进村全部通水泥、油路。三是完成县乡公路改造4000公里,全长1100公里的沿黄扶贫旅游公路全线开工建设,力争早日发挥效益。四是抓好危桥险桥、农村渡口改造和渡改桥以及防护工程完善,提高抗灾能力和安全保障水平。开工建设20个农村渡口改造项目。五是指导2000个新农村建设推进村完成主街道硬化,实现“双通一化”。(通水泥路、油路,通客车,主街道硬化)。六是全面启动农村公路管理养护体制改革工作,进一步加强农村公路养护管理。七是继续实施村村通客车工程,推进城乡客运一体化,建成100个乡镇汽车站,全省90%的建制村通客车。八是完善农村物流信息、配送网络,鼓励和引导农村物流发展,活跃城乡物资交流。(山西省交通厅信息,《每日快报》采用)

例6-11:

重庆市交委迅速贯彻落实交通部清欠工作电视电话会议精神

2月8日,交通部召开了清欠工作电视电话会议,重庆市交委迅速对会议精神进行了传达,并提出了今年全市交通建设领域清欠工作要点:

第一,认真贯彻落实有关清欠工作精神,确保社会稳定。要求各单位高度重视,迅速召集施工单位进行全面组织落实,确保在春节前及时足额发放民工工资,维护社会稳定。并要求各地各单位要建立健全拖欠工程款和民工工资快速处理方案和重大事件应急处理预案,确保不因拖欠问题造成群体性事件。

第二,进一步加大清欠力度,抓紧做好剩余项目的清欠工作,必须首先保证支付农民工工资,全面完成清欠目标任务。其中对个别拖欠情况较为严重的区县和单位,将成立督查组进行专项督办。

第三,巩固清欠成果,健全防止新拖欠的长效机制。一是全面推行农民工工资支付保障金制度。重庆市重点项目在收取的履约保证金或保留金中单列部分资金作为工资保障金,区县项目按规定缴纳。二是建立健全农民工用工管理制度。规范用工行为,建立民工工资发放台账,实行农民工工资支付和农民工权益公示制度,凡出现拖欠民工工资举报投诉的,一律由总承包单位负责举证核实。三是运用综合手段加大行业监管力度。对拖欠工程款和民工工资的从业单位,视为不诚信从业单位,按照《重庆市公路建设市场信用管理暂行办法》进行处理,并上报交通部;将清欠工作纳入公路工作年度目标考核,对未按期完成清欠工作或因拖欠未得到有效解决造成社会不稳定的有关单位,在目标考核中予以扣分、通报批评,直至取消考评资格;对拖欠民工工资和工程款的区县和重庆市交委直属企业,将暂停交通建设项目计划安排和补助资金拨付。新项目将在相关行政许可、建设项目立项等主要环节采取限制措施。(重庆市交通委员会信息,《每日快报》采用)

例 6-12:

广西海事局迅速贯彻
全国交通安全工作电视电话会议精神

部交通安全电视电话会议结束后,广西海事局于4月27日召集局机关各处室及部分支局负责人参加的局务会议,认真学习领会李盛霖部长重要讲话精神,以部长讲话中提出的八个方面的要求及"五一"黄金周安全工作的四点要求为指导,对辖区水上交通安全的特点和规律进行深入分析和研究,制定了落实部长讲话精神,加强当前特别是"五一"黄金周期间安全工作的措施:

一是全面开展"五一"节前及节日期间的安全检查。以北部湾海域、桂林漓江、郁江和浔江段航运干线、天生桥库区及其他事故多发航段和"四客一危"船舶为重点,排查和督促整改事故隐患。对"四客一危"船舶的检查要做到一艘不漏、每次进出港必查;对重点水域、事故多发水域全面排查到位,不留死角。

二是强化对到港外国籍船舶及中国籍航行国际航线船舶的监督检查。重点对挂方便旗的外籍船实施集中检查。对存在严重缺陷的船舶严格实施滞留。

三是加强对渡口渡船的监督检查。督促当地政府组织对所有渡船逐条进行检查。节日期间加强对渡口的现场监督检查和秩序维护。

四是加强对船公司安全管理的指导。督促船公司加强船员培训工作，提高船员素质。近期，要求船公司对重点船舶进行一次船舶防碰撞和遇险应急反应演习。加强对航运公司船员证书管理情况的检查，促进航运公司规范内部管理。

五是密切与气象部门协作，及时发布天气预警信息，指导船员做好事故防范工作。

六是加强值班，严格实行领导带班值班制度，随时应对和妥善处置各种突发事件和险情。（广西海事局信息，《每日快报》采用）

● 统计数据类

编写此类信息应做到：主要指标数据齐全、数字计量单位统一、数据清晰准确、统计时段明确，并进行同比或环比及必要的原因分析和趋势预测。

例 6-13：

今年我国港口接卸外贸进口铁矿石量增幅将明显回落

为保证国民经济持续健康发展，国家今年加大了宏观调控力度，受此影响，全国外贸铁矿石需求增加量下降。截至 11 月底，今年我国港口共接卸外贸进口铁矿石量 3.55 亿吨，同比增长 12.4%。预计全年将达到 3.87 亿吨，同比增长 12.2%，较去年 21.4% 的增幅明显回落，但仍处于高位运行。（部水运司信息，《交通部专报信息》采用）

例 6-14：

今年 1－9 月安徽省交通建设完成投资×××亿元

今年 1－9 月，安徽省交通建设完成投资×××亿元，同比增长 0.27%。其中，高速公路建设完成投资×××亿元，同比增长 5.09%；国省干线路网改造完成投资×××亿元，同比减少 11.66%；农村公路建设完成投资×××亿元，同比减少 19.61%；水运建设完成投资×××亿元，同比增长 83.89%。（安徽省交通厅信息，《每日快报》采用）

例 6-15：

11 月珠江水系主要港口货物吞吐量继续保持较快增长

11 月份，珠江水系主要港口完成货物吞吐量 1106 万吨，同比增长 11.9%，其中外贸货物吞吐量 272 万吨，同比增长 4.2%，集装箱吞吐量 39.1 万标准箱，同比增长 21.8%。

今年 1－11 月，珠江水系主要港口共完成货物吞吐量 11462 万吨，同比增长 11.9%，其中外贸货物吞吐量 3147 万吨，同比增长 10.5%，集装箱吞吐量 402.1 万标准箱，同比增长 13.7%。（珠江航务管理局信息，《每日快报》采用）

例 6-16：

今年前 10 个月新疆国际道路运输继续保持良好态势

今年 1－10 月，新疆维吾尔自治区国际道路运输共完成客运量 61.1 万人，周转量 10218.9 万人公里；完成货运量 190.2 万吨，周转量 43406.3 万吨公里，同比分别增长 41.1%、31.1% 和 38.3%、22.2%，各项国际道路运输指标均呈稳步增长态势。（新疆维吾尔自治区交通厅信息，《交通

部专报信息》采用)

例 6-17:

1-9 月全国海(水)上救助成功率达 95.7%

1-9 月,交通部门共组织、协调海上搜救 1140 次,成功救助遇险人员 12987 人,其中外籍人员 582 人,救助成功率达 95.7%。

其中 9 月份,交通部门组织、协调搜救行动 150 次,成功救助遇险人员 1392 人,救助成功率达 95.2%。(交通部海事局信息,《交通部专报信息》采用)

例 6-18:

内蒙古自治区春节黄金周期间
道路客运工作顺利完成

今年春节黄金周期间,内蒙古自治区各级交通主管部门以安全生产为重点,认真贯彻落实春运各项工作部署。公路养护部门在重点路段安排巡查人员,保障道路畅通。运政管理部门在汽车客运站安排驻站人员,合理组织运输方案,随时调配客运车辆疏运旅客。各汽车客运站也安排了春节期间值班车辆,确保春节期间客运工作有条不紊。春节黄金周期间,全区共发送客运班车 43820 辆次,其中包车 52 辆次,加班车 2889 辆次,运送旅客 165.15 万人,比去年同期增长 14%,没有发生重特大安全生产责任事故。(内蒙古自治区交通厅报送,《每日快报》采用)

● 重点工程开工竣工类

编写此类信息应注意:信息所反映的工程是国家或省部级的重点工程或其他具有重大意义的工程;信息中工程的基本要素(如公路起点和终点、技术标准、投资数额、预计工期、主要意义等)要齐全。

例 6-19：

滇藏公路改建工程开工建设

日前，交通部和西藏自治区“十一五”重点公路建设项目——国道 214 线滇藏公路芒康至隔界河段改建工程开工建设。该工程起于西藏芒康县城，止于云南和西藏交界的隔界河，路线全长 114.27 公里，新建曲孜卡支线 3.37 公里。主线采用二、三级公路标准建设，支线采用四级公路标准建设，总投资×××亿元，计划工期两年。该路是滇藏两地人民贸易互市、人员来往的重要交通通道，对于加强民族团结，改善西藏昌都地区、云南迪庆藏族自治州的交通条件，促进两地经济发展具有重要意义。（西藏自治区交通厅信息，《交通部专报信息》采用）

例 6-20：

包（头）茂（名）线陕西安康至毛坝至陕川界高速公路今日全面开工建设

12 月 3 日，国家高速公路包（头）茂（名）线陕西安康至毛坝至陕川界高速公路在安康市汉滨区五里镇举行奠基仪式，陕西省省委常委、副省长××发布开工令，标志着国家高速包（头）茂（名）线在陕西省境内最后一段进入全面施工阶段。

安康至陕川界高速公路起于安康市五里镇尹家营村，接在建的小河至安康高速公路，途经恒口、流水、蒿坪、紫阳、芭蕉、高滩、毛坝、麻柳、巴山，止于陕川两省交界的巴山隧道北口，接四川省拟建的万源至达州高速公路。路线全长 104.582 公里，其中安康至毛坝高速公路长 85.614 公里，概算投资×××亿元人民币，其中利用世界银行贷款×××亿美元；毛坝至陕川界高速公路长 18.968 公里，概算投资×××亿元人民币。项目计划于 2010 年建成通车，建设工期为 4 年。（陕西省交通厅信息，《每日快报》采用）

例 6-21：

长江上游宜宾—泸州航道建设工程开工 千吨级船舶可望常年通达宜宾

3 月 18 日，长江干线宜宾合江门至泸州纳溪航道建设一期工程正式开工。

长江宜宾至泸州段（简称叙泸段）全长约 100 公里，位于四川省境内，上接金沙江和岷江，是云、贵、川等地区物资集散的水运主通道。目前，该河段只能满足 500 吨级船舶常年航行，无法实现昼夜直达宜宾。工程全部完工后，该段航道将从目前的 IV 级航道标准提高到 III 级，1000 吨级船舶和 3000 吨级船队可以昼夜直达宜宾。

叙泸段航道建设工程的航标工程可望在今年 11 月份完成，届时，宜宾合江门至泸州纳溪将全区段开通夜航。叙泸段航道建设工程全部完工后，宜宾—重庆 370 公里航道全部达到 III 级航道标准，成为真正意义上的水上快速通道，对西部沿江经济和社会发展将起到积极的推动作用。

背景资料：

近年来，随着西部大开发战略的深入实施，西部地区经济呈现快速发展的态势，对水运的需求越来越旺盛。以宜宾市为例，近年该市的水运货运量呈逐年递增的态势，2003 年突破 200 万吨，2005 年达到 380 万吨，2006 年超过 400 万吨。同时腹地内的四川乐山、自贡，云南昭通、水富等经过宜宾中转并通过长江航道运往长江中、下游地区的物资也在大量增加。此外，随着金沙江向家坝、溪洛渡两大水电站相继开工建设，大量的机械设备、建材、大件设施也将通过长江航道运输。由于水运具有特殊运输优势，西部一些龙头企业如五粮液集团、宜宾天原化工厂等已将 70% 的产品选择为水路运输，川南腹地内各企业的货物运输和出口也逐步向水路转移。

为适应西部水运快速发展对长江上游航道通过能力提出的更高要求，长江航道局按照交通部提出的“深下游、畅中游、延上游”的发展战略，加快推进上游航道建设，先后实施了三峡库区航路改革航道配套建设工程、库区炸礁工程、泸州—重庆河段(泸渝段)航道建设工程,使上游航道条件得到大幅改善。

叙泸段航道建设工程是目前交通部在长江上游投资规模最大的航道建设项目,总投资超过××亿元,分两期建设,一期工程投资××亿元,主要建设内容为:采取疏浚及整治建筑物控导相结合的工程措施,对宜宾合江门至泸州纳溪河段内的杨柳碛等6处重点碍航滩险进行系统整治。同时,按照内河一类航标标准建设塔标、示位标、浮标及杆型岸标等各类航行标志345座;建设控制河段信号台及航行水尺等助航设施13处;建设该河段100公里长的GPSD级测量控制网等。工程完成后,航道尺度将达到2.7米×50米×560米(水深×航宽×曲率半径),水深保证率达到98%。(长江航道局信息,《交通部专报信息》采用)

例6-22:

安徽铜(陵)黄(山)高速公路
9月28日全线建成通车

铜陵至黄山高速公路是国家高速公路网北京—台北高速公路的重要组成部分,也是连接安徽省两山一湖(黄山、九华山和太平湖)的旅游通道,全长173.54公里,投资×××元。其中,铜陵—汤口段为世行贷款项目,全长116.15公里,投资×××亿元。铜(陵)黄(山)高速公路的竣工通车,使合肥至黄山的通车时间由原来的6小时缩短至3小时,对于构筑江苏、浙江、上海快速旅游经济圈,带动合肥、黄山、池州、铜陵、安庆、巢湖的旅游资源一体化整合,搭建"无障碍旅游经济圈"具有重要意义。(安徽省交通厅信息,《每日快报》采用)

例6-23:

湖南省醴陵至湘潭高速公路正式建成通车

10月19日上午,湖南省醴陵至湘潭高速公路正式建成通车,省委常委、副省长×××宣布通车,省人大常委会副主任×××出席通车典礼。

醴潭高速公路是国家规划的“五纵七横”国道主干线中沪昆(上海至云南昆明)高速公路湖南省境内的起始段,起于湘赣两省交界处的醴陵市金鱼石,与沪昆高速公路江西昌傅至金鱼石段相接,终于长潭高速公路殷家坳互通,与2002年建成通车的潭邵高速公路对接,路线全长72.437公里,项目概算总投资×××亿元,是湖南省首条由企业投资建设,按照BOT模式运作的高速公路。醴潭高速公路建成通车后,湖南和江西实现了高速公路对接,对促进长(沙)株(洲)(湘)潭三市乃至全省经济社会发展具有重要的推动作用。(湖南省交通厅信息,《每日快报》采用)

例6-24:

中交集团孟加拉吉大港新锚地集装箱码头投入运营

9月3日,中交集团中国港湾承建的孟加拉吉大港新锚地集装箱码头项目主体工程交工并投入运营。

孟加拉吉大港集装箱码头项目,位于吉大港市卡纳普里河下游右岸,工程内容包括5个万吨级以上泊位以及辅助工程,为EPC(工程总承包)项目。该工程由中交集团所属中交第二航务工程勘察设计院设计,中国港湾工程有限责任公司总承包,合同造价近×××万美元,2004年2月14日开工建造。此次交付的工程包括两个泊位400延米码头及其配套的约40000平方米集装箱堆场。整个工程预计于今年10月竣工。

吉大港集装箱码头是目前孟加拉最先进的集装箱码头。该码头的投入使用,对孟加拉的经济发展将起到积极作用。(中国交通建设集团信息,《每日快报》采用)

● 法规、规章制度发布类

编写此类信息,应当写明法规、规章制度的发布主体、规范标题、生效日期、主要内容等要素。

例 6-25：

交通部出台首部农村公路建设管理规章

为适应建设社会主义新农村的需要，加强农村公路建设管理，促进农村公路健康快速发展，交通部近日颁布了第一部规范农村公路建设管理的行政规章《农村公路建设管理办法》（以下简称《办法》），自 2006 年 3 月 1 日起实施。《办法》依据《中华人民共和国公路法》等法律法规和国务院有关文件，从农村公路建设实际出发，规定了农村公路建设原则、责任主体、资金筹集、建设管理等内容。《办法》明确了农村公路建设的责任主体为地方人民政府，农村公路建设应当遵循统筹规划、分级负责、因地制宜、经济实用、注重环保、确保质量的原则，充分利用现有道路进行改建和扩建，逐步实行"政府投资为主、农村社区为辅、社会各界共同参与"的多渠道筹资机制，建设资金使用情况定期向公路沿线乡（镇）、村公示。

为做好《办法》的贯彻实施工作，交通部下发通知要求各级交通部门：1. 充分认识《办法》颁布实施的重要意义，结合本地实际情况，认真学习、全面理解和正确把握《办法》的基本原则和有关规定，深入研究并提出加强农村公路建设管理工作的措施。2. 以《办法》的实施为契机，充分利用媒体和舆论宣传工具，采取宣讲、解读和培训等形式，广泛开展宣传工作，为保持农村公路快速健康发展创造良好的社会环境。3. 建立健全农村公路建设管理的各项配套制度，抓紧研究制定实施细则，逐步建立和完善农村公路建设管理的法规体系。（《交通部专报信息》采用）

例 6-26：

《福建省港口条例》经福建省人大常委会审议通过

11 月 30 日，福建省十届人大常委会第 32 次会议审议通过了《福建省港口条例》（以下简称《条例》），将于 2008 年 3 月 1 日实施。该《条例》

确立了交通部门在港口管理的行政主体地位，明确了港口总体规划的编制、审查主体和编制程序，建立了港区控制性详细规划、港口岸线分级审批、岸线资源有偿使用等制度。（福建省交通厅信息，《每日快报》采用）

例 6-27：

《安徽省道路运输管理条例》（修订案）通过省人大常委会审议

2007 年 1 月 17 日，安徽省十届人大常委会第 28 次会议审议通过《安徽省道路运输管理条例》（修订案）（以下简称《条例》），将于 2007 年 5 月 1 日起施行。

《条例》共分八章六十六条，对安徽省从事道路运输经营、道路运输相关业务和道路运输管理行为进行了全面规范。其中，依据《国务院对确需保留的行政审批项目设定行政许可的决定》（国务院令第 412 号）规定，《条例》对出租汽车"出租汽车经营资格证、车辆营运证和驾驶员客运资格证的核发"三项行政许可的条件、程序进行了细化；对出租汽车客运经营者的经营规范、驾驶员的行为规范等作了原则规定。针对部分汽车租赁者无证从事道路运输经营，冲击道路运输市场、存在巨大安全隐患的现状，《条例》规定了汽车租赁经营者从事道路运输经营活动，出租的车辆应当依法取得车辆营运证。

《条例》的修订和实施，将更好地规范安徽省道路运输市场，促进道路运输事业的发展，保障道路运输安全，维护道路运输经营者和有关当事人的合法权益。（安徽省交通厅信息，《每日快报》采用）

例 6-28：

湖南省出台《湖南省农村公路管理养护体制改革实施方案》

近日，湖南省政府正式批准出台《湖南省农村公路管理养护体制改革实施方案》(以下简称《方案》),标志着湖南省农村公路管理养护体制改革进入实质性实施阶段。

该《方案》提出了全省将实现管养分离,改革现行农村公路管养体制,全面推进农村公路养护市场化,明确了农村公路管理养护范围、职责,对农村公路管理养护的资金筹措、使用拨付和监管作了明确规定。《方案》强调要加强政府公共服务职能,坚持农村公路建设、管理、养护并重的原则和各级政府对农村公路管理养护的职责,建立健全以政府为主的农村公路管理养护体制和以政府投入为主的、稳定的养护资金投入机制以及养护生产市场化的运行机制。

《方案》的出台对湖南省农村公路管理养护走上制度化和规范化轨道,进一步提高农村公路管理水平和养护质量具有重要意义。(湖南省交通厅信息,《每日快报》采用)

例 6-29:

青海省交通厅出台《交通建设工程劳务人员维权卡实施办法》

为进一步规范交通建设市场秩序,维护交通建设领域劳务人员的合法权益,预防农民工工资拖欠,保持社会稳定,青海省交通厅制定出台了《交通建设工程劳务人员维权卡实施办法》(以下简称《办法》),自 4 月 10 日起施行。

《办法》规定,交通建设工程劳务人员维权卡是劳务人员在青海省交通建设市场从事劳务活动的有效证明,维权卡与劳务合同(或集体劳务合同)统一编号,由施工企业(项目部)按照签订劳务合同的实际人数向建设单位申请。当用工单位有拖欠持卡人工资行为时,持卡人可持维权卡到相关部门反映,要求帮助解决。劳务人员因欠薪等问题上访时应出示维权卡。维权卡仅限本人使用,不得转借或转让他人。维权卡在工程完工后,如无经济纠纷将自动失效;一旦发生欠薪或劳务纠纷,劳务人员须在两年有效期内向有关单位反映情况。(青海省交通厅信息,《每日快

报》采用)

例 6-30:

宁夏回族自治区交通厅出台《宁夏水上漂流安全管理规定》

近日,宁夏回族自治区交通厅制定了《宁夏回族自治区水上漂流安全管理规定》(以下简称《规定》),全面加强水上漂流安全管理,保障人民生命财产安全,防止水域污染。该《规定》自 2007 年 5 月 1 日起施行。

《规定》明确各级海事管理机构是水上漂流安全监督管理的主管机关,负责自治区行政区域内水上漂流活动的安全监督管理,并对从事水上漂流的经营人的资质审批以及取得经营资质后的权利和义务、漂流器的检验和漂流工的培训、水上漂流的码头设置、救生设施、安全管理、险情救助、事故处理等安全保障方面作出了明确规定。(宁夏回族自治区交通厅信息,《每日快报》采用)

例 6-31:

中国船级社发布《游艇建造规范》

为满足中国游艇业发展的需要,中国船级社近日颁布了《游艇建造规范》(2007),及时填补了我国游艇安全技术标准的空白。《游艇建造规范》适用于艇长 20m 以下的钢质、玻璃钢和铝合金材料的游艇,对游艇的艇体结构强度、轮机和电气装置等提出具体技术要求,同时明确游艇符合性检验的方式、程序和证书类别,是 CCS 开展游艇符合性检验业务的技术依据,是我国签发游艇适航证书的依据之一。(中国船级社信息,《每日快报》采用)

● 反映问题类

编写此类信息,不仅要准确描述问题的来龙去脉、基本情况、原因分析、造成影响,还要同时反映本单位已经采取的针对性措施,或者提出解决问题的建议供决策者参考,并根据实际通过续报等方式及时报告最新情况。

例 6-32:

湘江长沙段接近历史最低水位 海事部门全力以赴确保通航安全

受近期湖南省降雨量偏少影响,湘江水位不断下降,提前进入枯水季节。截至 11 月 12 日 8 时,湘江水位长沙段为 25.53 米,已接近历史最低水位。为了保证枯水期船舶航行安全,湖南省地方海事局采取得力措施,全力开展枯水期保畅工作。一是航道部门加强浅滩处疏浚挖泥,确保满足最低通航要求;二是海事部门加强触浅航段船舶安全监督管理,严查超载船舶;三是第一时间向社会发布航道信息和航行信息,告知社会船舶做好减载减速航行准备;四是协调上游枢纽加大下泄流量,提高航道水深,确保特殊时期船舶航行安全。(湖南省交通厅信息,《每日快报》采用)

例 6-33:

甘肃省交通部门积极应对 油价上调对全省出租汽车行业的影响

11 月 1 日,国家发展改革委将汽油、柴油和航空煤油价格每吨各提高 500 元后,甘肃省 93#汽油价格上调 0.43 元/升,90#汽油价格上调 0.40 元/升,甘肃省出租汽车运营再次受到影响。主要表现在三个方面:一是经营者负担加重。根据测算,在其他成本费用不变的情况下,燃油价格每上涨 1%,出租汽车单车月平均总成本上升 0.35%,在很大程度上增加了出租汽车经营者的负担。二是安全隐患增加。随着运输成本的大幅提升,出租汽车经济效益下滑。为了弥补因燃油价格上涨而增加的成本费用,一些出租汽车采取减少安检、维护保养等方式来降低运营成本,甚至带病运营,给出租汽车行业生产经营带来更大的安全隐患。三是存在潜在的不稳定因素。燃油价格的上涨,使出租汽车行业面临着更大的压力和困难,增加了诱发行业群体事件和其他社会矛盾的可能性。

为此,甘肃省财政部门已将出租汽车行业成品油价格补贴资金下拨至各市(州),各市(州)财政、交通部门正在积极制定资金补贴发放方案。全省道路运输管理机构加强了与相关部门的协调,采取积极措施确保出租汽车行业稳定发展。一是强化出租车市场的调控和监督。强化市场管理主动性、完善管理制度和管理机制,对可能引发的不稳定因素进行摸底排查,充分做好应对突发事件的准备。二是加强对出租汽车企业和运输市场的调查研究。及时掌握出租汽车企业和从业人员的思想动态,努力减少燃油价格上涨对出租汽车行业的影响。对可能造成较大影响的政策、措施,采取暂缓或渐进的方式组织实施,有效化解各种矛盾。三是加强市场监管,规范管理行为,严厉打击非法营运。严格执行国家规费和价格政策,严格禁止出台新的收费项目,坚决打击借机乱涨价行为,改善市场运营环境,维护正常市场秩序。四是全面实施全省公路客运价格与成品油价格联动机制。采取调整出租汽车运价或加收燃油附加费等方式,积极疏导成品油价格上涨对出租汽车行业带来的影响,及时会同有关部门,发放成品油价格补贴资金,减轻出租车经营者负担。五是健全信息上报和信息反馈制度,密切掌握行业发展动态。完善《甘肃省出租汽车行业群体性突发事件紧急预案》和《甘肃省确保出租汽车行业稳定发展的工作方案》,积极应对突发事件,提高行业应急保障能力,确保出租汽车行业稳定。(甘肃省交通厅信息,《交通部专报信息》采用)

例 6-34:

受大雪影响吉林省高速公路实行临时管制

11 月 19 日中午起,吉林省大部分地区普降中到大雪,受此影响,除图(们)延(吉)高速公路外,全省其他高速公路路面相继出现结冰现象。吉林省交通厅迅速对结冰路段实行了临时管制,并向社会公众发布通行公告,同时要求省高速公路管理局全面展开清雪工作。截至11月20日7时30分,管制路段除长春至沈阳高速公路四平段外,其他路段均已恢复正常通行。(吉林省交通厅信息,《每日快报》采用)

例6-35:

山西省出现七轴以上超大型超载货车 对公路桥梁安全构成严重威胁

近期,山西境内出现了一些七轴及以上超大型货车,车货总重量达到200吨左右,这些车辆为企业或车主自行违规改装而成,属于严重超限超载。

根据现行公路桥梁设计标准,这些七轴及以上的超大型货车将对公路桥梁造成极其严重的破坏。建议国家取缔七轴及以上超大型货车产品,规范货车生产改装行为,以保证公路桥梁安全。(山西省交通厅信息,《交通部专报信息》采用)

例6-36:

重庆市公路水毁情况严重

截至7月22日,受近期特大暴雨影响,重庆市成渝、渝邻、渝遂、内环等营运高速公路,国道G319、G212、G210、G318线,省道渝巴路、垫道路、城黔路、渝巫路、石雷路等主要干线公路都遭受严重水毁,一度中断运行;在建的高速公路、县际公路、农村公路也损失惨重。据初步统计,全市公路水毁损失总额5.4亿元,其中,高速公路累计共发生塌方、滑坡、水毁851处,损失约为1.7亿元(在建高速公路损失1.6亿);地方公路冲毁路基土石方183万立方米,冲毁路面134万平方米,损毁桥梁70多座,涵洞867道,防护工程96多万立方米,水毁损失达3.7亿元。

特大暴雨期间,全市县道以上公路累计断道365处,其中高速公路11处、国道33处、省道38处、县道283处。经抢修,截至22日尚有公路断道45处,其中高速公路基本恢复正常通行;国道4处、省道11处、县道26处仍然断道或半幅通行。319国道和103省道作为通往库区和渝东南地区的主要干道,多处断道且险情不断,致使武隆、彭水、黔江、酉阳和云阳、奉节等区县车辆通行困难,很多地方采取便道临时通行。(重庆市交通委信息,《每日快报》采用)

● 应对紧急突发事件类

紧急突发事件发生后,在通过值班系统向上级报告的同时,应通过政务信息渠道重点报送紧急突发事件对本地区或本单位造成的影响,本单位应对紧急突发事件采取的措施、取得的进展、存在的困难以及相应的措施建议等方面情况。

例6-37:

京藏高速公路宁夏境平罗至红果子段交通暂时封闭

5月28日下午3时30分左右,京藏高速宁夏境石(嘴山)中(宁)高速公路平罗收费站北10公里处发生一起交通事故,一辆运输液化气的罐车倾覆,导致液化气泄漏。事故发生后,高速公路交警、路政和收费站等部门采取了紧急措施,消防部门、消防车辆及时通知到位,以防发生火情;为了防止发生意外和方便处理现场,石中高速公路平罗收费站至红果子收费站之间的交通暂时封闭。目前,各部门正在采取相应的措施处理事故现场,因液化气泄漏扩散的范围较大,预计未来24小时内该路段交通将继续封闭。(宁夏回族自治区交通厅信息,《每日快报》采用)

例6-38:

京藏高速公路宁夏境平罗至红果子段交通恢复(续报)

5月28日下午3时30分左右,一辆车号为蒙L14559液化气罐车在京藏高速公路1111公里处(石(嘴山)中(宁)高速公路平罗收费站北10公里处)翻下公路,造成驾驶员2人受轻伤,车辆严重损毁。事故发生后,平罗收费站至红果子收费站之间的交通暂时封闭。经过疏散周围居民和处理现场,至5月30日上午11时45分,该路段交通恢复正常。目前,红果子至平罗上行线已恢复正常通车,由南向北的车辆还需绕行。

经初步调查,当日下午3时30分,该车由于前右侧轮胎突然爆裂,导致车辆失控翻到路基外侧的5米排水沟内。(*宁夏回族自治区交通厅信息,《每日快报》采用*)

例6-39:

各地交通部门采取措施积极应对低温雨雪冰冻天气对交通运输造成的不利影响

四川省交通厅:发出紧急通知,要求运输企业:一是对道路情况不明、气候恶劣,不具备安全条件的超长客运线路立即停发;二是立即联系在途运行的超长客运驾驶员,做好安全检查,增加防护措施,严禁冒险行车;三是通知受阻的超长客运驾驶及驾乘人员做好旅客的生活保障和宣传解释工作。湖北省交通厅:一是下发紧急通知,完善防冻、防滑预案,保障除雪物资供应充足和装备完好;二是加强对特大桥梁、施工路段、事故易发路段的巡查和监管;三是及时发布交通路况信息,以各种形式提醒驾驶员根据通行状况调整路线;四是及时提供应急服务,为驾乘人员发放食品和饮用水,协调医护部门解决滞留人员的医疗问题。山西省交通厅:一是加大除雪设施投入,铺撒防滑料、融雪剂除雪;二是加强信息发布,及时受理咨询,开展救援调度;三是加大路政巡查力度,实施24小时监测,积极对滞留车辆进行疏导。目前,全省高速公路基本处于封闭状态。河南省交通厅:一是加大巡查力度,积极引导车辆合理分流,减轻重要路段交通压力;二是加强和周边省份的协调,与陕西、湖北两省建立了信息通报机制和间断放行、警车带行制度;三是做好宣传解释工作,为受困驾乘人员提供食物、药品、燃油等方面的服务。江西省交通厅:通过免费通行等方式疏导滞留车辆,截至目前,昌九高速公路和九江大桥已免收5.3万辆车通行费约520余万元。三峡通航管理局:积极组织疏通因雾雪天气滞留的船舶,截至目前,坝上船舶已全部疏通,坝下滞留船舶11艘。新疆喀什交通系统:一是启动恶劣天气保通应急预案,及时组织人员、机械对境内的3条国道和5条省道进行除雪;二是坚持值班制度,确保信息畅通,加强对重点路段的巡查,实行24小时动态监管;三是加强源头管理,停发技术状况不达标的营运车辆,强化驾驶员安全教育,落实安全生产责任制。(摘自《每日快报》)

例6-40:

广西壮族自治区交通厅紧急部署
开展支援湖南疏散滞留车辆工作

1月30日上午,广西壮族自治区交通厅召开会议,贯彻落实国家主席胡锦涛、国务院总理温家宝和交通部关于支援湖南抗灾救灾工作指示精神,部署支援湖南省疏散滞留在京珠高速公路上的车辆工作。一是要求交通系统各单位各部门树立全国一盘棋思想,把支持湖南疏散交通工作作为当前一件最重要的政治任务抓紧抓好。二是全力做好从湖南方向借道广西进入广东车辆的疏导工作。制定三条疏导路线(分别是:全州—桂林—阳朔—钟山—贺州—广东怀集方向;从全州沿桂柳高速公路—六景—玉林—岑溪—广东罗定方向;从全州沿桂柳高速公路—南宁—北海—山口出广东方向);落实自湖南进入广西车辆全部免费快速通行的各项措施,要求桂北与湖南交界的收费站从1月30日上午10时起,对从湖南进入广西的车辆全部免费,确保24小时内全部疏散滞留京珠线上的车辆;公路路政、养护部门全体上路,配合交警部门千方百计确保3条路线的双向畅通。三是尽最大努力为过往车辆及驾乘人员提供周到的服务。在各服务区(站)和养护道班准备充足的饮用水、食品等,加油站储备充分的用油,同时提供必要的医疗服务。(广西壮族自治区交通厅信息,《每日快报》采用)

例 6-41：

受雨雪影响地区公路路况信息

截至 1 月 28 日 17 时，全国“五纵七横”12 条国道主干线共 3.5 万公里中，有 9 条（北京至珠海、北京至福州、连云港至霍尔果斯、衡阳至昆明、同江至三亚、重庆至湛江、青岛至银川、上海至成都、上海至瑞丽）共约 3000 公里路段关闭交通，湘粤、桂湘、苏皖、桂黔交界处车辆拥堵严重，通行缓慢。全国 68 条共 13.3 万公里的国道（不含国道主干线）中，11 条国道共约 1820 公里的路段，因道路结冰无法通行。湖南、湖北、安徽、贵州、陕西五省因高速公路受阻，车辆分流，普通公路车流量较大，车辆通行缓慢。（《交通部专报信息》采用）

例 6-42：

截至 1 月 30 日 9 时湖南省公路通阻、人员、车辆滞留情况

一、高速公路

今日车辆滞留主要集中在京珠高速公路临长、潭耒、耒宜段，因 29 日下午京珠打开所有入口，共计进入 4000 – 5000 台车，但南下宜章、衡枣（洪市互通）因驾驶员不愿绕道造成车辆滞留，通行缓慢。目前，京珠高速公路湖南省境内共滞留车辆约 1.2 万台，滞留人员 3.7 万余人左右。

京珠线路况综述（1 月 30 日 9 时）：全省范围内共有临长、长潭、潭耒、耒宜、醴潭（限株洲东、芷钱桥）、莲易、衡枣、潭邵、邵怀、怀新、绕城共 11 条高速管制通行，另长潭西、长永、长益、益常、常张、机场高速共 6 条高速缓慢通行。相邻省份省界收费站：鄂南（鄂往湘）、粤北（粤往湘）、小塘（湘往粤）、桂湘（桂往湘）、枣木铺（湘往桂）等收费站管制通行，羊楼司（湘往鄂）、赣湘（赣往湘）、金鱼石（湘往赣）、大龙（黔往湘）、新晃（湘往黔）收费站缓慢通行。

京珠高速北往南，临长缓慢通行；长潭路目前可双向通行；潭耒路南向K228－279，K392－396，洪市互通阻塞，行驶缓慢；耒宜路K466－478，K429－410，K474－492等路段拥堵严重，但都在缓慢通行。南往北，临长、潭耒、长潭、耒宜路可缓慢通行。

二、普通公路

截至1月30日9时，湖南省普通公路干线仍有6条国道、33条省道出现中断，中断路段达94处，其中新增中断路段9处。（湖南省交通厅信息，《交通部专报信息》采用）

● 科研成果类

编写此类信息应注意：信息反映的科研成果是国家或者部确定的重点科研项目，或者其他对行业可能产生重大影响的科研成果；信息中要写清楚该成果的主要内容和意义。

例6-43：

西部项目“公路建设质量评定指数研究”成果总体达到国际先进水平

日前，由部公路院与交通部基本建设质量监督总站、北京逸群工程监理公司联合承担的西部项目“公路建设质量评定指数研究”通过了交通部组织的验收和鉴定，研究成果总体上达到国际先进水平。

与会专家认为，该项目针对我国现行的公路建设管理特点与质量评定方法，首次建立了全国、片区以及各省（区、市）等不同区域、分等级的公路建设质量评定体系；采用多种分析方法，研究筛选了影响公路工程建设质量水平的21个关键指标；提出了变异性指标、差异性指标和合格率类指标等的评价方法和评价标准。该项目研究成果对评价公路建设宏观质量提供了科学依据，对加强质量管理、提高公路建设质量具有重要意义。（交通部公路科学研究院信息，《每日快报》采用）

例 6-44：

国家社科项目《我国数字化运输与物流市场机制理论及运作模式研究》结项等级获得“优秀”

日前，由大连海事大学×××教授主持完成的国家社会科学基金项目《我国数字化运输与物流市场机制理论及运作模式研究》经全国哲学社会科学规划办公室审核结项，等级为“优秀”。该项成果分析了数字化运输与物流市场的运行机制、运作模式和定价问题，探讨了我国数字化运输与物流市场的价格预警监测应急机制和准入、退出机制，对进一步推动我国现代运输与物流业的健康发展具有重要的理论价值和实践意义。

此次全国哲学社会科学规划办公室共审核、审批了117份国家社会科学基金项目成果鉴定结项材料，其中，在准予结项的69项成果中，等级为“优秀”的有10项，“良好”的有40项，“合格”的有19项。（大连海事大学信息，《每日快报》采用）

● 对内对外合作类

编写此类信息，应当写明参与合作的各方、合作形式以及合作的主要内容等。

例 6-45：

中韩签署海上搜救合作协定

4月10日，在温家宝总理和韩国总统卢武铉的共同见证下，中韩两国政府正式签署海上搜寻救助合作协定，就海上搜救合作水域、遇险人员和船舶避险以及搜救力量进入对方水域等关键性问题达成了一致意见，并就落实协定中建立海上搜救协调员交流机制等后续行动、进一步加强中韩在海事安全和物流领域的合作达成了共识。《中韩海上搜寻救助合作协定》是我国与周边国家在海上搜寻救助合作领域签署的第一个政府间协定，标志着中韩两国海上搜救进入了全面合作的新阶段，将对提高海上搜救效率，保障海上人命和财产安全，促进两国及地区海运经济繁荣产生积极影响。(《交通部专报信息》采用)

例6-46：

交通部与农业部共同采取措施提高渔船救助水平

目前，由于渔船技术状况差、通信水平落后等原因，渔船遇险后救助成功率远低于全国海上搜救成功率的平均水平。去年，我国遇险渔船搜救成功率比全国海上搜救成功率低12个百分点。

近日，交通部与农业部加强各级海上搜救中心与农业部渔政指挥中心、地方渔政渔监部门的协调沟通，采取建立渔船救助评估体系和渔船安全生产监控体系、改善渔船与救助船舶的通信设备和通信手段等措施，提高渔船遇险后获救成功率。(《交通部专报信息》采用)

例6-47：

江苏、安徽两省共谋道路运输一体化合作发展

近日，江苏省交通厅和安徽省交通厅共同签署了《道路运输一体化合作发展议定书》。合作发展将通过调整结构、整合资源，合理产业分工，建立统一、开放、竞争、有序的道路运输一体化市场体系，最终实现区域内规则统一、资源共享、人便于行、货畅其流，形成统一的客货运输、维修救援、信息服务三大网络，为区域经济发展提供安全、便捷、高效、环保的运输服务。

两省将在以下十个方面进行合作：一是建立统一、规范的省际客运市场；二是大力发展货运业；三是加快客货运站场建设步伐；四是积极发展汽车租赁业；五是建立应急联动机制；六是加强人才交流，共享人力资源；七是加强信息网络和智能运输合作，实现道路运输信息共享和互换；八是建立信息通报制度，加强经验交流；九是加大国际交流与合作；十是加强

法规建设。同时,两省还将建立道路运输合作发展联席会议制度,会议主席由两省道路运输管理局主要负责人轮流担任,联席会议每年举行一次。(江苏省交通厅信息,《每日快报》采用)

例6-48:

中远集团与中粮集团签订战略合作协议

1月19日,中远集团和中粮集团战略合作协议签字仪式在北京举行。中远集团总裁×××和中粮集团董事长×××出席仪式并致辞。中远集团副总裁××和中粮集团×××副总裁分别代表各自企业在协议上签字。

根据协议,双方将以优势互补、互利双赢为原则,发挥各自优势,开展多种形式的战略合作。中粮的进出口货物将优先交由中远承运;中远将以优惠的运价和优质的服务,优先承运中粮的进出口货物,为中粮进出口贸易提供运输保障。(中国远洋运输(集团)总公司信息,《每日快报》采用)

● 综合类

综合类信息是指全面系统地反映某项重点工作的信息。信息内容应当具有综合性特点,包括工作部署、进展、经验总结、存在问题及措施建议、下一阶段计划等,要求重点突出、资料详实、分析全面深入、条理清晰、语句精练。

例6-49:

农村客运网络化试点工作初见成效

为贯彻落实党中央、国务院关于农业、农民和农村工作的一系列方针政策,方便广大农民群众安全便捷出行,促进农村地区经济社会发展,交通部门坚持科学发展观，把发展农村客运作为交通工作中的一项重要工作狠抓落实。2003年3月起开展了为期两年的农村客运网络化试点工作，确定广东、浙江、河南、江西、贵州、河北、内蒙古7个省(区)的14个市(县、区)为部级试点地区，同时全国各省、自治区、直辖市分别确定1-2个省级试点地区。

试点期间，交通部采取一系列有效措施，大力推动农村客运发展：一是加大农村公路建设的投资力度，实施了以提高农村公路技术水平、改善行车条件为主要目的的“通达工程”、“通畅工程”，在“十五”后三年安排国债和车购税资金500亿元用于农村公路建设，为农村客运的发展创造良好条件；二是将农村乡镇客运站纳入交通部基本建设计划，每年安排专项资金6亿元，以尽快扭转农村客运基础设施落后的局面；三是制定了《乡村公路运营客车结构和性能通用要求》行业标准，指导汽车制造厂家生产适应农村客运需要的经济型客车；四是发布了改善运输组织、完善运输网络、促进运力发展、减轻经营者负担、鼓励公司化经营、加强安全管理和市场监管6个方面的政策措施，对全国各级交通主管部门发展农村客运进行政策指导。

各地交通主管部门在试点工作中，以实现农村客运“开得通、留得住、有效益”为工作目标，精心组织，认真实施，因地制宜，大胆创新，遵循“以人为本，从农村地区的实际需要出发，统筹农村公路和农村客运发展，先修路、再通车、后建站”的发展思路，总结出了发展农村客运“增投入、轻税费、减手续、破常规、优运力、重安全、多形式、一体化”的工作经验，通过加大农村客运基础设施建设投入，减轻经营者负担，简化客运班线许可手续，打破常规运输组织形式，优化运力结构，加强安全管理，实行多种运营模式，加快城乡客运一体化进程等措施，有效推进了农村客运的快速发展。

截至2004年11月底，各试点地区已形成了较完善的农村客运网络，大幅度提高了农村客运的通达深度，通公路的乡镇和行政村的客车通达率已达100%。全国乡镇客车通达率达到了98.3%，行政村客车通达率达到了81%。

目前,交通部正按照国务院领导指示精神,根据农村客运经济效益低、社会效益好、具有明显的社会公益性的特点,会同发展改革委、财政部等有关部门,共同研究制定进一步加快农村客运发展的政策措施,努力推进城乡客运一体化进程。在试点工作结束后,将在全国推广试点工作经验,以推动农村客运全面、快速、健康、有序发展。(《交通部专报信息》采用)

例6-50:

交通部全力做好今年迎峰度夏公路运输保障工作

数日后,我国南北方将相继进入高温季节。贯彻落实4月13日国务院经济形势分析会提出的各项要求,全力做好迎峰度夏运输保障,是当前交通部门必须完成好的一项重大任务。

一、2005年迎峰度夏工作面临的形势

2005年,我国国民经济将继续在高位运行,运输需求也将持续快速增长,运输保障任务依然艰巨,做好迎峰度夏等运输保障工作尤为重要。

(一)运输需求仍将高位增长。按照国民经济增长8%测算,今年我国道路客运量将达到170.6亿人,货运量将达到132.5亿吨,分别比去年增长5%和6.4%;港口集装箱吞吐量将达到7500万标准箱,公路运输将承担6300万标准箱的集疏运任务,比去年增长22%。

(二)重点物资运输任务艰巨。今年煤炭、粮食、化肥、农副产品(蔬菜、瓜果)产量将分别达19.8亿吨、4.7亿吨、4410万吨和6.1亿吨。

煤炭主产区集中在"三西"地区(山西、陕西、内蒙古中西部)和河南、安徽、山东、黑龙江等省份,煤炭主销区主要是华东、华南、华中和东北地区。"三西"地区煤炭除供应华北地区外,主要通过秦皇岛、天津、京唐、黄骅等港口经水路运送到华东、华南地区;华中地区煤炭主要依靠山西南部、陕西、河南供应;华东、华南、华中煤炭运输旺季在7、8月份。铁路大秦线、侯月线扩能改造后,可望缓解华东、华南地区的运输紧张状况,山西、陕西、河南至华中地区(湖南、湖北、江西)的煤炭运输紧张现象仍将持续。

需要大量调运的粮食主产区集中在东北三省、内蒙古东部及湖南、湖北、江西等地区，主销区为广东、福建、浙江、江苏、上海、河北、山东等省份。东北、内蒙古的玉米和大豆主要向东南沿海地区运输，运量为4760万吨，运输旺季为11－3月；稻谷主要由东北地区、华中地区向东南沿海地区运输，东北地区运量为1510万吨，华中地区运量为4900万吨，运输旺季在5－6月。

化肥主要产量集中在20家化肥生产厂，分布在湖北、安徽、山东、河南、青海、贵州、宁夏等省份，流向相对比较分散，运输旺季集中在2－5月。

农副产品方面，蔬菜主要产地集中在山东、广东、广西、海南、云南、福建等省份，总量为1.74亿吨，主销区为华北地区、西北地区和长江中游省份，流时比较分散。瓜果主要产地集中在广东、广西、海南、福建、陕西、四川、重庆等省份，销往全国各地，但时效性要求高，且旺季运输集中，易出现运输紧张局面。

（三）重点路段、重点时段公路保畅任务繁重。干线公路交通流量持续增长，不少路段突破设计通行能力。山西、内蒙古至天津煤炭运输的主要通道京张高速公路交通流量达到日均4万辆次，为设计通行能力的2.5倍。京津塘、京石、京沪等一批重要运输通道通过能力不足的矛盾更为凸显。私人小汽车已超过500万辆，自驾车出游需求激增。保畅任务十分艰巨。

（四）现行体制和运行机制提出了更高的要求。与其他运输方式不同，公路运输管理体制以地方为主，运输主体以民营小企业和个体业户为主，即使在公路基础设施领域，投资主体也有国有、外资、民营资本等各种经济成分。这种多元化的格局既是公路运输的优势，也极大地增加了协调的难度。必须创新理念，善于用市场经济的手段保护好、发挥好、引导好各种利益主体的积极性，及时化解矛盾，协调好利益关系，满足运输需求，确保行业稳定。这将是一项长期的任务。

二、主要应对措施

（一）高度重视，提前部署。各级交通部门要深入调研重点物资运输需求，制定保障方案；加强与宏观经济运行管理部门及主要生产、销售企业的联系，动态监控运输需求；加大信息发布力度，引导运力市场供给；密切关注重要物资流向，整合运输资源，增加运力储备，一旦需要，随时准备抢运。充分调动一切有利因素，加强领导，提前部署，确保"平时能适应，关键时能保障"。

（二）密切关注重点物资，确保"煤、油、肥、粮、菜、果"运输。

对煤炭运输，将加强矿山至铁路场站、港口的集散运输，重点提高"三西"地区至天津港、京唐港的公路运输能力；努力增加矿山至用户间的直达道路运输运力；加大公水联运力度，推进综合运输；高度重视华中地区运输需求，逐省落实应急运力和承运企业，一旦出现运输紧张，立即组织抢运。

对石油运输，加快原油中转和集疏运管理，引导发展石油运输专用车辆；建立和中石油、中石化两大公司的直线联系，鼓励成立专业服务车队。

对化肥运输，将建立与20家特大型化肥厂的直接联系，沟通运输需求信息，及时调配运力，满足供给。

对粮食运输，着重提高为铁路集散运输和港口集疏运能力，加强湖南、江西等省向广东方向的粮食短途运输运力储备。

对蔬菜、水果等鲜活农产品，将加快建设"五纵二横"总长为2.7万公里的鲜活农产品运输绿色通道，继续实施"不扣车、不卸载、不罚款"的"三不"政策，并给予政策扶持。

（三）充分运用市场机制，鼓励增加运力。全面贯彻落实国务院批准的《关于降低车辆通行费收费标准的意见》，逐省落实收费标准的降低调整工作，切实降低运输成本，提高运输效益，鼓励多轴重型车辆发展，依法增加运力；加强信息化建设，提高组织化程度，挖掘运输潜力，减少车辆空驶，提高车辆利用效率。

（四）加快公路基础设施建设，完善服务网络。各级交通部门要加快国道主干线建设，确保2007年全部建成；贯彻落实国务院批准的《国家高速公路网规划》，加快国家高速公路网和西部开发大通道建设；贯彻落实国务院批准的《农村公路建设规划》，大力加强农村公路建设，全面服务

"三农"。

(五)全力保障公路网络安全畅通。夏季是公路水毁高峰。通过密切关注西南、华中各地的气候,完善应急预案,一旦出现公路水毁,全力组织抢修;在治超工作过程中,坚持"保畅优先",同时建立路面维修信息提前发布机制,优化施工方案,减少道路施工影响,全面保障公路通行安全、畅通。夏季也是驾驶员容易疲劳驾车的季节,交通部将会同有关部门有针对性地做好宣传和保障工作,减少交通事故的发生,做到安全运输。(《交通部专报信息》采用)

例 6-51:

全国公铁立交安全整治工作进展良好

为最大限度地减少汽车冲入或坠落铁路事故的发生,切实维护人民群众生命财产安全,根据国务院领导同志批示精神,从今年 7 月开始,交通部、铁道部联合在全国范围内组织开展了公铁立交安全整治工作,重点对现有上跨铁路六大繁忙干线的公路立交桥梁进行整治。截至目前,交通部门共投资近××××万元,对×××座、×××××延米公铁立交桥进行了整治或加固,已按期完成 2006 年的整治任务。

一、公铁立交安全整治采取的主要措施

针对公铁立交桥梁点多面广的特点,为了保证整治工作的顺利进行,主要采取了以下措施。

一是切实加强组织领导。交通部和铁道部联合成立了"公铁立交安全整治工作领导组",由两部分管部领导分别担任组长和副组长,督促、指导各地开展公铁立交安全整治工作。各地交通、铁路部门也相应成立了整治工作组织领导机构,为整治工作的顺利推进提供了组织保障。

二是精心部署整治工作。交通部、铁道部共同研究制定了整治工作方案,提出了详细的工作目标、实施步骤、技术要求和保证措施,明确提出在 2006 年 6－12 月,集中力量重点整治上跨铁路六大繁忙干线的公铁立交,尽快消除铁路运输较为集中的重要铁路线的安全隐患。今年 6 月 16

日,交通部和铁道部联合召开了全国电视电话会议,对整治工作进行了专门部署。各地交通部门对辖区内上跨铁路的公路桥梁状况逐一进行排查,制定了具体整治方案。

三是保障整治资金投入。国家决定开展公铁立交安全整治工作时,正值年中,中央和各地的年度资金预算已经确定,资金筹措面临很大困难。为保障整治工作顺利进行,交通部决定安排专项资金,对公铁立交安全整治工作进行补助。同时要求各地交通部门克服困难,研究制定相应的资金调剂和配套政策,保证工程顺利实施。各地交通部门采取临时借款周转的方式,千方百计筹集资金。湖北省交通厅采用全额贷款方式筹集资金,目前已经按计划完成了上跨铁路六大繁忙干线的公铁立交的安全整治;湖南、浙江、天津等省(市)临时调整年度资金计划,保障整治工作顺利开展。

四是采取综合技术措施进行整治。为提高整治工程技术水平,各级交通部门在确定整治工程技术方案时,不搞"一刀切",按照"经济、安全、环保、有效"的原则,综合运用增设或完善标志、标线、防撞护栏、示警桩、隔离网、减速设施等多种工程措施,注重处理好主动引导和被动防护的关系,努力使整治工程既满足安全防护的要求,又符合汽车驾驶人员的行为习惯和心理需求。天津市针对不同公铁立交桥的特点,在改造防撞护栏的同时,还采取了安装反光诱导标志及防护网,桥面施划行车道线、机非隔离线、路测轮廓标线,引道增设禁止超车、减速慢行标志等综合技术手段,全面提高公铁立交路段的行车安全水平。

五是加强协作。各级交通、铁路管理部门在整治工程实施过程中紧密配合,加强协调。按照分工,交通部门负责对现有公铁立交安全状况进行调查、并负责组织整治工程的设计、施工和验收工作;铁路部门则配合做好调查工作,并根据整治工程的安排,及时调整列车运行时间,为施工提供便利,保证施工期铁路运行和施工安全。交通部门在实施整治工程时,加强了与当地安监、公安等部门的沟通和协作,在确定工程实施位置和处治技术方案时,多方征求相关部门意见,确保整治工作顺利进行。

二、下一步整治工作安排

公铁立交安全整治是一项关乎人民群众生命财产安全的重要工程,

交通部门将进一步加大工作力度，加强组织领导，按期完成整治任务，切实保障公路、铁路行车安全。

一是进一步加快实施公铁立交安全整治工程，确保明年年底完成全部719座上跨铁路公路桥梁的安全隐患整治工作。

二是今后新建公铁立交桥梁，要按照有关技术标准进行设计、施工，使桥梁安全防护设施一步到位，满足桥梁安全防护要求。

三是继续加大公路运输车辆超限超载治理工作力度，从源头上提高安全水平。(《交通部专报信息》采用)

例6-52：

四川省通江县整体联动建设农村公路促进社会主义新农村建设

四川省通江县曾经是红四方面军川陕苏区首府，是温家宝总理保持共产党员先进性学习教育活动联系点。全县面积4116平方公里，辖49个乡镇，人口73万。该县75%的面积分布在海拔800以上的大山上，交通条件恶劣，是四川省除三州(凉山彝族自治州、甘孜藏族自治州、阿坝藏族羌族自治州)外唯一未实现乡乡通公路的县，公路等级低、路况差，截至2005年底，全县仅有1条91公里的三级水泥公路，“行路难”一直是阻碍该县经济社会发展的“瓶颈”。2005年4月，温家宝总理到通江视察时指出：“巴中三县一区，通江是最贫困的地方。通江缺什么？第一是交通。”

为贯彻落实温家宝总理指示，加快通江县发展步伐，2005年以来，交通部和四川省加大对通江县交通发展的扶持力度。从2005年起，用三年时间，投资××亿元，完成交通建设项目437个，建设农村公路2283公里，到“十一五”末实现乡乡通水泥路(油路)、村村通公路，50%的村通水泥路。

一、通江县农村公路建设的主要做法

通江县在农村公路建设中建立了“开放式工作、参与式建设、整体式联动”的工作机制，在推进农村公路建设的同时，进一步促进了该县社会

主义新农村建设。

（一）实行“三统”，健全保障体系。

一是实行管理干部统调。成立了农村公路建设管理办公室，从县政府部门抽调22名干部，专门负责农村公路建设的指挥协调、质量检查工作。从交通、建设、水利等部门抽调20多名技术人员，组成4支外业测设队伍。从社会上招聘有资格的专业技术人员，负责农村公路建设监理工作。

二是实行建设物资统筹。县政府出台了《关于通乡通村公路建设有关具体问题的处理意见》，对农村公路建设涉及的13个具体问题作出明确规定，给予政策支持。县财政每年挤出工作经费350余万元，用于农村公路测设、技术人员培训、购置施工设备等；政府收回砂石料场经营权，砂石无偿用于农村公路建设；对依法征收的农村公路建设税费，全额用于交通建设。

三是实行建设质量统管。1. 严格设计定质量。坚持设计队伍专业化，勘测设计市场化，设计程序规范化，包干测设，责任到人，严格按流程操作，少一个程序也不能开工。2. 监理到位守质量。监理人员与业主代表同吃、同住、同监督，不离开施工现场。3. 群众监督要质量。各项目实施村由村民选出3～5名义务质检员，经业务培训后，全天候、全过程参与质量监督。4. 验收把关保质量。严格执行“乡自检、县初验、市复核”三级质检规范，对评定合格的工程，签发同意交工书，不合格工程，限期整改后重新申请验收。

（二）落实“四分”，强化工程管理。

一是分级负责：分级落实建设主体责任。乡道建设由县公路养护管理段为业主，采取“受益群众打底子（路基），国家补助铺面子（路面）”的办法建设；村道由村民委员会采取“一事一议”方式组织和发动村民自愿修建。

二是分步实施。严格按照“宣传发动、民主决策、规划设计、申请开工、施工建设、竣工验收”6个步骤组织实施，重点把握“民主决策、公开透明”这一关键环节，实行阳光操作，确保农民群众对建设农村公路的知情权、参与权和监督权。

三是分类确定模式。乡道路基建设鼓励“一路一策”，允许“一路多策”；路面工程全部实行公开招标确定施工企业。村道建设实行“主体+主人+主动”建设模式，对造价较低、经济状况好、群众自愿的，修水泥路；造价居中、经济状况一般、群众自愿的，修标准泥碎路；造价偏高、经济状况较差、群众自愿的，修简易泥碎路，或者暂缓修路。

四是分项进行投入。采取“分别立项、统一规划、综合利用”的办法，捆绑使用各种资金用于农村公路建设。去年全县用以工代赈项目资金820万元，新建和改建通村公路92条、438公里，结合实施土地整理项目建设通村水泥路56条109公里。

(三)做到“五结合”，实施整体联动。

一是公路建设与新农村建设相结合。紧紧围绕新农村建设的总体要求，在路网走向和路型选择上，尽量贯通村民聚居地，着力发展“庭院经济”、“田坎经济”，努力与地形地貌融为一体，与自然生态相协调。

二是公路建设与环境保护相结合。引入环保、生态理念，最大限度维持原有生态平衡，尽量避让基本农田，利用原有路基，避免边坡开挖过陡，尽量防止压缩河道，满足工程防护和排水设施要求，努力实现公路与自然的和谐统一。

三是工程建设与公路管养相结合。按照建、管、养、运一体化的思路，立足建设农村通畅之路，坚持落实管养与工程建设同步规划设计，同步竣工验收。启动农村客运公交一体化，充分发挥农村公路效益。

四是争取支持与发动群众相结合。积极争取上级部门在规划设计、资金投入、技术帮扶等方面对农村公路建设的支持，同时采取“一事一议”，充分发动群众主动投入农村公路建设。近两年，全县共收到农村公路建设捐资113万元。

五是减轻农民负担与“一事一议”相结合。制定了《通江县农村“一事一议”管理暂行办法》，对议事范围、标准、组织、程序、监管及处罚等作出明确规定，防止有事不议和借事乱议，避免借议事增加农民负担。

二、通江县农村公路建设取得的成效

一是农民群众“行路难”问题得到有效解决。通江县农村公路快速推进,形成了户户相连、社社相通的交通网络。全县14条通乡公路将于今年3月底前全部完工;133条753公里通村公路已建成129条739公里,今年1月中旬前全部完工;10个农村客运站全部建成投入使用。目前,该县基本实现了凡有3户聚居的院户全部通公路。

二是促进了农村产业发展。交通条件改善后,通江县及时调整产业结构,发展种植业和养殖业。去年,该县绿色经济产业增加值为8.4亿元,比上年增长7.6%;全县畜牧业产值达55亿元,占农业产值的54%。去年建成通村公路的124个村,新发展养殖户1427家、种植户572户、运输户509家、农家乐12家,人均增收130余元。该县沙溪镇苏坪村道路修通后,把种植、养殖业作为带领村民致富的突破口,去年全村人均纯收入达1600元,人均增收200元。青浴乡村村通公路后,全乡养殖业发展迅速,全乡出栏生猪23816头、羊7524只,小家禽68932只,实现畜牧总收入918万元。

三是农民居住条件有了较大改善。随着交通条件的改善,去年全县农村新改建住房1866户,建沼气池2466个,电视、电话逐渐普及到农户,村村硬化路直通门前,沼气、自来水引进各家各户,全县村容整洁程度大大提高。不少村还建起了文化大院、图书室、健身活动室等。

三、通江县农村公路建设的启示

一是上级帮扶是关键。实现通江县农村公路建设总体目标,共需投资10亿余元,是该县年财政总收入的30倍,按人均需负担1500元,高出全县2005年农民人均纯收入200余元,仅靠通江县根本无力承担。近两年,交通部拨出1.8亿元专项资金,补助通江县农村公路建设,四川省政府也给予3232万元资金补助。省交通部门把通江县作为扶贫联系点,在农村公路建设的立项批复、规划设计、技术指导、建设管理、工作经费等方面给予支持。2005年以来,交通部和四川省先后派出14批次131人次,到通江县指导农村公路建设。

二是尊重民意是基础。在农村公路建设中,通江县充分尊重民意、凝聚民心、调动民力、集中民智,广大群众积极投工投劳,支持、参与农村公路建设。去年,全县数百名筑路干部自愿放弃休假,老人和妇女都主动上路投劳,营造了干部群众同心同德建设农村公路的良好氛围。

三是领导重视是前提。通江县成立了以县委书记任组长的交通建设领导小组,副县级以上领导全部分线分路分片负责,责任到人,形成了全社会支持参与交通建设的局面。

四是公开透明是核心。对建设资金实行专户存储、专人管理、专账核算、专款专用,收支两条线,确保建设资金全部用于工程建设。实行阳光招投标,纪检、监察、审计等监督部门从立项开始,实行全过程监督,既保证修农民群众愿意修的路,又确保工程结束不倒一个干部。(四川省交通厅信息,《交通情况与交流》采用)

例 6-53:

广东海事部门采取积极措施服务地方经济社会发展

2006 年以来,广东海事部门认真贯彻落实部党组"三个服务"的总体要求,结合广东海事发展实际,采取有效措施,积极支持和服务粤东地区加快经济社会发展,获得了广东省委、省政府和社会各界的充分肯定。

一、充分发挥专业优势,为粤东经济腾飞做好服务

粤东地区海岸线长,紧靠我国南北交通主航道,具备发展临港工业的良好条件。广东海事部门结合粤东临港产业规划布局,积极发挥职能作用,为地方党委、政府当好参谋。

一是积极支持粤东新农村建设。与粤东地区贫困落后的村庄进行结对帮扶,实施"安全扶贫工程",深入乡镇渡口渡船、村庄、学校,开展安全教育,赠送安全知识手册、消防救生设备,增强安全意识。积极参与实施"广东省百万农村青年技能培训工程",以粤东农村贫困户、转产渔民家庭青年劳动力为主要对象,举办面向国内外水运、海运行业就业的高端技能培训项目,促进农村劳动力转移就业,帮助贫困户和转产渔民脱贫致富。

二是大力支持当地港口发展。支持以汕头港为主枢纽港,以汕尾港、潮州港和揭阳港为重要港口的粤东港口群港区工程规划建设,在积极促

进粤东重化工业、能源产业发展的同时,引导和扶持航运业、现代物流业、船舶修造业发展。

三是充分发挥海事部门与航运业关系密切的优势,介绍国内外大型港航企业到粤东地区考察,为粤东的招商引资牵线搭桥。

四是切实改进工作作风,坚持定期走访港航单位和行政相对人,主动为其排忧解难。

二、建立安全监管长效机制,保持粤东水域安全

粤东水域过往船舶多,水文条件复杂,自然灾害多发,水上安全监管任务重、难度大,广东海事部门积极建立健全水上交通安全的长效监管机制。一是加大渡口渡船专项整治力度,积极推行区域、流域资源共建共享的管理模式,开展区域联动执法,健全区域监管协调互动机制,建立管理手段配套、布局合理、技术先进的监管资源保障体系,努力营造良好的水上安全环境。二是对粤东沿海航路进行总体规划,推行船舶定线制,推广应用航标同步闪等高新技术,打造粤东"水上高速公路",促使粤东水运发展驶上快车道。三是完善水上搜救、溢油等应急反应机制,成立粤东水上应急指挥中心,力争到"十一五"末建成500吨级汕头溢油应急反应中心。

三、提高水上交通服务水平和能力,促进粤东水路口岸畅通高效

作为口岸查验单位之一,广东海事部门优化通关环境,努力提供优质海事服务。积极推进粤东海事电子政务平台建设,努力营造"高效、快捷、文明、便利"的通关环境;建立船舶安全检查"白名单",实行诚信管理,对一些管理比较规范,船舶技术状况好的船舶实行免检,加快船舶通关速度;开通海上"绿色通道",确保粤东地区电煤水路运输安全、便捷,为粤东投资环境的改善发挥海事部门应有的作用。充分利用广东海事局"十五"期间形成的粤港澳海事合作交流机制,加强粤东海事部门与港澳海事部门的交流,学习港澳先进服务理念和管理机制,实现由传统粗放式管理向充分依靠科技手段的科学化、信息化管理转变。

四、加大投入,全力推进粤东海事建设

海事建设是粤东大交通建设的重要组成部分,是粤东经济社会发展的基础条件之一。"十一五"期间,广东海事部门将规划在粤东地区建设水上安全公共设施重点项目30项,预计投入4.8亿元。重点建设粤东水上交通指挥中心(VTS)和水上安全通信系统,完善沿海船舶自动识别系统(AIS)和粤东沿海航路的航标建设;加强配套设施建设,建设2个内河监管点、4个海港监管点和1个海区监管基地,在重要港口、航段、桥梁加装电视监控系统(CCTV);研究配置适应粤东水域要求的抗风等级高、航速快、多功能的巡逻船,加快建设南澳及石碑山海巡直升机停降点。同时,对粤东海事人力资源进行有效整合,加大粤东与珠三角海事人才双向交流力度,有计划地从珠三角地区各海事局选派一些优秀干部到粤东任职,进一步充实粤东地区的海事监管力量。(广东海事局信息,《交通情况与交流》采用)

例6-54:

山东省枣庄市交通部门在治理车辆超限超载工作中加强源头管理取得显著成效

山东省枣庄市地处苏、鲁两省交界,是华东地区重要的能源、建材和煤化工基地,年公路货运量达1亿多吨。2004年前,枣庄市一度成为车辆超限超载的"重灾区"和"源头地",每年因车辆超限超载对公路造成的直接经济损失高达××亿元,既造成道路交通安全事故频发,也扰乱了公路运输市场秩序。

近年来,枣庄市投入大量人力、物力加大路面检查力度,交通、公安等有关部门加强协作,密切配合,形成了治理车辆超限超载的高压态势。仅2006年,全市累计出动检查人员5.1万人次,查处超限超载车辆×.×万辆次,卸载分流货物××万吨。由于车辆超限超载产生的根源比较复杂,依靠路面查处只能治标,不能治本。在长期治理车辆超限超载工作实践中,枣庄市交通部门通过实践、探索,把道路货运市场管理与治超有机结合,从源头控制车辆超限超载,取得明显成效。截至目前,枣庄市已在山东省交通厅公布的20万吨以上的50个大宗货源点全部实现了现场派

驻。主要做法是:

一、寓管理于服务,解决"进得去"的问题

在实施源头管理工作中,首先要解决交通管理部门能够进入货源比较集中的工矿企业。枣庄市交通局牢固树立"管理就是服务"的理念,结合实际为企业搞好服务。一是在源头管理过程中,管理人员通过现场监管,组织协调运力,为企业经营创造良好环境。如2004年12月,滕州市郭庄煤矿出现大量煤炭积压,源头管理机构迅速组织协调50余辆货车,集中1个星期,将2万多吨煤炭及时运出,为企业解了燃眉之急。二是对已经实施派驻的企业,充分发挥"大交通"的优势,协调好公路、水路等运输企业与生产企业的关系,着力解决运输过程中存在的实际困难,为企业降低成本、增加效益提供服务。三是对进驻难度较大的企业,加强沟通协调,宣讲政策,争取理解和支持。自2005年以来,枣庄市交通局采取"请进来、走出去"的办法,先后与榴园水泥、安厦水泥、十里泉发电厂和丰源煤电等20余家生产规模大、产品运量大、社会影响大的重点企业沟通,征求意见,达成共识,进一步明确服务方向,拓展服务空间,确保源头管理工作的顺利开展。交通部门的有效工作,赢得了厂矿企业的信任与支持,也积极配合公路执法工作,并在车辆进出、装载、过磅等环节给予了大力支持。山东海化煤焦化工有限公司对场内装车规定了最高限量,划定了红线标识,并安装了电子监控仪。枣矿集团先后5次致信枣庄市交通局,赞扬源头管理工作为创建"平安矿区"、打造"和谐枣庄"作出了积极贡献。

二、创新工作机制,解决"驻得下"的问题

源头管理工作全面推开后,枣庄市交通局建立健全了一套科学、规范的工作机制,确保了现场管理机构的高效运转。一是建立"两个机制",形成执法联动的工作格局。第一,内部协作机制。现场管理机构对发现的无证经营、偷漏规费车辆,及时抄告稽查机构;稽查机构对经源头管理机构查验合格的车辆,免查放行,对超限超载明显,特别是由于现场管理人员把关不严造成超限超载的车辆,及时抄告市交通局纪检监察部门,依照有关规定追究现场管理机构及有关人员的责任,并将处理结果上报市交通局纪委备案。第二,社会联动机制。与公安部门联合下发了《关于配合搞好超限超载源头管理工作的通知》,将联合执法向源头管理工作延伸,对实施源头管理的车辆,公安交警在路检路查时,简化手续,优先放行,同时帮助交通部门维护装运现场和周边区域的治安环境,保障道路运输安全畅通,使厂矿企业和运输业户切实体会到源头管理带来的高效便捷。二是把好"四个关口"。第一关是运输资质关,要求无牌无证车辆、非法改装车辆和超限车辆不准进矿;第二关是货物装载关,按照国家有关车辆超限超载认定标准,明确专人监控车辆装载;第三关是车辆过磅关,超载车辆一律下磅卸货;第四关是车辆出场关,不符合装载要求的车辆,严禁出货物堆场。三是不断提高源头管理的科技含量。投资140多万元,开发了"全市道路货运源头管理系统",将运政、稽查、征收和从业人员等信息系统的数据进行整合,增加了对外信息查询、对内业务管理两项功能。组织全市60余名派驻现场管理人员进行培训,进一步提高管理人员的业务水平,确保监管服务到位。

三、保障各方利益,解决"管得好"的问题

一是保障了厂矿企业的利益。过去,厂矿企业在运输方面最难解决的问题是:现场强装抢运,秩序混乱;"货霸"垄断经营,协调运价难;运行效率低下,货损货差严重;运输业户零散,运力不能保证。实施源头管理后,现场管理机构把零散的运输业户组织起来,每季度召开一次由矿方、货主、业户代表参加的联席会议,共同协商合理的运输价格,协助处理商务纠纷,及时解决运输中出现的问题,企业只需负责生产经营,既保障了货畅其流,又促进了企业发展。二是保护了运输业户的利益。一方面采取措施,先后取缔无牌无证货车2719辆次,恢复外挂车辆1462辆,为运输业户营造了公平竞争的市场环境;遏制了车辆超限超载,仅在装运现场即恢复"大吨小标"车辆512辆次,查处擅自改装车辆(包括擅自加高板货车)3224辆次,卸载货物15000余吨,全市车辆超限超载率由原来的80%下降到5%以下;另一方面提高了车辆通行效率,过去为逃避检查,超限超载车辆往往昼伏夜出,现在市内短途运输一天能跑两趟,促使运价合理回升,运输业户不超限超载也能获取较高的收益。三是保障了货主的利益。过去,在运输过程中经常出现掺杂使假、以次充好、转手倒卖等现象,既损害了生产企业的信誉,也影响了货主的利益。实施源头管理后,现场管理机构通过组织开展文明运输业户创建活动,大力倡导诚信经营、责任运输,并积极调解、公正处理运输纠纷和运输质量投诉,保障了货主的合法权益。四是保障了社会公众的利益。通过源头管理,规范了装载行为,防止了货物的抛洒、脱落,保护了自然环境,消除了安全隐患,减少了道路交通事故的发生,保障了人民群众的生命财产安全。五是得到了各级政府的肯定。通过源头管理,充分发挥交通部门的监管优势,堵塞税费征收的漏洞,税费收入大幅提高,促进了地方经济发展;加强了宏观调控,优化了运输结构,促进道路运输业的健康有序发展,截至目前,枣庄市符合国家标准的重型车和厢式车已分别达5755辆和3891辆,在货车中所占比重逐年提高;广大运输业户自觉文明守法经营,营造了和谐的运输环境,促进了平安建设,维护了社会稳定。(山东省交通厅信息,《交通情况与交流》采用)

● 互联网信息

此类信息在摘编时不必全文摘抄,只是将主要内容进行缩编。

例6-55:

网称北方港口间竞争日益白热化

人民网称:环渤海各港口之间的竞争日益白热化。专家指出,各港口之间应该加强合作。

天津市港务局局长×××说,环渤海地区各港口大多采取“远交近攻”的策略,如不少北方港口与南方的深圳港都有内贸线路的合作,但与本区域内港口合作很少,竞争更多。环渤海港口竞争最激烈的就是“龙首之争”,天津、青岛、大连之间“北方航运中心”之争已成老话题。

2006年12月8日,青岛港联手威海港合资经营的青威集装箱码头项目正式启动。业内人士认为,山东两大海港实施港口共赢战略,目标直指国际性航运中心，希望能成为未来环渤海港口群的“龙头”。天津、大连等港口也规划了大笔投资。天津港最新规划表述为“国际化深水大港、东北亚地区国际集装箱主枢纽港和中国北方最大的散货主干港”。辽宁省政府近来已将全力推进大连东北亚国际航运中心建设确定为该省对外开放的首要举措。随着秦皇岛港综合实力稳步提升，曹妃甸港区规划建设异军突进，港口之间的博弈已日渐白热化。

环渤海港口投资热浪不减，但投资均在各自港口的框架内进行，相形之下，天津、大连、青岛、秦皇岛四大港口之间的合纵连横微不足道。尽管繁荣的港口经济一方面拉动了当地经济的发展，但另一方面必然加剧港口之间的激烈竞争，影响港口本身经济效益的提高。换一种说法，环渤海各港口目前未能进行有效协作，难以实现优势互补，不能发挥区域整体优势。

在专家看来，环渤海港口目前的状况并不足取。在一个国家内搞一个东北亚航运中心是好事，但要在一个海区内搞同样性质的航运中心，是存在问题的。环渤海港口经济的重中之重是港口之间建立协调机制和共赢、服务的观点，合理分工，推动整个环渤海经济区发展，发挥港口群体优势，使整个环渤海成为中国的国际航运中心。(《互联网交通信息》采用)

第七章 优秀案例60例

交通政务信息的内容涉及交通工作各个方面,类型多种多样,不同类型的政务信息在编写方法上虽有差异,但是一篇好的政务信息应当具有以下特点:

(1)选题针对性强;

(2)报送及时;

(3)标题醒目;

(4)特点突出;

(5)结构合理;

(6)要素齐全;

(7)语言规范;

(8)篇幅适当;

(9)数据准确。

本章将通过案例评析对此进行说明。

● 选题针对性强

交通政务信息应该围绕交通行业的中心工作,集中体现一个地区或一个部门在某一个时期工作最重要、最有价值的方面,因此首先要注意加强选题的针对性。

例7-1:

江苏省交通厅召开专题会议
迅速传达贯彻全国交通工作会议精神

1月4日上午,江苏省交通厅召开由厅领导、厅机关各处室、重点工程指挥部等单位主要负责人参加的专题会议。会上，×××厅长传达了李盛霖部长在全国交通工作会议上的讲话精神，并就贯彻落实会议精神，提出五点意见：

一是把深入学习贯彻全国交通工作会议精神作为当前的一项重要任务。全国交通工作会议对交通工作具有重要的指导意义，进一步明确了“三个服务”的职能定位，各单位要继续组织专题学习，切实把思想和行动统一到党中央、国务院对当前经济形势的科学判断上来，统一到交通部“努力做好三个服务、推进交通事业又好又快发展”的最新要求上来。

二是认真谋划2007年交通工作的目标、思路和措施。要求各单位围绕国家和部重要部署精神，从交通工作实际出发，在深入开展调查研究的基础上，正确分析江苏交通发展面临的新形势、新任务、新要求，进一步明确2007年交通工作目标，理清工作思路，把握发展方向，研究关键举措。

三是立足抓紧抓早，实现新年工作的良好开局。要求各单位保持紧张有序工作节奏，各项工作立足于抓紧抓早，做到早谋划、早安排、早布置、早实施，争取工作的主动权，为确保2007年各项工作顺利推进打下良好基础。

四是突出重点，加快推进交通重点工程建设。各级各单位要从年初起就要抓好重点项目推进，继续做好在建重点工程建设管理，确保进度；下大力气抓好项目前期工作，努力解决“开工难”的突出问题，创造条件确保重点项目及时开工建设，并尽最大可能做好项目储备，保持江苏交通在全国的领先地位。

五是做好春节前后有关工作。要全力组织好春运工作，全面落实安全监管措施，确保春运安全、有序、高效；要关心交通部门困难职工的生活，组织好各种形式的送温暖活动，积极帮助困难职工解决燃眉之急；认真做好年度总结和述职述廉工作，切实抓好节日期间党风廉政建设和交通部门的和谐稳定工作，充分展示江苏交通的良好作风和为民务实清廉形象；要做好节日期间值班和信息报送工作，确保政令畅通，一旦发生重大突发公共事件，要及时启动应急预案，快速反应，积极应对，妥善处置。（江苏省交通厅信息，《每日快报》采用）

〈评析〉：

该信息紧紧围绕交通行业中心工作，有助于部领导及时了解交通系统贯彻落实部重要会议精神和重大工作部署的情况。

例 7-2：

浙江省交通部门认真贯彻全国农村公路工作会议精神 采取六项举措推进农村公路建设

浙江省交通厅认真贯彻落实全国农村公路工作会议精神，决定从六个方面推进农村交通发展，切实提高交通服务社会主义新农村建设的水平。一是继续加快建设，今年全省计划新改建农村公路 11000 公里，使等级公路通村率达到 93%，路面硬化率达到 86%。二是坚持量力而行、突出重点，试点先行、先建后拨的基本原则，在抓好试点的基础上，有计划、有条件地建设一批乡镇与乡镇、中心村与中心村之间的农村联网公路。三是大力发展农村客运，完善农村客运网络，加快农村客运站场建设，推进城乡客运一体化。加强政策研究和支持，加大对农村客运发展的政策扶持力度，继续实施对农村客运班车特别是山区农村客运班车的规费减免政策。四是以全国开展农村渡口渡船安全管理专项整治工作为契机，全面启动农村渡口改造的各项工作，确保到今年底实现全省渡口达标率 95% 以上的渡口渡船专项整治目标，加快撤渡建桥和危桥改造，初步改善水网地区、江河两岸群众的出行条件。五是加快构建快捷便利的陆岛交通体系，基本解决海岛居民出行难问题，重点建设大岛交通网络，确保全省万人以上岛屿配齐车客渡码头，千人以上岛屿继续建设第二交通码头和货运码头，千人以下码头有条件地建设部分码头，并逐步推进码头接线公路的配套建设。六是争取省政府出台《浙江省农村公路养护与管理办法》，深化我省农村公路管理与养护体制改革。进一步加大农村公路安保工程的实施力度，保障农民群众出行安全。（浙江省交通厅信息，《每日快报》采用）

〈评析〉：

同例 7-1。

例 7-3：

江苏省委书记×××、省长×××分别就加快综合运输体系建设工作作出批示

近日，江苏省委书记×××和省长×××分别就加快江苏现代综合运输体系建设作出批示。×××书记的批示是："加快现代综合运输体系建设，进一步提升交通运输保障能力和服务水平，是贯彻落实科学发展观、促进经济又好又快发展的迫切需要，是增强国际竞争力、提升经济国际化水平的战略选择，也是坚持以人为本、构建社会主义和谐社会的必然要求。全省交通战线要以科学发展观为指导，坚持'经济发展、交通先行'方针，以更前瞻的理念，更扎实的举措，加快交通能力建设，转变交通发展方式，优化运输结构，提高运输效率，努力建设符合国情省情、具有江苏特色、助推江苏发展的现代综合运输体系，为实现富民强省、加快推进'两个率先'提供有力的支撑"。×××省长的批示是："交通是国民经济的基础产业、先导产业。近年来，全省交通系统认真落实省委、省政府的决策部署，开拓创新，扎实工作，交通建设取得显著成绩，为全省经济又好又快发展提供了有力支撑。当前，我省正处于全面建设小康社会的关键时期，已进入工业化转型、城市化加速、市场化完善和经济国际化提升的发展阶段。希望你们深入贯彻落实科学发展观，坚持着眼长远、统筹规划、突出重点、配套完善的原则，优化大交通布局，加强交通基础设施建设，推进水运、铁路、航空、公路和管道等多种运输方式协调发展，又好又快地构建安全、便捷、通畅、高效的现代综合运输体系，为'全面达小康、建设新江苏'作出新的更大贡献。"（江苏省交通厅信息，《每日快报》采用）

〈评析〉：

该信息反映了江苏省委、省政府领导对加快综合运输体系建设的高度重视，有利于交通部了解地方党委政府关于推进交通事业发展的工作思路。

例 7-4：

四川省交通厅迅速贯彻落实李盛霖部长视察四川省南充市时的指示精神

李盛霖部长 7 月 24－25 日视察四川省南充市公路水毁灾情时，作出了及时恢复重建“两路一桥”被洪水冲毁路段，并科学设计、科学施工，确保恢复重建工程快速度、高质量完成的指示，四川省交通厅高度重视，要求南充市交通部门：一是落实专业队伍，让在“两路一桥”施工中善打硬仗的施工队伍担任突击队；二是与地质勘探、规划设计、气象等部门联系，依据当地气候规律、地质构造等因素，进行科学设计、科学施工；三是监督到位，严把工程质量关；四是加快施工进度，确保公路水毁路段先抢通，再保畅，尽快解决人民群众通行问题。（四川省交通厅信息，《每日快报》采用）

〈评析〉：

该信息选题抓住当地交通部门采取的恢复重建被毁公路的具体措施，及时反映了贯彻落实部领导有关指示精神的情况。

例 7-5：

甘肃省政府原则同意《甘肃省农村公路管理养护体制改革实施意见》

近日，甘肃省政府召开省长办公会议，专题研究并原则同意省交通厅提交的《甘肃省农村公路管理养护体制改革实施意见》。会议要求有关部门按照国务院及交通部、国家发展改革委关于农村公路管理养护体制改革的要求，结合甘肃省实际，加快推进农村公路管理养护体制改革进程。一是用三年时间建立以县市区为主的农村公路管理养护体制，2007 年在全省市州确定示范试点县，2008 年扩大到全省 1/3 以上的县，2009 年要全面实施。二是增加农村公路管理养护资金投入，在 2003 年税费改革时省财政每年转移支付中安排乡村道路修建维护资金的基础上，从

2008年开始省财政资金补助不低于500万元,并逐年增加,三年达到1000万元;全省市县两级财政每年自筹资金总额不低于5000万元。三是结合事业单位机构改革,对各市州、县市区交通局及所属县乡公路管理站的人员进行核定,定编定员定岗定职责。(甘肃省交通厅信息,《每日快报》采用)

〈评析〉:

该信息选题抓住当地政府推进农村公路管理养护体制改革的部署及具体措施,反映了当地政府及交通部门贯彻落实国务院及部关于加快农村公路管理养护体制改革要求的情况。

例7-6:

安徽省在巢湖举行大规模水上搜救演习

10月22日上午,安徽省交通厅联合巢湖市人民政府共同举办了"安徽省2007年巢湖水上搜救演习",这是建国以来安徽省组织开展的最大规模的水上搜救演习。安徽省副省长×××现场观摩了演习。安徽省交通、海事、渔政、公安、卫生等行业12个单位的25艘船艇、300余人参加了演习。

演习以"关注航行安全,共创平安巢湖;加强应急建设,构建和谐水运"为主题,综合演练了事故报警与应急响应、遇险人员疏散转移、船舶消防与拖离、水上搜救、伤员应急处置等。通过演习,检验了《安徽省水上交通突发公共事件应急预案》的实用性和全省水上应急救援能力,积累了水上人命救助、船舶消防方面的实战经验,提高了全省水上应急搜救的组织、协调和指挥水平,进一步完善了多部门水上联合应急救援机制,促进了安徽省水上应急能力建设。(安徽省交通厅信息,《每日快报》采用)

〈评析〉:

该信息选题符合国家大力加强应急工作的形势需要,反映了当地交通部门在加强应急工作方面的重要举措。

例 7-7：

湖南及早部署春运期间农民工返乡运输

1 月 16 日，湖南省交通安全生产暨春运工作会议在长沙召开。会议强调，要把组织农民工有序流动切实抓紧抓好，帮助农民工平安顺利返乡。一是积极与各地工会、铁路、劳动部门联系和配合，摸清农民工的流量、流向、流时及高峰期运量情况，做好各项疏运准备工作；二是合理调整班次，妥善安排运力，搞好与广东等省市运管部门的协调工作，指导运输企业有计划地组织包车或增开加班车，确保农民工及时、平安返乡；三是搞好与火车站、港口的衔接，做好农民工中转疏运工作，港航部门要安排充足运力和增加航次，及时疏运农民工，防止出现压港现象。（湖南省交通厅信息，《每日快报》采用）

〈评析〉：

该信息选题针对重要时期重点运输对象，及时反映了地方交通部门保障春运期间农民工顺利返乡的主要措施。

例 7-8：

河南省交通厅部署“十一”黄金周和党的十七大期间全省高速公路安全保通工作

为迎接“十一”和党的十七大胜利召开，河南省交通厅积极采取措施做好全省高速公路各项运营管理工作，确保安全畅通。一是要求各管理单位进一步提高认识，切实加强领导，成立由行政一把手任组长的工作领导小组，完善应急预案，保证调度指挥体系通畅和人员、设备、物资到位，随时应对各种突发情况；强化对各项工作的监督检查，重点抓好交通安全保障，保证所辖路段的安全畅通。二是加大养护巡查和管理力度，对坑槽、沉陷等影响行车安全的病害及时组织抢修，并加强对重要桥梁和路段的观测，做好预案处置。从 2007 年 9 月 30 日至 10 月 8 日和党的十七大召开期间，除高速公路日常保养和部分高速公路改扩建和交接施工外，暂停一切施工。三是进一步加强与高速交警的协调配合,加大路面监控力度和联合巡逻密度,针对事故易发路段,组织专业快速抢险施救队伍,提高交通事故和突发事件的处置能力,缩短事故现场处理时间。四是大力改善各基层窗口单位外部形象,重点加强对所辖服务区的管理力度,加强对周边环境的治理,全省各高速公路收费站的所有上下行车道必须24小时开启,并保证收费设备、车道信号良好。五是严格禁止超限超载车辆及运输易燃易爆等危险品的车辆行驶高速公路,进一步加强对恶劣天气和突发事件的应急处置,及时、准确、真实地报送路况信息。六是严格实行24小时值班和领导带班制度,并设立投诉电话向社会公布。对瞒报、漏报、迟报有关信息的,或因管理不到位造成事故或交通堵塞的,将严肃追究相关人员责任。(**河南省交通厅信息,《每日快报》采用**)

〈评析〉:

该信息选题针对"十一"黄金周和党的十七大召开这一重要时段,及时反映了当地交通主管部门在重点时段确保交通畅通和加强安全工作的部署和要求。

例7-9:

交通部东海救助局严密部署防抗台风"韦帕"

根据中央气象台报告,今年第13号热带风暴"韦帕"已于9月17日凌晨加强为台风,预计19日在浙江沿海一带登陆。交通部东海救助局为此专门组织召开防抗台风会议,部署具体措施:一是各单位要按照"早准备、早检查、早布置、早落实"的原则落实好各项防范措施。二是各救助船艇要按照有关船舶防台规则的要求,对船上设备进行全面检查,对水密门窗,各类移动设施、设备等进行绑扎加固,确保船舶各项设备处于良好状态。三是各救助基地要在台风来临之前,根据以往台风影响可能带来强降雨引发严重地质、洪涝灾害,造成生命和财产重大损失等情况,对所属码头及附属设施、陆域坡岸和建筑物等进行全面检查,发现问题隐患及时整改并上报。基地应急小分队从明天起进入全时全员值班待命,并确保各类应急抢险设备物资完好可用。四是各单位要加强救助值班,保持通信畅通,利用一切有效手段密切关注台风动态。各待命船舶要加强锚泊值班,各救助基地要有一名基地领导在岗带班。五是各单位要保持高度警惕,做好随时开展应急抢险救助准备,在接到遇险信息和抢险救助指令后要立即报告,实施快速有效救助。(东海救助局信息,《每日快报》采用)

〈评析〉:

该信息选题针对可能影响水上交通安全的极端恶劣天气,及时反映了救助部门积极采取应急措施的情况。

例 7-10:

广东省建立"船员工作站"服务社会船员

近日,由广东海事局与广东省人才服务中心共同建立的"船员工作站"(广东省人才服务中心船员工作站)正式投入运行。"船员工作站"是为解决社会船员的人事档案、社会保险、人才租赁等难题,由广东海事局船员管理中心与广东省人才服务中心于2007年5月31日共同建立的服务平台。该平台能为社会船员提供船员人事代理、船员培训组织、就业指导、就业推荐、技术咨询、跟踪管理等服务;能为广东海事局引进船员,满足内部船员需求,解决船员储备等问题;能加强对社会流动船员服务和跟踪,规范辖区船员的管理、促进水上交通安全。"船员工作站"对加强辖区船员培训、促进船员就业,以及船员劳务输出均具有重要意义。(广东海事局信息,《每日快报》采用)

〈评析〉:

该信息选题反映了海事部门服务社会船员的新举措,体现了服务、创新的工作理念。

例 7-11:

山西交通部门投资××万元更新低质量运输船舶

从2005年5月开始,山西省交通部门在全省范围内开展了低质量船舶专项治理活动。截至2006年12月底，经过排查确定由交通海事部门监管的低质量运输船舶有108艘，经过整治取缔和停航了101艘，剩余7艘由于涉及老百姓的切身利益和缺乏资金等原因，未能得到根本的治理。

山西省交通厅对此非常重视，日前，省、市两级交通部门决定各筹集××万元共计××万元对7艘低质量运输船舶进行彻底更新，多年困扰山西水运安全的低质量运输船舶问题将得到彻底解决。（山西省交通厅信息，《每日快报》采用）

〈评析〉：

该信息选题紧密结合低质量船舶专项整治活动，反映了当地交通部门认真开展整治活动的情况和成果。

例7-12：

山东公路部门加强“绿色通道”管理 确保鲜活农产品高效运输

针对近期全国猪肉等鲜活农产品价格持续走高、供应紧张的情况，为保证鲜活农产品供应充足，山东公路部门加强“绿色通道”管理养护，确保禽肉、蔬菜等鲜活农产品高效运输。一是规范执法程序，对没有明显违反法规的鲜活农产品运输车辆不随意拦车检查，对符合运输鲜活农产品条件的运输车辆，各收费站实行快速查验、优先通行。二是严格按照交通部《鲜活农产品流通“绿色通道”标识设置暂行技术要求》，切实做好“绿色通道”标识设置工作。对境内“绿色通道”的各类标志进行了维护、更新，新增各类标志标牌200余块。三是针对近期降雨较多的实际，加大“绿色通道”降雨期间及雨后养护巡查密度，保证“绿色通道”畅通。（山东省交通厅信息，《每日快报》采用）

〈评析〉：

该信息选题紧密结合全国农产品价格上涨的热点问题，及时反映了当地交通部门为保障鲜活农产品供应充足所采取的交通保障措施。

例 7-13：

广东省桥梁安全隐患排查工作基本结束
省交通厅提出 6 点要求抓好整改

按照交通部关于开展以桥梁为重点的交通基础设施安全隐患排查整治活动的要求，广东省交通厅从今年 7 月起，集中用 2 个月时间，通过各市自查，省交通厅督查，交通部检查和省际互查等方式，排查全省 3.6 万余座公路桥梁安全隐患。排查工作已基本结束。针对排查出来的问题，省交通厅提出 6 点要求：

一是明确责任，分类处理。对排查出来的四、五类桥梁，各责任主体要制定落实具体的交通管制方案及应急预案。其中，对 127 座五类桥梁，要落实改造计划和资金，在 2008 年底之前改造完毕；对 379 座四类桥梁，要按先急后缓的原则逐年安排加固改造计划，加强日常检查和监测，确保运行安全；对 904 座暂未确定技术状况的桥梁，要在 11 月 30 日前按照《公路桥涵养护技术规范》进行评定，确定技术等级，并及时采取相应措施，确保桥梁安全。

二是完善公路桥梁航标设置。各项目业主负责落实公路桥梁的航标设置工作，对未设航标的桥梁，各责任主体要认真组织核查，并于 2008 年 3 月 31 日前完成航标设置工作，确保汛期通航安全。

三是加强桥梁水下检测。按照“先重点，后一般，先干线，后支线”的原则，分轻重缓急，优先考虑交通量（通航量）大，水流冲刷较为严重的跨大江、大河的桥梁，落实检测计划，发现问题，及时采取措施，消除隐患。

四是尽快完善国、省、县道（含高速公路）的桥梁管理系统。逐步向高速公路等经营性收费公路桥梁和农村公路桥梁推广应用，以建立涵盖全省国、省、县道（含高速公路）和农村公路的桥梁管理系统。

五是开展隐患调查摸底。各市交通局（委）、公路局要在 11 月 10 日前对由于公路改线或改建原因，部分旧路上的废弃桥梁依然使用而形成安全隐患进行调查摸底，并汇总报省公路局，由省公路局汇总分析全省情况，提出相应解决方案报省交通厅，在省交通厅整体解决方案出台之前，仍由原责任主体负责监管。

六是进一步完善制度。省公路局要在2008年2月底前制定完成《广东省公路桥梁养护管理工作制度实施细则》等有关制度,进一步明确包括高速公路在内的全省公路、桥梁的管养单位和监管单位及其责任划分,分清责任,统一管理。(广东省交通厅信息,《每日快报》采用)

〈评析〉:

该信息选题紧密结合全国以桥梁为重点的交通基础设施安全隐患排查整治活动,及时反映了当地交通部门认真开展整治活动的阶段性情况和下一步部署。

例7-14:

宁波市出台《关于加快交通发展的若干意见》推进现代化立体综合交通网络体系建设

9月27日上午,宁波市市长×××主持召开市政府第12次常务会议,审议并通过了《关于加快交通发展的若干意见》(以下简称《意见》)。《意见》提出了今后一个时期宁波市交通发展的20字方针,即“优化网络、构建枢纽、提升功能、支撑发展、服务民生”。近期目标到2011年基本建成长三角南翼综合交通枢纽,彻底改变宁波交通末端地位;远期目标到2020年,形成以港口为龙头、城市为中心,公路、铁路、水路、航空、管道等多种运输方式协调发展的立体综合交通运输网络,率先实现交通现代化。《意见》强调要加大政策支持,提供交通发展保障。

宁波市政府指出:今后一个时期是宁波全面建设小康社会、提前基本实现现代化的关键时期,迫切需要进一步强化港口功能、提高交通网络化程度,迫切需要加快交通发展,建设现代化立体综合交通网络体系。强调要加快建设现代化立体综合交通体系,必须完善规划,优化交通网络,创新方式,努力做到“零换乘”、“零装卸”,减少运输环节。必须合理配置交通资源,打通各种运输工具的对接管道。必须客货分流,形成便捷、通畅、高效、安全的现代化城市立体交通体系。(宁波市交通局信息,《每日快

报》采用)

〈评析〉:

该信息选题及时反映了地方政府对当地交通发展的指导意见。

例 7-15:

陕西高速集团成功发行 5 亿元企业债券

近日,经国家发展改革委批准,陕西高速集团 5 亿元企业债券正式面向境内机构投资者发售。本次发行的企业债券期限为 10 年,票面固定利率为 5.7%,比同期银行贷款利率低 2.13 个百分点。建行陕西省分行为债券本息提供无条件不可撤销担保。

本次发行由中国银河证券作为主承销商,与其他 4 家国内知名证券投资机构组成承销团实行余额包销。截至 10 月 24 日,陕西高速集团已收到承销机构划转的 5 亿元债券资金,成为西北地区首家成功发行债券的交通企业。(陕西省交通厅信息,《每日快报》采用)

〈评析〉:

该信息选题反映了交通企业融资的重要途径。

● 报送时效性强

时效性是政务信息的生命,及时上报信息对于上级部门在第一时间掌握情况、正确判断形势、采取有效措施具有重要意义。

例 7-16:

东北及内蒙古地区雪阻公路基本抢通 春运工作恢复正常

近日,东北及内蒙古地区受暴雪影响,造成大部分公路交通中断。灾情发生后,交通部门加大公路除雪抢通力度,保证雪阻公路尽快恢复畅通。截至3月9日,除个别偏远路段外,吉林、辽宁、黑龙江省及内蒙古地区高速公路、国省道和普通干线公路积雪已基本清除,公路保持畅通。除少部分农村客运线路因路况较差尚未开通外,四省(区)95%以上的公路客运班线已恢复运行。各港口和航运企业旅客运输正常,春运工作已全面恢复。

根据气象部门预报,未来几天内东北局部地区将再次降温并有中到大雪。交通部已作出紧急部署,要求各级交通部门切实落实各项防范措施,提前做好应对工作,尽量减少恶劣天气对交通运输生产的影响。(2007年3月9日《交通部专报信息》采用)

〈评析〉:

该信息选题针对影响交通的突发恶劣天气,迅速综合整理相关地区交通部门采取应急措施的情况以及抢险工作最新进展,并及时向部领导和上级部门报送,有利于决策部门第一时间了解灾情和处置情况,科学部署抢险救灾工作。

例7-17:

"9·15"事故中德联合调查工作9月27日正式开始

9月15日,德国籍"HANJIN GOTHENBURG"轮与巴拿马籍"CHANG TONG"轮在渤海海峡发生碰撞事故,引起交通部和山东省政府领导高度重视。鉴于事故当事船舶分属德国、巴拿马籍,根据国际海事组织A849(20)决议,交通部海事局将事故情况向德国和巴拿马海事当局进行了通报。9月22日,德国联邦海难调查局海事调查人员一行两人抵达烟台。24日上午,"9·15"事故调查组与德方海事调查人员就此次联合调查的开展形式、日程安排等调查协作有关问题进行了协商,基本达成一致意见。由于25日巴拿马方面明确表示不参加本次事故调查工作,中、德双方议定"9·15"事故联合调查工作自9月27日正式开始。(山东海事局9月27日报送,《每日快报》采用)

〈评析〉:

该信息选题围绕部领导关注的热点问题,当天上报事故调查处理工作阶段性进展,使部领导及时了解相关情况。

例 7-18:

广州白鹤洞渡口发生一起渡船与砂船相撞事故

11 月 23 日 9 时 30 分左右,在广州鹤洞大桥上游 50 米附近水域,"穗轮 218"渡船与"南歧机 123"砂船相撞,渡船上 34 人(31 名乘客、3 名船员)落水。事故发生后,海事部门立即启动紧急预案实施救援,目前已救起 25 人,其他落水人员正在组织搜救。事故原因正在调查中。(广东省交通厅 11 月 23 日报送,《每日快报》采用)

〈评析〉:

该信息选题于突发事件发生的当日上报,有利于上级部门及时了解事故及抢险救援进展情况。

例 7-19:

贵州省都匀至新寨高速公路发生塌方造成交通阻断

2007 年 10 月 15 日 18 时 40 分左右,210 国道贵州省都(匀)新(寨)高速公路改扩建工程项目 K172 + 150 − 290 段左侧边坡发生大面积塌方,塌方量约 6 万立方米,造成改造路段交通全部阻断,无人员伤亡。事发后,贵州省交通厅、高管局、高速公路开发总公司、都新公路总监办等有关部门负责人立即赶到现场,成立了应急抢险小组,利用墨冲收费站及独山收费站对过往车辆进行了分流,对不能通行 210 国道的长大挂车免费发放食物和水。现场清理工作于 15 日 23 时开始,预计本周内可恢复通车。(贵州省交通厅 2007 年 10 月 16 日报送,《每日快报》采用)

〈评析〉:

该信息选题于突发事件发生的次日上报,有利于上级部门及时了解事故及抢险救援进展情况。

例 7-20：

昆曼国际大通道思茅至小勐养路段将于 4 月 6 日建成通车

昆曼国际公路云南思茅至小勐养高速公路将于 4 月 6 日提前建成通车。思小高速公路全长 97.7 公里，全程双向 4 车道，计算行车速度 60 公里/小时，概算总投资×××亿元，于 2003 年 6 月 20 日正式开工建设。思小高速公路是我国第一条穿越国家级热带雨林自然保护区的高速公路，全线有 1/3 路段穿越西双版纳热带雨林保护区。为有效保护沿线生态环境，建设者们坚持"保护、恢复"并重的原则，最大限度保护生态环境，以"最小植被损坏、最大限度保护生态、最快恢复生态"为目标，把思小高速公路建成了一条集热带雨林风光、乡土文化、人文元素和现代科技于一体的高速公路。

昆曼国际公路全长 1818 公里，中国境内的 688 公里高等级公路预计于 2007 年底前全部建成高速公路和二级以上的高等级公路。（云南省交通厅 4 月 5 日报送，《交通部专报信息》采用）

〈评析〉：

对于已列入工作计划的重要事件，可以根据工作计划提前编报信息，并于事件发生当日再次确认，以保证信息的时效性和准确性。

● 标题完整醒目

政务信息的标题是信息接收者最先接触的部分，对准确了解信息内容起到至关重要的作用。信息标题应该具备以下特点：第一，简明扼要，准确概括信息的主要内容；第二，句子结构完整，没有语法错误；第三，避免使用不恰当的修辞方法。

例 7-21：

标题：《山东省交通系统认真贯彻全国治超工作电视电话会议精

神　突出抓好“五个长效机制”建设》

〈评析〉:

该标题完整规范,且准确、简练地概括了信息的主要内容。

例 7-22:

标题:《内蒙古自治区 12 个盟市均已成立地方海事局》

〈评析〉:

同例 7-21。

例 7-23:

标题:《截至目前福建沿海与台湾金、马海上直航客流量已突破去年全年客流总量》

〈评析〉:

同例 7-21。

例 7-24:

标题:《燃油供应不足严重影响云南省在建重点公路项目》

〈评析〉:

同例 7-21。

例 7-25:

标题:《广东省桥梁安全隐患排查工作转入危桥改造阶段》

〈评析〉:

同例 7-21。

例 7-26:

标题:《新疆第二条沙漠公路阿拉尔至和田公路建成通车》

〈评析〉:

同例 7-21。

例 7-27：

标题:《受美元贬值及原油价格过快上涨影响 国际散货运价再创历史新高》

〈评析〉：

同例 7-21。

例 7-28：

标题:《长航局全力抓好长江中游通航保障工作》

〈评析〉：

同例 7-21。

例 7-29：

标题:《国家重点工程广西右江那吉航运枢纽工程 10 月 30 日正式通航》

〈评析〉：

同例 7-21。

例 7-30：

标题:《北京市交通委积极推动交通公共场所双语标识规范工作》

〈评析〉：

同例 7-21。

例 7-31：

标题:《重庆市提前完成高速公路年度建设投资计划》

〈评析〉：

同例 7-21。

例 7-32：

标题:《救捞系统圆满完成党的十七大期间水上安全保障任务》

〈评析〉:

同例7-21。

例7-33:

标题:《河北海事局全面贯彻实施新〈船舶签证管理规则〉》

〈评析〉:

同例7-21。

例7-34:

标题:《交通部北海救助局成功举行海上搜救消防演习》

〈评析〉:

同例7-21。

例7-35:

标题:《中远集团成功签约空客320系列飞机天津总装线物流服务项目》

〈评析〉:

同例7-21。

例7-36:

标题:《部公路院负责起草的交通行业标准〈汽车节油产品使用技术条件〉发布并实施》

〈评析〉:

同例7-21。

例7-37:

标题:《中国交通通信中心为国务院领导慰问国家海洋局南极科考队提供通信保障》

〈评析〉:

同例7-21。

例 7-38：

标题：《江苏省扬州市交通局有效缓解京杭运河扬州段船舶积压问题》

〈评析〉：

同例 7-21。

● 特点突出

政务信息应该有比较鲜明的特点，避免套话、空话。

例 7-39：

广西制定《收费公路车辆通行费减免范围明细表》清除“特权车”、“人情车”

日前，广西壮族自治区监察厅、纠风办、交通厅根据部规范车辆通行费减免制度、清理“特权车”、“人情车”的政策，制定了《广西收费公路车辆通行费减免范围明细表》（以下简称《明细表》），并在各公路收费站明显位置公示。同时明确规定，除符合《明细表》规定的车辆外，任何部门和单位不得发放带有免费功能的各种牌证（卡）。对不属于减免范围的车辆，不得凭车辆行驶证、工作证等证件，以及以单位影响力或个人特殊身份要求收费站工作人员给予减免车辆通行费。10 月底前，各市监察、纠风部门和交通部门将密切配合，全面检查和清理通行辖区内收费公路的“特权车”“人情车”，并按照有关规定严肃处理冲卡的责任人及车辆，典型问题将向社会公布。（广西壮族自治区交通厅信息，《每日快报》采用）

〈评析〉：

该信息选题反映了广西交通等部门在清理“特权车”、“人情车”工作方面采取的针对性措施，没有空话套话。

例 7-40：

苏浙沪将统一交通指引标识

近日，浙江、上海和江苏三省市在南京联合发布了地域性标准“长三角地区旅游景区(点)道路交通指引标志设置规范”,统一交通指引标识,方便群众出行。目前,长三角地区的旅游景区道路交通指引标志不统一,指引标志牌所用的材料、尺寸明显不同,有些景区指引标志的字体太小,或者使用英文不规范。因此,设定统一的旅游景区交通指引标志十分必要。今年“十一”黄金周期间,有关部门已在长三角地区的16个城市进行了试点。从明年起实施的统一交通标识和景区指引标志,将对浙江、上海、江苏的主要旅游景区(点)道路交通指引标志的分类、设计、设置原则、设置范围、设置方法等作出详细规定。标志统一为棕色底白色字符,同时还体现长三角地区旅游资源的地方特色,设置了寺庙类、科普馆类、高尔夫球类、江南古镇类、山水类、农家乐类、生态湿地类七大类旅游景区(点)图形符号。另外,对具有独特资源特色的旅游景区(点)设计了个性化的图形符号,包括平面图形、立体图形及突出内容的图形等。(江苏省交通厅信息,《每日快报》采用)

〈评析〉:

该信息选题反映了苏、浙、沪三省市交通部门落实交通部“三个服务”的具体措施,对其他地区交通部门也有借鉴意义。

例7-41:

江西开展建设绿色生态公路三年行动

江西省从即日起开展建设绿色生态公路三年行动,目标是:用三年时间完成对路基边坡、取(弃)土场的绿色生态恢复,实现公路复绿目标,到2010年末,完成新增公路绿化里程13126公里,成活率达到90%以上。其中,国、省道3706公里,绿化率达到96%;县乡公路9420公里,绿化率达到51%。

江西省副省长×××对此项工作提出三点要求:一是既要抓好已建成公路红线控制区范围内的公路用地绿化,又要做好新建和改扩建公路项目沿线路基边坡、取(弃)土场的绿化恢复。二是突出保护与恢复两个环节,新建和改扩建公路项目要把环保复绿经费纳入工程总预算。三是绿化设计要从实际出发，充分考虑建设和管理成本，以功能和生态效益为主，兼顾经济和社会效益。在经费安排上，绿色生态公路建设要按类别、多渠道确保经费投入。（江西省交通厅信息，《每日快报》采用）

〈评析〉：

该信息反映内容符合建设资源节约型、环境友好型交通行业的要求，对公路绿化工作作出了比较全面的部署，特点鲜明。

例 7-42：

黑龙江省牡丹江市陆海联运大通道试运行成功 内贸货物跨境运输实现零的突破

近日，牡丹江市首批经由陆海联运大通道运往上海市的货物在上海市宝山港顺利通关。牡丹江市陆海联运大通道于今年 9 月 26 日投入试运行，首批货物 9 月 30 日从绥芬河口岸出境，10 月 9 日在俄罗斯海参崴启运，10 月 15 日顺利抵达上海市宝山港。牡丹江市陆海联运大通道试运行成功，标志着我国内贸货物跨境运输实现了零的突破。在陆海联运大通道开通初期，地方政府和交通主管部门将加快基地建设，帮助企业解决难题，进一步拓宽业务领域，缩短运输时间，降低运输成本，将陆海联运大通道建成连接东北和长三角地区的海上桥梁。（黑龙江省交通厅信息，《每日快报》采用）

〈评析〉：

该信息内容特色明显，反映了我国内贸货物跨境运输实现新突破。

例 7-43：

天津港积极延伸港口功能 为内陆省份经济发展服务

7 月 19 日，天津港集团与内陆河南、宁夏、新疆等 7 个省（区）的 9 家企业签订《无水港项目合作意向书》,积极延伸港口服务功能。合作主要内容有:一是加快无水港建设,利用3-5年的时间,在上述7省(区)物流中心城市和国境运输边境口岸建设内陆无水港(内陆无水港是指建在内陆地区,依托信息技术和多式联运支持,具有口岸监管、港口服务等综合服务功能的现代国际物流的通道和平台),利用现有交通、物流基础设施,发挥天津港口及口岸优势,实现内地货物进出口在当地"一次申报、一次查验、一次统管"的目标,提高通关效率,促进内陆地区经济发展。二是加快口岸物流快速通道建设,大力发展多式联运,改善集装箱公路运输环境。三是实行危险品集装箱货物"异地装箱、远程申报"等措施,试行跨区域口岸直通。目前,天津港已建立了北京朝阳陆港口岸、石家庄内陆港、河南省公路港、宁夏惠农集装箱物流基地、乌鲁木齐集装箱场站等,解决了传统转关过程中的二次申报、二次查验、二次放行或在一次申报中内地企业必须到口岸申报的问题,大大降低了相关地区的物流和通关成本。据测算,采取上述合作措施后,中部省区可节约物流时间1-2天,西部可节约3-5天。(天津市交通委员会信息,《每日快报》采用)

〈评析〉:

建设"无水港"是近年来港口发展的一项重要举措,该信息反映天津港立足自身优势发展无水港,向内陆延伸服务功能的经验和做法,特点比较突出。

例7-44:

江苏苏州、无锡、常州三市四大汽车客运站
联合推出"十一"黄金周服务十项承诺

为进一步满足旅客出行需求,苏、锡、常三市四大汽车客运站(苏州南门汽车站、苏州汽车北站、无锡汽车站、常州汽车站)联合推出了"十一"黄金周服务十项承诺:一是相互之间联网售票,并互设专窗,发售对方站的返程票和联票;二是实行24小时咨询服务;三是对大中专院校实行上门售票,并在车站设学生专窗;四是统一预售票时间,从9月20日开始各

线客票预售15天；五是对于往来苏州、无锡、常州任意两地之间的旅客，车站设立专用售票窗、专用检票通道的绿色通道，为旅客提供便捷化的运输服务；六是在苏州、无锡、常州班线上实行无障碍换票，免收手续费；七是推出“邮寄儿童”等便民服务；八是四站之间开展相互受理对方站班次的咨询服务；九是推出首问负责制，四站之间相互受理异地投诉；十是一般投诉三个工作日内回复，复杂投诉七个工作日内回复，做到旅客投诉事事有回音、件件有落实。（江苏省交通厅信息，《每日快报》采用）

〈评析〉：

该信息紧密结合了交通行业的阶段性重点工作，反映了江苏地方交通部门做好运输服务的创新举措，有当地特色。

例7-45：

交通部救捞系统圆满完成“十一”黄金周海上救捞保障任务

今年“十一”黄金周期间，按照部统一部署，交通部救捞系统共56艘专业救助船舶，9架救助飞机，18支应急反应救助（分）队，3000余名救捞船员、飞行人员坚守在一线值班待命，共执行救助任务18起，出动专业救助力量24次（其中救助船舶16艘次、救助飞机7架次、应急救助队1队次）；成功救助遇险人员75名，其中中国籍船员48人，外国籍船员27人；援助遇险人员38名，救助遇险船舶3艘；援助船舶4艘，出色地完成了节日期间各项救助任务。

“十一”黄金周期间的救助情况主要呈现以下四个特点：

一、海上天气恶劣，救助环境复杂多变。节日期间先后两次台风袭击我国沿海海域，北方冷空气开始南侵，海上险情、事故呈上升趋势。

二、海空立体协作，救助成功率大幅提高。救助过程中，直升机机组成员克服各种不利因素，在人命救助中充分发挥了救助直升机快速、有效的特点。

三、按照动态待命原则，防抗台风成效显著。在防抗台风工作中，救捞系统提前部署、科学调度,各救助局按照"防救结合、以救为主"的原则,安排大马力救助船尽可能地靠近台风中心,抢占先机,为成功救助赢得宝贵时间。

四、救助对象大型化,外籍遇险船员增多。节日期间,遇险船舶呈现大型化特点,船舶搁浅、失去动力等险情性质明显增多。救助遇险人数尤其是外籍遇险船员也呈上升趋势。(交通部救助打捞局信息,《交通部专报信息》采用)

〈评析〉:

该信息通过对节日水上救助工作的总结,反映了救捞系统在重要时期加强值班待命和人命救助的工作特点。

例 7-46:

湖南积极修复水毁公路

今年湖南省先后遭受了7次特大暴雨山洪袭击,受灾面积之广,损失之大历史罕见。全省14个市州有12个受灾,受灾乡镇1238个,累计受灾人数831万,灾区公路大范围出现山体滑坡、路基冲垮、桥梁冲毁、边坡坍塌等情况,交通基础设施遭受严重损坏,先后有166条公路中断交通。据统计,全省公路水毁总损失达8亿元。

党中央、国务院高度重视湖南灾情,国务院总理温家宝、副总理回良玉,以及民政部、交通部的领导到郴州、衡阳等重灾区慰问受灾群众。受灾后,湖南省交通厅迅速启动抗洪救灾应急预案,把水毁公路抢修保通作为头等大事来抓,使中断交通的高速公路和国省干线公路在最短的时间内恢复了畅通。灾情过后,又积极组织人员、资金和技术力量,开展灾后重建工作。受灾各市州交通局和公路局不等不靠,迅速启动水毁抢修应急预案,紧急调用人员、机械设备和相关物资材料,全力组织水毁公路抢修。截至目前,全省所有国、省、县道均已恢复通行,损毁的通乡通村公路也已经基本恢复通车。(湖南省交通厅信息,《每日快报》采用)

〈评析〉:

该信息具有较强的地域特点和时间特点,反映了湖南省交通系统灾

后重建的措施与成效。

例 7-47：

河北海事局加强暑期秦皇岛海域安全和防污染工作

秦皇岛辖区水域内的旅游船艇共有 189 艘，预计年游客乘坐旅游船艇海上观光人数达 140 万余人。为确保暑期秦皇岛特别是北戴河水域的清洁，保障海上观光游客的人身安全，河北海事局坚持“安全第一，预防为主，综合治理”的国家安全工作指导方针，全面加强水上安全与防污染管理工作，采取有效措施保障辖区水上安全形势稳定与海洋环境清洁。

河北省海上搜救中心不断提高应对各类海上突发事件的能力，加强搜救分中心的建设，在秦皇岛、唐山和黄骅海事局建立搜救中心的基础上，继续在山海关等沿海县区建设搜救分中心，保障搜救工作覆盖河北沿海各县区水域。

为保障秦皇岛水域清洁，河北海事局成立了 2007 年秦皇岛暑期海域防污染工作领导小组，对秦皇岛水域防污染工作进行了层层部署，并采取了切实有效的措施：一是认真总结 2007 年渤海溢油应急演习经验，进一步增强环渤海三省一市溢油应急力量协调联动机制的有效性和渤海海域重大溢油事故处置能力，加强溢油应急联动成员单位之间的协作；二是继续深化“北戴河之夏”海上执法行动，强化执法监督，规范对船公司、船舶的防污染管理；三是制定了详尽的秦皇岛暑期海域巡航计划，设立海上监控防线，以便对海上污染源早发现早处理；四是河北海事局溢油应急处理中心、秦皇岛海上溢油应急反应中心及海上巡查执法支队保持 24 小时待命，随时出动清除海面油污；五是执法人员增加现场巡视次数和时间，加强对船舶防污染设备特别是船舶污油水处理装置的使用情况、污油水排放情况、在港压载水排放情况以及机舱残油处理情况检查，坚决打击违法排放污染物的行为；六是严格贯彻落实部防船舶碰撞防泄漏专项整治活动电视电话会议精神，采取有力措施加强秦皇岛水域的安全管理与海洋

环境保护工作。(河北海事局信息,《交通部专报信息》采用)

〈评析〉:

该信息具有较强的地域特点和时间特点,反映了河北海事部门加强重点时段重点区域水上安全工作的部署情况。

● 体例规范

好的政务信息在体例方面应该做到:要素齐全、结构合理、条理清楚、篇幅适当。

例 7-48:

中交集团与塔吉克斯坦交通部签署塔乌公路修改实施协议

4 月 10 日,中交集团副总裁、中国路桥工程有限责任公司董事长×××和塔吉克斯坦交通部部长×××在塔吉克斯坦经贸部签署了塔乌公路修复改造项目(杜尚别—恰纳克段)商务实施协议,塔吉克斯坦副总理及经贸部长、外交部长、司法部长、财政部长等政府官员参加签字仪式。该协议为设计施工总承包,合同总金额×××亿美元,工期 42 个月。

塔乌公路修复改造项目为塔吉克斯坦首都杜尚别至塔乌边境口岸恰纳克(北部经过该国第二大城市胡占德)的道路修复改造工程,是塔吉克斯坦建国以来最大的公路建设项目,也是上海合作组织最大的基础设施领域合作项目。公路全长 355 公里,除全线改扩建外,还包括新建 4.8 公里的沙赫里斯坦隧道,6.3 公里明洞,60 座大中小桥梁建设(约 2200 延米),以及沿线各种路害的整治工程。该项目的实施将有利于进一步扩大我国在中亚地区的影响,完善我国与中亚地区公路交通运输网络,加强我国与中亚地区的贸易合作,促进贸易发展。(中国交通建设集团信息,《每日快报》采用)

〈评析〉:

该信息介绍了协议的类型、合同金额、工期,同时介绍了工程的起始点、长度、意义等要素,使信息阅读者可以全面了解有关情况。

例 7-49:

河北省出台治理公路“三乱”新举措

河北省出台治理公路“三乱”新举措。一是全省各县(市、区)设立治理公路“三乱”举报受理站,实行 24 小时值班制度,接受群众举报。二是开通全省统一举报电话,群众对执法执收行为如有异议,可在任何时间就地拨打,系统自动接入属地举报受理站。三是从今年 12 月 1 日起,执法人员在送达执法文书时,同时送达违法违纪举报明白卡,方便群众监督举报。四是在高速公路、国省干线省、市交界处,树立公路“三乱”举报牌。接到举报,督察人员快速赶赴现场处理,限时办结。

该机制于今年 10 月 1 日至 11 月 30 日试运行,12 月 1 日正式启动。(河北省交通厅信息,《每日快报》采用)

〈评析〉:

该信息结构合理,层次分明,清楚地反映了群众监督举报途径和政府受理程序。

例 7-50:

黑龙江省交通厅采取四项措施
加大力度整治外挂车辆

根据国家六部委《关于印发在全国开展车辆外挂治理工作的实施方案的通知》精神,黑龙江省交通厅自近日起在全省范围内开展整治车辆外挂专项行动,督促外挂车辆主动回省落户。

此次活动坚持依法治理的原则,以教育、鼓励劝返为主,并制定了四项措施确保专项行动的顺利实施:一是成立治理外挂车辆工作领导小组,由征管、稽查、法制和宣传等部门人员组成,按责任分工抓落实,确保治理工作顺利开展。二是开展大规模的宣传活动,营造强大的舆论氛围,在新闻媒体发布公告,征费大厅张贴公告并到车辆集中的停车场站、货场等地进行多形式、多层次宣传。三是加大对外挂车辆确认的力度,提示或告知符合外挂车辆认定标准的车辆办理转籍。因故不能转籍的,按规定办理调驻手续。四是加大联合执法力度,征费、运管、收费、公路、公安、地税、工商等部门密切配合、相互沟通,共同做好治理外挂车辆工作。(黑龙江省交通厅信息,《每日快报》采用)

〈评析〉:

该信息内容完整、要素齐全、条理清楚、重点突出,清楚地反映了交通部门专项工作的部署和开展情况。

例 7-51:

西藏采取积极措施培育乡村客运市场

为加快培育和发展农村客运市场,解决偏远农牧区群众出行难问题,西藏自治区人民政府近日出台《关于加快培育和发展乡村客运市场的意见》(以下简称《意见》)。

针对西藏乡镇和建制村客车通达率不高,客运基础设施建设相对滞后,客运网络不够健全,广大农牧区特别是远离干线公路的偏远乡村群众出行难问题比较突出,乡村客运市场发育程度较低的情况,《意见》提出"提高乡村客运通达深度,乡(镇)通车率达到85%,建立健全农牧区客运网络,实现路通车通的目标;力争'十一五'末80%以上的县建成等级客运站,建设205个乡(镇)和建制村的简易客运站和客运停靠点;改善运力结构,客运车辆车型结构和技术等级基本与道路标准相适应,满足农牧民群众的需求"的发展目标,并提出了发展乡村客运班线一系列优惠政策。

一是新开通班线经营者享有三年专营权。乡村客运市场实行客运线路专营,新开通乡村客运班线的经营者享有该线三年的客运专营权。客运经营权到期后,需继续经营的,可以延长经营期限;对新开通乡村客运线路的,三年内减半征收养路费和运输管理费,免缴客运附加费、工商管理费和登记费;对从事乡村客运经营所得收入,免征营业税和所得税,大力扶持农牧区客运发展;对客流量较少、确需开通的偏远乡村客运线路,可采用冷热线路捆绑招标、搭配经营的方式促进发展。《意见》还规定,从事乡村客运的经营者参与干线客运经营权招投标的,在同等条件下予以优先许可。

二是乡村客运实行片区经营、循环运营。按照《意见》,对偏远县、乡(镇)、村和客流量较少的客运线路,可以打破定班、定点、定线的“三定”原则和一辆车只能经营一条客运线路的限制,扩大经营者自主权,推行片区经营、循环运营的方式,对开行隔日班、周日班、赶集班的经营者,可给予两条以上乡村客运班线,以提高车辆实载率。也可根据需要采取政府财政补贴的公交运营模式,线路由当地县人民政府拟定后报交通运输管理机构,根据营运车辆安全运行的路况等级要求进行核定。同时,为方便农牧民集体出行,还可适时组织开展临时性、季节性客运包车。

三是客运附加费的50%用于乡村客运基础设施建设。为加大乡村客运基础设施建设的资金投入,自治区每年从客运附加费中提取50%用于乡村客运基础设施建设。同时,对在县、乡(镇)投资兴建客运站的经营者,给予建站资金30%的补助,补助资金从客运附加费提取的乡村客运基础设施建设投入中解决。坚持“谁投资、谁经营、谁受益”的原则,由经营者按照《汽车客运站收费规则》收取站务费。

四是客运站用地由当地政府划拨。乡村客运站点建设用地由政府依法划拨,选址尽可能方便农牧民群众乘车,国土、建设、工商、税务等部门给予政策扶持,确保乡村客运站点建设顺利实施。客运配套设施应同步建设,帮助解决车辆维修、加油等实际困难。(西藏交通厅信息,《交通部专报信息》采用)

〈评析〉:

同例7-50。

例7-52:

海南省交通部门针对省内水泥价格上涨做好港口运输保障工作

根据海南省价格监测中心公布数据显示,省内水泥价格近段时间大幅上涨,42.5强度、32.5强度普通硅酸盐水泥平均零售价格分别达到695元/吨、655元/吨,为全国最高,高出相邻的广西、广东两省(区)水泥价格1倍左右。经分析研究,主要原因是全省城镇固定资产投资额不断增长,水泥需求快速增加,但近年省内陆续关闭了部分高耗能、高污染的小型水泥厂,水泥供不应求,加上岛内个别水泥厂家与经销商哄抬价格,导致海南省水泥价格大幅上涨。对此,海南省交通部门加强从外省调运水泥的组织保障工作,在港口开设运送、装卸水泥专用通道,调整增加相关装卸设备和专业工作队伍,加快码头操作运转速度,提高装卸作业能力,确保水泥等建材运输通畅。(海南省交通厅信息,《每日快报》采用)

〈评析〉:

同例7-50。

例7-53:

交通部积极推动行业运输节能工作

近日,交通部出台行业节能工作要点,积极推动交通运输节能工作。一是在全行业推广使用节能车型、标准化船型,鼓励发展甩挂运输、厢式运输等高效运输组织形式。二是限制技术落后、单位能耗高、环境污染大的车辆、船舶进入交通行业,建立健全淘汰老旧车、船制度。三是加强交通能源消耗统计和能源管理监测,开展节能示范活动,促进运力结构调整和运输组织优化。(《交通部专报信息》采用)

〈评析〉:

该信息选题简练,重点突出,反映了交通部门推进运输节能的主要措施。

例7-54:

建国以来最大的国际海上救援行动今天结束 成功救助越南遇险渔民330人

6月2日,我国建国以来最大的国际海上救援行动胜利结束。在此次历时半个多月的救援行动中，交通部海上搜救部门先后投入救助船4艘、救助直升机1架，共成功救助遇险越南渔民330人。受今年一号台风“珍珠”影响，5月17日晚，大批越南籍渔船和渔民在东沙海域遇险失踪，越南政府恳请中国政府及有关职能部门协助搜救。交通部立即启动了《国家海上搜救应急预案》，组织开展了此次国际海上救援行动。对获救船舶和渔民，及时提供了燃油、淡水、食品、药品和医疗服务。（《交通部专报信息》采用）

〈评析〉：

该信息言简意赅，把建国以来最大的国际海上救援行动作了高度概括。

例7-55：

四川省提前完成农村客运站建设年度目标任务

截至10月底，四川省已建成332个农村客运站，开工建设109个，农村客运站建成数占本年度目标任务的110.7%。

目前，全省农村客运车辆发展到2.4万辆，比去年增加了3700辆，有4110个通公路的乡镇和2.32万个通公路的建制村开通客车，乡村客车通达率分别达到了96%和85.8%，取得了良好社会效益。（四川省交通厅信息，《每日快报》采用）

〈评析〉：

该信息短小精炼，数据有说服力。

● 语言规范、数据准确

语言规范、数据准确是政务信息的基本要求。只有语言规范，才能正确表达信息内容，避免产生歧义和误会；只有数据准确，才能保证信息的决策参考价值。

例 7-56：

渤海海域船舶污染应急联动协作机制今日正式启动

为应对环渤海地区经济快速增长，船舶通航密度不断加大，大型船舶、专业化船舶持续增加，船舶发生重特大污染事故的风险不断升高的新形势，辽宁、河北、天津和山东四省（市）海事部门今日共同启动渤海海域船舶污染应急联动协作机制。四省（市）将整合各自的应急资源，在渤海海域内建立统一指挥、协调有序、反应灵敏、运转高效的应急协作机制，推广卫星遥感、空中监视、水上巡航等应急反应技术的应用，提高渤海湾船舶污染应急处理水平。（《交通部专报信息》采用）

〈评析〉：

该信息语言规范，通俗易懂，准确地描述了渤海海域船舶污染应急联动协作机制的主要内容。

例 7-57：

长江海事局确保“十一”黄金周辖区安全

“十一”黄金周期间，长江海事局投入执法人员 6 410 人、出动执法车船 2 541 台（艘）次，检查船舶 9 626 艘次，确保了 170 万人、11 万台车辆的运输安全，未发生沉船事故。（长江海事局信息，《每日快报》采用）

〈评析〉：

该信息语言规范，表述准确，简明扼要。

例 7-58：

三峡船闸单线运行良好但船舶待闸压力加大

三峡船闸自 9 月中旬单线运行以来，3 个月累计运行 1341 闸次，通过船舶 9274 艘次，通过旅客 22458 人次，通过货物 911.25 万吨。其中，通过煤炭船舶 2135 艘次，运送煤炭 337.92 万吨。

三峡船闸单线运行与今年1-8月双线运行期间相比,月均运行闸次达双线运行的59.5%,通过船舶艘次达到双线运行的57.6%,通过货物量达到双线运行的90.8%。其中,月均通过煤炭112.6万吨,为双线运行期间的68.7%;月均通过集装箱2.85万标准箱,为双线运行期间的114.3%。三峡船闸单向运行以来,未发生故障碍航事件。

三峡船闸单线运行效率已达极限,目前三峡坝区积压船舶数仍维持在较高水平,近3个月平均每天待闸船舶达447艘次,最高达584艘次,坝区安全和稳定压力很大。(《交通部专报信息》采用)

〈评析〉:

该信息数据翔实,既充分反映了三峡船闸单线运行以来的货物通行情况,又清楚地描述了目前较严重的压船现象。

例7-59:

福建省前三季度港口集装箱吞吐量突破500万标准箱

今年前三季度,福建省港口集装箱吞吐量保持快速增长,累计完成503.68万标准箱,同比增长18.3%。其中,外贸集装箱吞吐量364.33万标准箱,同比增长10.4%;内贸集装箱吞吐量139.35万标准箱,同比增长45.6%。福州港完成88.3万标准箱,同比增长19.6%;厦门港完成338.84万标准箱,同比增长17%;泉州港完成75.58万标准箱,同比增长23.4%。(福建省交通厅信息,《每日快报》采用)

〈评析〉:

该信息数据准确,并有同比分析。

例7-60:

本周中国沿海散货运输市场煤炭运价高位运行 粮食运价继续走强

本周中国沿海运输市场行情在煤炭、粮食运价上涨的推动下继续上扬。11月21日,上海航运交易所发布的沿海(散货)运价指数报收于

2324.05 点，继续创历史新高，较上周上升 1.88%。

随着全国大部分地区陆续进入冬季取暖季节，各地对煤炭的需求强劲。大风天气给北方主要煤炭发运港的生产带来一定影响，船舶装卸效率降低，影响正常的进出港时间，略有压港现象。据秦皇岛港反映，11 月 20 日该港的煤炭场存与 11 月 14 日相比上涨了 5.4%。据部分船公司反映，受秦皇岛港压港和煤炭资源的影响，主要煤炭航线运价继续小幅上扬，秦皇岛至广州、秦皇岛至宁波的航线运价指数分别报收于 3146.15 点、2700.35 点，较上周分别上涨 2.38%、1.77%。上述两条航线的市场运价较上周分别上涨 6 元/吨、2 元/吨。

进入冬季，取暖及冬储用煤需求扩大，以及明年煤炭价格上升预期，电厂将加大煤炭调进力度，港口煤炭发运量将有所上升。预计全年煤炭发运量增幅将达到 15% 左右。

目前北方港口新玉米上市进度缓慢。由于南方用粮企业采购相对积极，加之运力紧张，导致近期粮食运价难以回落。本周粮食运价有较大幅度上扬，11 月 21 日，大连至广州、营口至深圳航线的粮食运价指数分别报收于 2616.52 点、2473 点，较上周分别上涨 7.41%、3.85%。

本周原油运输市场行情稳定，进口中转油运量有所增加。针对国内部分地区出现的柴油供需紧张状况，中石油和中石化近日采取一系列措施加强资源供应，稳定国内市场。本周成品油运输市场行情稳定，各港接卸正常。（上海航运交易所信息，《交通部专报信息》采用）

〈评析〉：

该信息用丰富翔实的数据，说明了近期海运市场的状况和发展趋势。

第八章　常见问题85例

● 选题不具备报送意义或报送对象不恰当

一、选题不具备报送意义

例8-1：

服务社会主义新农村建设从身边小事做起

××海事处为地方和管理相对人服务，从身边小事做起，一点一滴用心服务，得到了当地政府和管理相对人的好评。

春运将至，××市××镇政府欲改善辖区乡镇渡船救生设备，为群众出行提供更安全的保障，却因在当地无法买到而发愁。××海事处××办事处××同志在了解到这一情况后，主动与该镇主管安全的副镇长联系，向他提供了船舶救生设备的有关市场信息。在该镇政府提出帮助其购买的请求下，××同志1月24日特地帮助该镇选购了质优价廉的5件救生衣、2个救生圈和救生浮索，并亲自送住××镇。

2007年1月间，××同志还热情主动地帮助××市××镇四叉渡、××镇东塘渡购买了救生衣、救生圈等船用救生设备，得到了当地乡镇政府和行政相对人的赞许。

〈评析〉：

该信息主要是宣传个人事迹，不宜作为政务信息向部报送。

例 8-2：

××市××区××镇××村为市交通局赠锦旗

2月13日上午，××市××区××镇××村党支部和村委会的有关负责人来到市交通局，为该局赠送了一幅题为"帮扶农村建设、构建和谐社会"的锦旗，以表达该村近1200人对交通局在帮扶该村发展中所作的重要贡献。

2006年下半年，市交通局积极响应市委、市政府"关于开展帮扶农村活动"的号召，与××区××镇××村结成帮扶对子。半年来，该局坚持以"三个代表"重要思想和科学发展观为指导，以改善农民群众生产生活为重点，以解决该村交通问题为突破口，通过推进社会主义新农村规划，改善农村基础设施，派干部驻村，开展支部、党员结对帮扶等措施，有效改善了该村的交通条件和生产、生活环境，初步实现"生产发展、生活富裕、乡风文明、村容整洁、管理民主"的帮扶目标。

半年来，市交通局在帮扶该村中，为该村明确发展思路的同时，编制了该村建设社会主义新农村的规划，确立了帮扶建设项目，并筹措90多万元资金，为该村修了一条水泥路，建了一座钢筋水泥桥，并对该村排洪渠进行了改造，另建立了老人活动室，不仅为该村农民群众生产、生活提供了极大的便利，而且村容村貌也得到了明显的改善。此外，该局机关党支部的党员、干部还与该村的7户困难户结成帮扶对子，为他们脱贫致富想办法、出主意、并经常为他们捐钱、捐物，做到在生活上扶贫、思想上扶志、生产上扶持。党组书记、局长×××曾10次带领该局有关部门领导深入该村搞调研、定思路、抓规划、促工程，访贫困户，被人们喻为一位有农村情结的好局长。驻村干部××同志也能按照局党组的要求，充分发挥党员排头兵作用，与村党支部、村委会一道，为改善该村的落后面貌呕心沥血，勤奋工作，得到全体村民的爱戴。

×××局长对该村负责人表示，根据市委、市政府的安排，市交通局虽然结束了与该村的结对帮扶，但今后他们还将不遗余力地支持该村的建设与发展，并勉励他们加快有关项目的建设，加快农村经济发展，早日把该村建设成为生态农业示范村。

〈评析〉：

该文反映了当地交通部门积极帮扶贫困地区农村发展的成绩，但从“赠锦旗”角度出发，更接近新闻，不属于政务信息范畴。

例 8-3：

海事人员现场监督拾金不昧
船务公司感激不尽称赞海事人

日前，×××船务有限公司将一面写着“船舶航运贴心人，拾金不昧的新雷锋”的锦旗和一封用大红纸书写的《感谢信》送到了××海事局，船务公司领导向海事局领导说明了来意，道出了一件感人的事情。

1月4日上午，××海事局×××海事处海事执法人员×××、×××在执行现场监督检查任务，停靠在26号位的万吨货轮“新锦隆”正在进行装卸作业，两人登轮实施现场检查。当他们走到二楼走廊时，发现在楼梯扶手上放着一个漂亮的手提包，打开手包一看，包内全是崭新的百元大钞。两人便在船上开始寻找失主，可是找遍了二楼走廊也没有发现丢包的人。两名海事执法人员把手包收在随身的公文包内，在原地静静地等失主的到来。足足等了有十几分钟，只见一个身穿西服的人慌慌张张走来，一边走还一边在寻找什么东西。两名海事人员忙走过去问他在找什么，他说他的包丢了。海事人员向他仔细询问了包的细部特征，证实他就是包的主人后，把包归还了失主。原来，这名丢包的同志是×××船务公司的船舶代理人员，到船上后由于接电话将包随手忘在楼梯扶手上。包内装有人民币现金32000元，另外还有四张银行卡，卡内共有人民币15万元。船舶代理员见包失而复得，激动的说不出话来，他随手从包内拿出厚厚的一沓钱来酬谢两位海事执法人员，被他们婉言谢绝。

〈评析〉：

属于当地海事局的好人好事，在本单位表扬即可，不宜作为政务信息向部报送。

例 8-4：

标题:《××绕城高速公路项目举行职工摄影作品展》

〈评析〉：

从该条信息标题即可看出,信息反映的内容虽然都是本单位的重点工作或者取得的重要成绩,但并不适合作为政务信息报送。

例 8-5：

标题:《××海事处参加“第三届海事处处长论坛”》

〈评析〉：

同例 8-4。

例 8-6：

标题:《××海事处×××同志荣获直属海事系统“优秀共产党员”称号》

〈评析〉：

同例 8-4。

例 8-7：

标题:《××交通系统在省直单位文艺调演中取得优异成绩》

〈评析〉：

同例 8-4。

例 8-8：

标题:《××海事处收到“振风 2”轮代理公司赠送的锦旗》

〈评析〉：

同例 8-4。

二、报送对象不恰当

例 8-9：

2002 年全国交通工作总体思路

继续抓住党中央、国务院实施积极财政政策的机遇,以确保工程质量为前提，加强国道主干线系统、西部省际通道和通县油路工程建设，加强主枢纽港口和内河水运主通道建设；以建立统一开放、竞争有序的交通市场为目标，继续整顿和规范市场秩序，推进依法行政；以加入世贸组织为契机，推进交通管理创新、体制创新和科技创新，加快结构调整；以强化安全生产管理为手段，防止重特大事故发生；以加强领导干部队伍和行政执法队伍建设为重点，抓好党风、政风、行风建设。（某省交通厅向部报送信息）

〈评析〉：

地方交通部门向部报送关于全国交通工作总体思路的信息不妥。

例 8-10：

交通部批复××公路西段初步设计

日前，交通部以交公路发〔2007〕×××号文对××国道主干线××公路西段初步设计做了批复。（以下略）（某省交通厅向部报送信息）

〈评析〉：

部对某建设项目作出的公文批复不应再向部报送信息。

例 8-11：

全国治超工作电视电话会议召开 治超转入长效治理阶段

11 月 20 日，全国治超办召开了全国治理车辆超限超载工作电视电话会议。会议传达了国务院领导对治超工作的指示，总结了全国三年来的治超工作，对下一阶段工作进行了部署。会议明确，从 2008 年起的三年里，将构建治超工作的长效机制，重点开展治超工作秩序以及总重超过 55 吨的非法超限超载车辆的整顿。会议还明确了各有关部门职责，提出了更加严厉的工作措施，工商、发改、公安、交通部门的领导分别提出了具体的措施。为进一步巩固和扩大治超成果，持续稳定地推进全国治超工作,经国务院同意,国家九部委发出了《关于印发全国车辆超限超载长效治理实施意见的通知》,明确了治超工作从集中治理转入长效治理,充分体现了国家对治超工作的高度重视。(某省交通厅向部报送信息)

〈评析〉:

全国治理车辆超限超载工作电视电话会议是交通部等九部委联合召开的,地方交通部门不应再向交通部报此信息。

● 时效性不强

一、可预见的事件上报时效性不强

例 8-12:

1-10 月××海事局辖区海损事故统计

1-10 月,××海事局辖区累计共发生海损事故 9 件,沉船 2 艘,死亡 4 人,经济损失 13 969 800 元。与去年同期相比,分别减少 47%,减少 75%,持平,增加 20.6%。2006 年 1-10 月,××港辖区累计共发生海损事故 117 件,沉船 33 艘,死亡 48 人,事故直接经济损失 98,723,753 元。与去年同期相比,分别减少 14.6%,减少 26.7%,减少 7.7%,增加 65.8%。(11 月 20 日上报)

〈评析〉:

1-10 月的统计数据,该信息 11 月 20 日才上报,时效性大大降低。

例 8-13:

交通产品认证中心在北京隆重揭牌

10 月 26 日上午,中交(北京)交通产品认证中心有限公司揭牌仪式在北京隆重举行。(以下略)(11 月 24 日上报)

〈评析〉:

10 月 26 日中心揭牌, 该信息 11 月 24 日才上报,晚了 1 个月,失去了时效性。

例 8-14:

××新港三、四期主体工程基本完工

11 月 8 日,随着第一百个沉箱的顺利下水,××新港第三、四期的主体工程基本完工,标志着××港年吞吐能力将迈入大港行列。(以下略)(11 月 16 日上报)

〈评析〉:

该信息在事发后 8 天才上报,时效性不强。

例 8-15:

×××参建的世界最长双洞隧道建成通车

1 月 20 日,由×××参建的世界最长的双洞公路隧道——××高速公路隧道正式建成通车。(以下略)(1 月 29 日上报)

〈评析〉:

1 月 20 日隧道建成通车,1 月 29 日才上报,失去了时效性。

二、不可预见的事件上报时效性不强

例 8-16:

10 月 31 日××市××县城郊交通稽查站发生商品车专用运输车挤堵国道事件

10 月 31 日凌晨 3 时,××市××县城郊交通稽查站被 40 辆超限超载运输车辆围堵,数名治超人员被殴打,322 国道被中断交通近 1 个小时，当地警方赶到现场后对堵塞车辆进行劝导后才恢复交通。至 11 月 3 日，停驻稽查站周围的超限超载车辆数量增至 100 辆，严重影响稽查站的工作。事件发生后，交通、公安部门及当地政府迅速赶到现场进行处置。11 月 4 日凌晨 2 时，挤占在国道的 76 台商品车运输专用车被全部清理撤走。整个事件处理过程中未伤一人、未发生任何安全事故、未出现冲突失控情况。目前，交通厅成立联合调查小组对事件原因进行彻底调查。××县城郊交通稽查站已恢复正常工作。(11 月 5 日上报)

〈评析〉：

突发性事件类信息的报送一定要及时。该信息在事发 5 日后才上报，失去了信息的报送价值。

例 8-17：

××303 省道×××治超站
有效防止了一起驾驶员集体冲卡事件

3 月 10 日 22 时左右，部分运煤车辆途经×××治超站时，拒不接受车辆上磅检测，煤车一辆跟着一辆，至 3 月 11 日早晨 9 时，303 省道××治超站附近聚集了 77 辆煤车。从凌晨 4 时开始，驾驶员们在治超站检测房前将车一字排成三队，占满整个路面，造成交通堵塞。为防止集体冲卡事件的发生，治超站执法人员立即采取果断措施：一是立即向上级部门汇报，××公路总段领导得知情况后，会同地区交通局、交警大队等领导迅速赶赴现场。二是向驾驶人员宣传超限超载的危害性及治超规定，安抚驾驶员心态，对拒不接受检测的驾驶员进行耐心细致的说服工作。三是与驾驶员代表们进行座谈，向他们讲明治超的政策及恶意冲卡、聚众抗法的严重后果，并听取了驾驶人员的意见，就有关事项进行了答复。使大家认识到了自己的错误，同意按治超规定接受检测，并都写下了保证书。明确承诺以后不再发生类似事件。

11 日晚 7 时，聚集在 303 省道××治超站附近的 77 辆煤车，在路政、交警人员的指挥下，开始陆续上磅接受检测，拥堵了 21 个小时的交通恢

复了正常运行。(3月13日上报)

〈评析〉:

该交通拥堵事件发生并得到解决后两天才上报,导致信息价值降低。

● 标题不当

一、不能准确概括内容

例 8-18:

标题:《信息》、《11月2日信息》、《××简报2期》

〈评析〉:

不能用“信息”、“报告”、“简报”等代替政务信息的标题。

例 8-19:

标题:《××海事局“两防”工作情况汇报》

〈评析〉:

该信息标题的毛病,是用公文材料的标题替代了真正的反映信息主题的信息标题。

例 8-20:

标题:《××局砂石运输船舶、施工船舶专项整治活动交流材料》

〈评析〉:

同例8-19。

例 8-21:

标题:《××市市长×××在全市交通发展大会上的讲话稿》

〈评析〉:

同例8-19。

例 8-22:

标题:《和谐航道卫士 优质服务楷模》

〈评析〉:

从该信息标题中既看不出是哪个地区发生的事情,也未能概括事件的主要情况。

例 8-23:

标题:《一运煤船沉没 2 人落水获救》

〈评析〉:

同例 8-22。

例 8-24:

标题:《坚持群众路线 实施公交优先》

〈评析〉:

同例 8-22。

例 8-25:

标题:《××海事局主动作为喜迎盛会》

〈评析〉:

该信息标题没有反映出信息的主要内容。

二、过于冗长

例 8-26:

标题:《××自治区重点建设工程项目——××大桥完工,被誉为"国内罕见的曲塔双索面斜拉桥典范"》

〈评析〉:

该信息的核心内容是大桥完工,其他内容没有必要反映在标题上。

例 8-27：

标题：《××海事局对油品运输船舶开通特别“绿色通道”，实行全天候服务，确保了油品运输船舶的便捷、安全和畅通》

〈评析〉：

该信息标题过长，“绿色通道”的服务方式、目的等内容无需在标题中体现。

例 8-28：

标题：《欧洲最大的邮轮公司意大利歌诗达邮轮公司将于 8 月份开通以天津港为母港的天津—济州—长崎的中韩日航线》

〈评析〉：

该信息标题内容繁杂，定语太多，核心概念不突出。

例 8-29：

标题：《为加强全省高速公路建设工程项目廉政建设　我省高速公路建设工程项目全面实施纪检监察人员派驻制度》

〈评析〉：

该信息标题繁琐。

例 8-30：

标题：《××省交通厅以完成年度目标任务为切入点以实际行动学习贯彻落实党的十七大精神》

〈评析〉：

同例 8-29。

三、有语法错误

例 8-31：

标题：《结合〈船员条例〉　推进“两防”工作》

〈评析〉：

该信息标题没有主语。

例 8-32：

标题:《采取积极措施　成功救助 49 艘被困渔船》

〈评析〉：

同例 8-31。

例 8-33：

标题:《立足基层调查研究　面向社会构建和谐》

〈评析〉：

同例 8-31。

例 8-34：

标题:《××省三点要求落实全国治超工作电视电话会议精神》

〈评析〉：

该信息标题中,“三点要求”前应有动词,可改为“提出三点要求”。

例 8-35：

标题:《××海事局五项措施强化中韩航线客箱船管理》

〈评析〉：

该信息标题中,“五项措施”前应有动词,可改为“采取五项措施”。

例 8-36：

标题:《三会一节》

〈评析〉：

该信息标题既无主语又无谓语,不是独立的句子。

例 8-37：

标题:《××市委常委、市委秘书长×××到市交委调研时要求》

〈评析〉：

该信息标题没有宾语。

例 8-38：

标题：《国土资源部副部长××到××港调研时强调》

〈评析〉：

同例 8-37。

例 8-39：

标题：《××高速公路技改工程竣工　××省省长×××宣布竣工》

〈评析〉：

该信息标题中“竣工”一词出现两次，为不必要重复。

四、不恰当使用新闻式标题

例 8-40：

标题：《公交老照片见证××变迁》

〈评析〉：

该信息标题使用新闻宣传类标题，不符合政务信息标题的要求。

例 8-41：

标题：《众志成城　科学防御　×××海事局平安送走超强台风“韦帕”》

〈评析〉：

同例 8-40。

例 8-42：

标题：《客船主机故障抛锚待救“×××”轮连夜施救　118 人化险为夷》

〈评析〉：

同例 8-40。

例 8-43：

标题:《雾里迷航五条小船心急如焚　雪中送炭海事部门及时解危》

〈评析〉：

同例 8-40。

● **结构和条理不清晰**

一、中心不明确，重点不突出

例 8-44：

× ×港再融资 16 亿元加快建设强港步伐
海事部门转变观念主动服务

10 月 12 日，中国证监会发审委正式审核通过了× ×港股份有限公司再融资申请，这是× ×港(集团)有限公司控股的股票上市后的再融资重大举措。本次融资发行“分离交易可转债”，第一次先发行债券约 8 亿元，同时向购买债券的投资者派发认股权证，× × × ×年实施行权(相当于发行一次股票)，将再获得股权融资一次，筹集资本金 8 亿元左右。这次再融资全部成功后，将为× ×港又筹集到 16 亿多元的港口建设资金，进一步加快× ×港由大港向强港的建设步伐。海事部门将继续按照“三个服务”总要求转变观念、主动服务，积极支持× ×港的快速发展，为地方经济和社会全面发展多作贡献。

〈评析〉：

该信息由海事部门报送，但信息的主要内容是港口融资情况，与海事部门主要业务关系不密切。

例 8-45：

× ×省政府首次举办高速公路重大交通事故应急演练

9 月 24 日上午 9 时，由× ×省政府举办，× ×市政府承办，公安、交通、消防、安监、环保、卫生、气象等20多个部门参演的××省高速公路重大交通事故及危化品泄露事故应急演练在××高速公路××段举行。事故假想在一个大雾天气，××高速公路××段发生特大交通事故，一辆大客车撞上一辆大货车，随后十余辆汽车发生连环相撞，伤亡数十人。事故发生后，驾乘人员进行了简单救治并拨打电话报警。高速公路管理处迅速调派人员赶到现场疏导交通，并请求120救护中心紧急支援，随后道路清障车赶到现场清除道路障碍，开辟救生通道。数分钟后，……（略）9时32分，被困人员全部被救出。就在人们刚松一口气的时候，一辆满载液氯的槽罐车突然发生泄漏，……（略）9时45分，消防特勤人员穿着厚重的防化服在喷雾水枪的掩护下，登上车顶，试图对槽罐车进行堵漏，……（略）10时02分，……（略）10时15分，……（略）10时20分，所有参加人员经过早已搭建好的洗消帐篷洗消后，撤出现场，事故槽罐车也被拖车拖离现场进行进一步处置，环保人员对路旁废水进行了回收。经检测，大气质量良好，事故没有造成环境污染，附近村民也没有发生中毒事故。至此，整个演练取得了圆满成功。××省省长××、省委常委、××市委书记××、省委常委、政法委书记××、省政府副省长××等领导到现场观摩了演练。国务院应急管理专家组成员、中国安全生产科学研究院院长××应邀到场并对演习进行了点评。

〈评析〉：

该信息采用流水账的叙述方式，没有表达清楚中心思想，划线部分完全可以简化，用更多篇幅突出重点。

例8-46：

新任××省委书记××同志考察××港

4月1日，新任××省委书记××同志，在××省委常委、秘书长××同志，××省委常委、××市委书记××同志，××市委副书记、市长××同志等省市领导的陪同下考察了××港，看望了××码头工人，对港口的各项工作给予了很多鼓励。

在听取了××同志的××港工作情况汇报后，××书记说："××港很棒啊！以前听说××港很棒，但不知道怎么棒。今天听你们一介绍，××港真是太棒了，你们是××的光荣、国家的骄傲。（略）"

在集装箱码头现场，××书记亲切看望了××和××团队，并作了重要讲话："我今天和××书记、××市长到××港来看一看，同时也是来看望××同志，来看望你带领的这一个团队。（略）"

在20万吨级矿石码头，××书记在听取了前港公司经理××关于××等用工人名字命名的员工品牌介绍后，高兴地说："这就是处处体现工人的主体地位，工人的主人翁地位。（略）"

××书记来港考察给了我们极大的鼓舞和鞭策，4月1日当天下午我们立即召开了集团党政领导会议，全面传达了××书记考察港口时的重要讲话，并进行了热烈讨论。大家一致认为，××书记的重要讲话，对我们是鼓励更是鞭策。××书记到××第一家就考察××港，充分说明了××书记对××港的特别重视和特别关怀。××书记考察工作不要警车开道，轻车简从，对码头工人充满爱心，对港口发展面临的困难高度重视，工作中把更加关注民生放在首位、认真听取我们的意见等，充分体现了亲民爱民的高尚风范，体现了为民、务实、清廉的优良作风，为我们树立了学习的好榜样。

××书记直接考察过的几个单位的干部职工群情振奋，热情高涨，当天下午就组织学习讨论××书记的重要讲话。××在讨论中深有感触地说："××书记对我们工作的高度关注、高度重视、高度肯定，充分表明我们的事业干对了，我们的路子走对了。（略）" ××在带领卸车队讨论时激动地说："我怎么也没有想到××书记的车特意停在我面前，专门下车来看望我这个普通的码头工人，握着我的手说了那么多亲切又鼓舞人的话。××书记与我们工人心连心啊。咱们一定要再创出新的业绩向××书记报喜，好不好？"他的工友们齐声响亮回答："好！"第二天，他的同学朋友纷纷打电话给他，表示祝贺，一时他成了头号新闻人物。物流信息中心的业务技术人员在讨论中满怀信心地说："××书记高度肯定我们的信息化水平高，我们就要继续瞄准世界港口前沿水平，建设世界一流的物流信息中心，推动现代物流发展，加速××港由第二代港口向第三代港口升级，充分发挥好港口在全省经济发展中的龙头带动作用”。

4月2日我们召开了全集团领导干部大会，再次传达了××书记来港考察时的重要讲话，部署了贯彻落实措施：

（略）

目前全港上下正在认真学习贯彻落实××书记的重要讲话，决心把××港发展得更强更大，不辜负各级领导的期望和厚爱。

〈评析〉：

信息内容未经提炼和概括，中心内容不突出。

二、条理不清楚

例8-47：

3月份××港统计分析简报

3月份××港生产由春运旺季进入稳步发展状态，全港外贸货物吞吐量单月突破2000万吨，集装箱运量继续攀升，其他各项主要经济指标较上年同期依然保持一定幅度的增长。

全港货物吞吐量完成4457万吨，同比略减4.1%，与上月相比增长9.7%，其中海港货物吞吐量3892.8万吨，内河货物吞吐量564.2万吨。此外，全港外贸货物吞吐量2064.2万吨，同比增长16.6%，其中，外贸出口较上月有所增长，完成984.7万吨，同比增长19.7%；外贸进口较上月稍有增长，完成1079.5万吨，同比增长13.8%。

1－3月，全港货物吞吐量累计完成13171.6万吨，同比增长8.4%，其中，海港货物吞吐量11592.4万吨，内河1579.2万吨。外贸货物吞吐量完成5926.7万吨，同比增长24.8%，其中，外贸出口2850万吨，同比增长32.2%；外贸进口3076.7万吨，同比增长18.7%。

集装箱箱量继续保持增长势头，完成202.8万标准箱，同比增长18.7%；其中，××港区42万标准箱（内：进口19.5万标准箱，出口22.5

万标准箱)。

国际出口航线完成76.6万标准箱,同比增长5.9%,国际进口航线78.8万标准箱,同比增长34.9%;内支线21.2万标准箱,内贸航线26.2万标准箱,同比分别增长41.3%和4.4%。

另外,在完成的箱量中,空箱为59万标准箱,较上月略有增长,其占总箱量约29.1%;重箱为143.8万标准箱,约占总箱量的70.9%;空重箱之比约为1:2437。

1-3月,××港累计完成集装箱箱量588.5万标准箱,同比增长28.1%。

旅客吞吐量完成9万人次。其中,旅客发送量为5万人次,旅客到达量为4万人次。1-3月累计完成27.4万人次。

全社会水路货物运输量保持平稳增长,完成2970万吨,同比略减2.2%,水路货运周转量完成1141.8亿吨公里,同比增长3.1%;1-3月累计完成货运量8905万吨,同比增长6.6%,完成货运周转量3455.3亿吨公里,同比增长11%。

港口建设进展顺利。1-3月,××港区二期工程及其配套工程累计完成投资0.26亿元;××航道整治工程累计完成0.11亿元;××港区二期累计完成4.70亿元;其他更新改造项目累计完成1.56亿元。

〈评析〉:

该信息统计数据口径过多,未能突出重点内容。

例8-48:

××省贯彻落实全国治理车辆超限超载工作电视电话会议精神

日前,××省治理车辆超限超载工作领导小组组长、常务副省长××对贯彻落实全国治理车辆超限超载工作电视电话会议精神提出要求:一、认清全省公路超限超载运输的新特点,加强对治超工作的组织领导。××省超限超载运输现象呈现出三个新特点:一是省外长途货车超限超载屡禁不止。二是超限超载比例高,危险程度提高。三是治超查处难度加大。我省实行燃油附加费征管体制改革后,全省公路没有收费站,固定式治超站点尚未建设,流动式治超在夜间或阴雨天气时无法实施检查。省治超领导小组将不定期地召开会议,认真研究并协调解决治超工作中出现的各种问题。建立相应的激励机制,对全省治超工作及时进行总结、考核和表彰,形成良性运作机制。积极发动乡镇政府和农村群众齐抓共管,不仅在国省干线公路上采取严厉措施,也要在农村公路上采取有效措施,阻止超限超载车辆向农村公路“逃逸”。二、要突出“路、货、车”源头监督,加强路面联合执法力度。一是全面禁止超限超载车辆、特别是车货总重超过55吨的超限超载货车在我省公路和桥梁上行驶。采用固定检查和流动巡查相结合的方式,加大路面执法和整治非法改装车辆的工作力度,联合治理,严管重罚。二是对非法生产改装车辆实行责任倒查,依法追究相关汽车生产或改装厂家以及运输企业和厂矿企业的责任。导致压垮桥梁或重大人员伤亡事故的,还将移送司法机关,严格追究有关责任人的刑事责任。三是要健全货运经营企业和营运驾驶员的信誉档案管理。定期公布黑名单,依法对屡教不改的违法超限运输企业和驾驶员严厉处罚。四是要积极协调军警部门组成联合工作组,严厉打击利用假军警车辆进行超限运输和偷逃国家相关税费的违法行为。三、加快治超长效机制建设,建立对“放任”超限超载责任追究制度 。一是加快治超站的规划、建设工作,逐步建立起全省超限超载车辆监控网络,为长效治理工作奠定基础。二是通过有效的经济手段,正确处理计量收费与治超执法的关系,消除超限超载车辆的非法利润,采取经济和行政手段互补的方法,对全省干线公路进行有效监控。三是完善相关流通服务,完善鲜活农产品流通“绿色通道”的网络建设和服务措施,打击非法混装和伪装行为,保障整车且合法装载的鲜活农产品运输车辆运输畅通。四是建立对“放任”超限超载责任追究制度。各市县政府以及公安、交通、工商等有关部门之间将分别建立联系机制,确保定期沟通,信息互通。对于本行政区域内发现车货总重超过55吨的非法超限超载车辆,必须在本行政区域内消除违法行为,不得放行到相邻市县,否则要追究相关单位和责任人的责任。

〈评析〉:

该信息层次太多,条理不够清楚。

例 8-49:

××海事局研发成功 国内首个航空遥感监测海上溢油系统

随着水运经济和重化工业的迅猛发展,××××年我省包括进口石油在内的水路危险货物吞吐量达1.4亿吨。伴随水路危险货物吞吐量的急剧增加,××海事局辖区发生重特大船舶溢油事故的风险明显加大。为了实现对重特大海上船舶溢油事故的快速处理,控制污染范围,及时清除污染和减少污染损失,近期××海事局研发成功国内首个航空遥感监测海上溢油系统,该系统的运行将在海上溢油事故应急快速反应中发挥重要作用。

该航空遥感监测海上溢油系统是在借鉴发达国家经验的基础上,结合我国实际设计而成。装在海巡飞机上的先进遥感系统,能实时跟踪海上溢油,实时估算溢油量及污染面积,并对溢油清除效果进行评估;地面应急反应中心根据遥感系统提供的各项数据,在各子系统的基础上快速制订出高质量的溢油清除方案,同时利用遥感图像将海上事故的全景显示在大屏幕上,通过无线通讯系统实现地面应急反应中心、飞机、救助船之间的可视化信息通讯,为我局未来快速应对海上溢油事故提供技术支撑。

〈评析〉:

该信息内容重点不突出,条理不清。

例 8-50:

1–9月××省农村公路建设 完成投资55亿元超过去年全年投资总额

××××年以来,××省交通厅认真贯彻落实省第十一次党代会精神，继续加大投入力度，采取新举措，全力加快农村公路建设。截至9月底，全省已累计完成建设投资约55亿元，为年度计划的121%，超过了去年全年的投资总额。预计到年底，全省可完成投资60亿元以上，新增通油路(水泥路)行政村5000个、通公路行政村1400个、通油路(水泥路)乡镇90个。

为加快建设步伐，××省交通厅于××××年下半年即开始研究下一年全省农村公路建设相关情况，并于同年11月向省公路局先期下达通村公路建设投资计划；与部分地市签订省市共建协议，明确任务和责任，严格考核和奖罚，增强地市加快农村公路建设的动力；继续加大交通部专项补助资金的申请力度，确保有更多的农村公路建设资金。地市各级政府成立了由主要领导挂帅的农村公路建设领导小组，并向下逐级签订目标任务书，同时积极拓宽融资渠道，将农村公路建设资金纳入地方财政预算，并向金融机构贷款，继续实行"一事一议"的政策，充分发挥农民群众的积极性。

截至9月底，全省通村公路已累计完成投资27.4亿元、建成里程9854公里，较去年同期增长10%、19%。全省11个地市中，××、××、××、××四市的建成里程均已突破1000公里，其中××市达到了1966公里。全省通村公路正处于新一轮的建设热潮中，年底将全面超额完成计划任务。

〈评析〉：

第一段写工程进展情况，第二段写主要措施，第三段又写工程进展，结构不够合理。此外，划线部分的内容表述不够清楚。

三、缺少基本要素

例8-51：

中美首条直达国际海缆奠基仪式在××举行 更好服务2008年北京奥运会

10月22日上午，中美首条直达国际海缆奠基仪式在××举行，工程正式进入海上施工阶段。由于采用了不通过日本转接的大跨度直连设计,中美直达国际海缆成为中美之间第一条真正意义上的跨太平洋直达路由,××也成为中国北方唯一的大型国际海底光缆登陆站。

中美直达国际海缆直接连通中国大陆和美国,总长约26000公里,设计总容量5.12T,将成为中国容量最大、跨度最长、技术最先进的海底光缆系统。这个总投资约5亿美元的海缆系统完工后,将更好地满足从亚洲地区到美国的互联网、数据和语音等通信业务增长的需要,将为2008年北京奥运会提供更高质量的通讯服务。

〈评析〉:

该信息始终没有讲清事件的主体,以及该事件和交通部门的关系。

例8-52:

《××汽车综合性能检测站质量信誉考核办法》出台

近日,《××汽车综合性能检测站质量信誉考核办法》(以下简称《办法》)出台。该《办法》明确了自治区道路运输管理局是全区综合性能检测站检测质量信誉考核的主管部门,负责组织对全区各汽车综合性能检测站质量信誉的考核。考核工作每年进行一次,实行千分制量化考核,考核结果分为优秀、合格和不合格三个等级,并将考核结果进行公示,被考核单位如有异议可在15日内申请复议。该《办法》的施行,将进一步规范汽车综合性能检测站经营行为,提高车辆检测质量。

〈评析〉:

该信息没说明发布主体是谁。

例8-53:

××学校与日本NTT公司签署研究合作协议

3月8日,××学校环境信息研究所与日本NTT公司签署合作协议。这是以交通领域为依托,在信息产业中实现跨国企业与中国高校及科研单位的强强合作。NTT公司是全球最大的电信公司,双方将在人才培养、科研开发、科技成果转换等方面进一步加强交流与合作。

〈评析〉:

该信息中缺乏“合作协议”的内容,以及合作的方式、在何处签订等等信息要素。

例8-54:

××大桥将于今年年底完成工程建设目标

××大桥将于今年年底完成工程建设目标,打造精品工程。××大桥是带动区域经济、方便群众出行、服务新农村建设的一座桥梁,中央领导×××同志视察时高度重视,国家及省、市都对这座桥的建设高度重视。××省各级交通部门在施工中从严把关,提升质量意识,保证工程质量;注重生态保护;加强协调沟通,解决了施工中遇到的协调、资金等问题,将于今年年底完成工程建设目标,把工程打造成精品工程,破除因交通落后制约经济发展的瓶颈。

〈评析〉:

该信息中没有介绍该大桥的基本情况。

例8-55:

××海事局加强四季度海上通航秩序监管力度

一是加大巡航力度,及时发现与纠正各类船舶违章行为;二是积极主动地与相关部门配合,严厉打击在航道上捕鳗作业行为;三是加大对水上水下施工作业的现场监管,保障港口建设项目施工作业的安全;四是针对第四季度运输船舶流量增加的特点,加强对船舶交管系统监控区域的交通组织与服务;五是在恶劣天气来临之前及时提供信息服务,提醒船舶不得冒险航行和作业;六是组织一次全局性的辖区巡航统一执法行动,重点对港区及通航水域进行一次全面的巡查。

〈评析〉:

该信息正文缺少必要的信息导语。

例 8-56:

××省常务副省长××出席全国农村公路电视电话会

今日,××省常务副省长××专程到××省交通厅,出席全国农村公路电视电话会。

〈评析〉:

该信息内容过于简单,缺乏必要的信息要素。

例 8-57:

××至××高速公路××段贷款协议在京签订

近日,××至××高速公路的重要组成路段××高速公路项目亚行贷款协议在北京顺利签订。

根据协议,亚行将为××省××高速公路建设提供 3 亿美元贷款,其中 2.8 亿美元用于主线建设,1500 万美元用于项目区域农村公路的改造,500 万美元用于项目区域 200 个乡镇汽车站的建设。

〈评析〉:

该信息没有说明协议签订主体。

● 语言欠推敲、数据不准确

一、表述/数字不准确

例 8-58:

××市××区探索 1+3 模式 建立农村公路管养长效机制

近几年来,随着农村公路建设速度的加快,出现了养护工作跟不上的状况,形成了"公路越修越多,路容路貌却越来越糟"的局面,这已直接影响到农村公路的正常使用、行车安全以及农村长远发展。针对农村公路养护管理中暴露出的问题,××市××区积极探索1+3模式,建立农村公路管养长效机制。其中,"1"是《××市××区农村公路养护管理办法》,"3"分别是《××市××区农村公路大中修工程管理办法》、《××市××区农村公路小修保养技术要求》、《××市××区农村公路管理考核办法》。(以下略)

〈评析〉:

从该信息中划线内容看,"1+3模式"中,"1"和"3"只是1个或3个制度,概括为"模式"不准确。

例8-59:

××港吞吐量超两亿吨

截至12月27日,××港累计完成吞吐量两亿吨,首次迈上2亿吨台阶,比上年增长3000万吨,增幅创历史之最。这是××港继2001年突破1亿吨后,港口生产的又一次飞跃。

〈评析〉:

该信息中吞吐量的统计时段不明确,应注明统计开始时间,例如"今年以来"。

例8-60:

(节选)××事故造成7人当场死亡,1人重伤,9人轻伤,驾乘人员2人当场死亡。

〈评析〉:

该信息的表述不准确,经核实是7人死亡、10人受伤,但信息中的表述方式,容易造成误解是9人死亡。

例8-61:

标题:《××省地方海事系统加大清欠农民工工资力度》

〈评析〉:

从工作实际看,海事系统与农民工工资清欠工作直接关系不大。经核实,"地方海事系统"应为"××省交通厅港航局"。

例 8-62:

标题:《八万巨轮航道座浅　快速反应有惊无险》

〈评析〉:

"八万巨轮"缩略不当,应该是八万吨级货轮,如此表述容易引起歧义。"座浅"的表述也不准确,应为"搁浅"。

例 8-63:

(节选)既要保持现场签证这一品牌不倒。

〈评析〉:

"现场签证"不是品牌。

例 8-64:

长江第一艘标准船型沥青船即将投入营运

日前,××公司投资建造的长江第一艘标准船型沥青船"三通 801"建造完工,即将投入营运。该公司经×××批复,筹划建造 4 艘标准船型油船。投入营运后,拟开通××至××的沥青运输航线。

〈评析〉:

"沥青船"与"油船"前后表述不一致。

二、不够简练

例 8-65:

(节选)"××"轮是第一艘由我国自行设计、建造的专用航海教学实习船,也是目前世界上先进的专用远洋教学实习船之一。"××"轮的建成是我国高等航海教育的一件大事，标志着我国拥有了第一艘专门为航海类专业人才提供教学、科研服务的远洋教学实习船舶，有力地提高了我国高级航海人才培养实力。

〈评析〉：

信息中反复使用不同说法（划线部分）描述同一事物，使人难以明确把握该船的特征，在语言表达上也显得不够精炼。

例 8-66：

××市紧急部署大风降温天气交通运输安全工作

11 月 23 日下午陆续接到××省、××市关于做好大风降温工作的紧急通知，针对受南下较强冷空气影响，25 日夜间至 27 日本市气温降温幅度为 6～8 度，且市区北风 5～6 级，阵风 7 级，海区北风 6～7 级，阵风 9 级的情况，××市交通委高度重视，于当日 16 时 27 分发出紧急通知，对全市交通防风防寒工作进行安排部署。11 月 25 日再次发出紧急通知，要求各单位认真做好恶劣天气交通安全工作进行，确保交通运输安全畅通。一是要求各单位高度重视此项工作，认真做好大风降温天气交通运输安全生产工作，并进一步完善应急工作预案，一旦遇有大风降温降雨天气，立即启动预案，确保道路畅通。二是重点做好交通设施现场、港口、海上运输企业安全保障工作，严格落实各项安全措施，确保交通运输的畅通。三是进一步加强对水运企业安全工作的监督检查。强调指出必须提前做好船舶进港避风工作，严格执行船舶安全抗风等级制度，遇七级以上风力时，客（滚）船坚决不得开航以确保安全。对××湾从事“四客一危”船舶（即客（渡）船、客滚船、高速客船、旅游船、危险品船）运输经营业务的企业、船舶和危险化学品码头、罐区的监督检查。四是加强道路运输和公路管理工作。加强驾驶员大风、降雨、大雾天气的安全驾驶教育，并采取必要措施，确保道路运输，特别是客运、危险品运输安全。要求加强对公路、桥梁、急弯陡坡等危险路段的管理，保障公路，特别是高速公路安全畅通。五是全面做好突发事件应急抢险救援准备工作。按照“宁可备而不用，不可用而无备”原则，应急抢险队伍1000多人提前做好动员，并准备充足抢险材料机具，其中机械设备200余台，草包6万余条，编织袋2.72万余条，薄膜（篷布）近30万平方米，水泥约40吨，砂石料1000余吨，铁锹、镐头5千余把，铁丝、绳子40万余米，另外备有雨衣、水鞋、应急灯、路栏、标志牌等若干。（以下略）

〈评析〉：

详略不当。划线部分无需编入。

三、不够规范

例8-67：

××省全面开展公路“秋整”工作。

〈评析〉：

划线部分是不规范缩略语。

例8-68：

××省交通厅采取措施做好“两节”、“两会”期间的维稳工作。

〈评析〉：

同例8-67。

例8-69：

广泛深入开展群体性事件隐患苗头及各类矛盾纠纷排查调处工作。

〈评析〉：

同例8-67。

例8-70：

防止进京滋事事件发生。

〈评析〉：

同例8-67。

例 8-71：

交通部门要进一步完善规划，谋划好“一线”、“两厢”的路网结构，为全省经济战略的推进作贡献。要突出重点，抓好“两头”。

〈评析〉：

同例 8-67。

例 8-72：

确保各地过百万扫墓祭祖群众的水路出行安全。

〈评析〉：

“过百万”不是规范表述，可改为“近百万”或“百余万”。

例 8-73：

××2007 年公路建设任务基本匡定。

〈评析〉：

“匡定”并非恰当的政务信息语言，可改为“确定”。

例 8-74：

元至 3 月份全省公路建设续建项目 12 项。

〈评析〉：

“元至 3 月份”的表述不当，可改为“1－3 月”，或“元月至 3 月”。

例 8-75：

××港成功接待“×××”号集装箱船，标志着该港已具备接待大型集装箱船舶的能力。

〈评析〉：

“接待”的表述不当，可改为“‘×××’号集装箱船成功靠泊××港，标志着该港已具备靠泊大型集装箱船舶的能力”。

例 8-76：

截止 12 月 24 日，全省共设置 13 个超限检测站。

〈评析〉：

“截止”应为“截至”。

例 8-77：

××景婺黄高速公路启动“九个一”活动喜迎党的十七大。

〈评析〉：

高速公路的缩略名称在第一次出现时应注明全称。景婺黄高速公路应写为景（德镇）婺（源）黄（山）高速公路。

例 8-78：

金丽温高速公路。

〈评析〉：

同例 8-77。金丽温高速公路应写为金（华）丽（水）温（州）高速公路。

例 8-79：

××海事部门利用 VTS、CCTV、AIS 等现代化手段进行船舶动态监控。

〈评析〉：

英文缩写含义不明。英文缩写简称、专业简称在第一次出现时应注明规范的中文全称，以免产生歧义。

例 8-80：

×月×日凌晨 0215 时，……下午 1530 时……

〈评析〉：

政务信息中时间表述应使用统一的 24 小时方式，即：“×月×日 2 时 15 分，……15 时 30 分……。”

例 8-81：

××交通局作出决定，向建设单位足额支付三个农村公路项目工程款共计2100万元。

〈评析〉:

同一条政务信息中数字表述方式应统一,不要既出现中文数字,又出现阿拉伯数字。

四、不当使用新闻宣传语言

例8-82:

标题:《抓住天大机遇　拿出天大激情　使出天大干劲　作出天大回报》

〈评析〉:

该信息标题用词不够朴实。

例8-83:

"文峰"轮船长握住指挥中心领导的手激动地说:"谢谢海事人!是你们快速反应,有效救助,挽救了4名落水人员的生命和我船的沉没,如果没有你们VTS中心及时组织和海巡艇等船舶火速赶到现场搜救,后果不堪设想。××海事真是船舶安全的"保护神"!10月29日零时46分,××指挥中心值班室12395报警电话响起急促的铃声。"××市水上搜救中心吗?我是'文峰'轮,我船刚刚在狼山锚地与'顺航339'轮发生了碰撞。'顺航339'轮沉没,我船船体进水,请求救援!"接到对方的求助,指挥中心值班人员迅速启动应急预案,一边继续与船方保持联系,详细了解事发水域、人员与船舶的状况,要求该轮船员采取自救措施,并积极救助落水人员;一边组织船艇进行搜救。指挥正在附近巡航的"海巡0883"艇、"海巡0880"艇迅速赶到现场,并调集"郭捞12"轮、"港拖18"轮等搜救船只赶赴现场搜救。在搜寻中,现场人员合理分工,密切配合,借助望远镜、雷达等手段,仔细搜寻水面每一个可疑目标,经过30分钟的艰苦搜寻,终于发现了落水船员。至凌晨1时56分,4名落水船员全部救起;"文峰"轮在"郭捞12"轮及"港拖18"轮的协助下靠泊新大港码头抢卸,经过1个多小时紧急施救,避免了一场重大沉船、亡人的事故。

〈评析〉:

信息语言要求简洁、朴实,该信息大量使用新闻语言,过多地对事件本身进行叙述渲染,直接将新闻稿当作信息报送,十分不妥。

例 8-84:

金色的秋天,让大地硕果累累,也给××机场管理有限公司带来了托管××机场的周年贺礼:旅客吞吐量突破百万大关!

〈评析〉:

同例 8-83。

例 8-85:

"你们海事为了我们真是服务到家了,
全村再也不为渡口的事儿发愁了!"
×××海事局三个服务侧记

4 月 8 日清晨,天空飘着小雪。×××海事局××海事处会同×××船舶检验处的执法人员一行 6 人乘车来到了×××村。今天他们为渡口的 16 名船员送来了救生衣、灭火器和各类法规资料,并要赶在船舶开航前为他们办理好船舶检验和安检手续。当他们亲手将崭新的新版船员适任证书发放到船员手中时,船员们激动得热泪盈眶。(以下略)

〈评析〉:

同例 8-83。

第四篇

交通政务信息工作经验交流

拓展网络 创新方法
进一步提升政务信息服务层次与质量

江苏省交通厅

江苏省交通政务信息工作紧紧围绕交通中心工作，服务交通发展大局，已经成为领导同志了解情况、科学决策、指导工作的重要渠道，发挥了重要的参谋助手作用。

围绕努力为领导工作提供更加优质高效的信息服务，我们着力加强了四个方面的工作：

一、坚持把通过政务信息渠道来服务领导决策作为全省交通系统上下一致的共识

掌握信息是领导决策的基础，也是指导工作的依据，政务信息工作是直接为领导服务的一项重要内容。当前信息社会、网络时代的显著特征之一，就是信息量的不断放大和社会公众获取和传播信息的方便快捷。在这样的时代背景下，及时、有效地获取、处理、利用甚至驾驭信息，显得尤为重要。如果领导者、管理者不能及时准确地获取重要信息，不能有效地利用信息，就会使决策和管理行为滞后于社会的变化，滞后于社会生活的节奏，滞后于工作和人民群众的需求。正是站在这一认识高度上，江苏交通部门各级领导高度重视和关心信息工作，潘永和厅长经常亲自审定上报的重要信息，对省委、省政府和交通部重要会议及部省领导重要指示的贯彻情况，总是迅速指示厅办公室及时上报。对省、部下发的信息刊物，潘厅长每期必看，凡涉及我省交通内容的，都批示给其他厅领导和相关部门参阅。潘厅长在省委办公厅发来的贺信上批示："信息工作是办公室的重要工作之一，望新的一年里，再接再厉，开拓创新，不断提高信息工作水平,努力使交通厅的信息工作走在省级机关部门的前列”。用信息渠道和信息手段来辅助决策、推动工作、实施领导,已经在领导的积极带动和良好示范下,成为江苏交通系统的一种共识,系统上下关注信息、重视信息、利用信息的良好氛围已经基本形成,广大信息员做好信息工作的积极性和主动性进一步增强。

二、坚持把强化工作考核、完善良好的工作机制作为做好信息工作的保障

加强检查考核,是做好政务信息工作的重要保障。我们以制度建设为基础,在建立和完善政务信息工作不断提高的长效机制方面进行了积极的探索和有益的实践。

修订和完善政务信息考核办法,形成信息工作争先创优的激励机制。经过广泛征求意见,修订下发了新的全省交通政务信息考核办法,从政务信息的报送重点、载体、考核计分办法等方面,对1999年制订的考核办法进行了修改。这一新的考核制度的出台,使我省的政务信息工作导向更加明确,激励机制和约束机制更加健全,为做好信息工作提供了制度保障。同时,在征求意见的过程中,政务信息工作也引起了各单位的重视,厅属有关单位也相应地制定或修改了本系统的政务信息考核办法,客观上实现了一次政务信息工作重要性的思想洗礼。

依托目标考核这一现代管理学的重要手段,形成了信息工作责任共担的良性机制。每月定期编发信息录用情况通报,下发给各信息报送单位,将工作要求和任务压力层层分解到位。同时,定期将国办、交通部、省委、省政府采用情况进行统计,按厅机关各处室、部门,厅直属单位,各市交通局(细分至区县交通局)进行排名,并要求各信息报送单位呈送主要领导阅示,进一步增强了各基层单位更加全面、及时地报送高质量信息的内生动力,客观上也为信息员顺利开展信息工作提供了支持。

三、坚持把拓展报送网络、细化工作渠道作为信息工作的“活力之源”

完善的信息报送网络,是做好信息工作的重要基础。我们高度重视信息报送网络的建立和发展,不断拓宽信息报送渠道,力求实现政务信息报送的全覆盖。

（一）建立了覆盖全省所有市、县交通局、所有厅直属单位的信息报送网络。要求各单位政务信息工作至少明确1－2名专兼职信息员，并确定了部分县级交通部门为信息直报点。公路、航道、运管、海事等单位也参照这一做法，同步建立了省、市、县三级信息报送网络。通过构建纵横上下、联系左右的信息网络，保持了信息反馈的灵敏度和信息工作的整体活力。同时，不断开拓新的信息来源渠道，进一步完善互联网信息的编辑工作，为我厅领导决策提供了大量鲜活的参考资料。

（二）加强对厅属单位、市交通局信息员队伍的联系和业务指导。厅办公室主动约稿，全年发出书面信息约稿通知20余次，电话约稿50余次，经过约稿报送上来的信息，针对性、重要性更加突出，加之编写的过程较动态类信息更长一些，容易打磨出精品，被上级部门采用率较高，反映的情况比较具有江苏特色，更容易被上级领导所关注。2006年，我厅筹集2800万元投入京杭运河苏北段船舶污染整治项目，这是交通“环保优先”的一项重要举措，在全国来说也是首创的。我们及时组织有关部门报送这方面工作的重要进展，先后被交通部、省委、省政府采用，充分向领导展示了江苏交通部门是一个负责任的部门、负责任的行业的形象，在江苏省政府召开的大会上得到了分管省领导的高度称赞。

（三）强化了全省政务信息人员业务培训。每年组织全省交通系统政务信息培训班，邀请上级业务部门领导，从思想认识和工作方法上给全系统各单位分管政务信息领导和工作人员上了生动的一课，取得了较好成效，相关单位政务信息报送积极性大大提高。有的从未报过信息的单位从此开始较有规律地报送信息。

四、坚持把改进采编方法、确保政务信息质量再上台阶作为永恒追求

根据交通工作的阶段性特点和江苏交通实际，不断改进工作方法，提升信息报送质量。

（一）围绕重大决策提供信息，当好“参谋”。主动围绕重大决策需求，以宽广的视野、敏锐的目光、快捷的反应，广泛收集报送各方面重要信息，为科学民主决策提供参考依据。办法来自群众，经验来自实践。许多好的做法经验,往往都是基层干部群众先想出来,先干出来的,我们的信息渠道十分重视此类信息的搜集和报送。同时,对实践工作中积累的经验、呈现的问题、形成的建议,着力在深度挖掘上多动脑筋,在问题、经验、建议性事项上重视报送综合信息。通过对比分析成效、综合归纳矛盾、调研升华建议,力争采编出高层次的信息。比如采编的“江苏创新治超四项措施取得新成效”,就是在治超工作取得成效的基础上,结合江苏治超的工作实际,围绕创新治超主题,采编的一条综合信息,不仅被交通部采用,而且得到了李盛霖部长的批示,对全国治超起到了良好的示范作用。

(二)协助领导推动工作落实,当好“助手”。领导对信息的批示,都有很强的针对性和指导性,对各方面工作产生直接的指导和推动作用。我们注重阶段性事件抓快报,重点是围绕交通基础设施建设投资完成情况、交通运输经济情况分析、交通规费征收等领导决策参考信息,加大采编报送力度,做到每月一报。抓住春运、节假日旅游运输、水上电煤运输、道路运输市场秩序综合整治等社会广泛关注的信息“亮点”,做到事前快报预测性信息,事中速报动态性信息,事后急报反馈性信息。包括苏通大桥在内的一大批交通重点工程项目广受世人瞩目,也是各级领导关注的重点。我们把每一项工程当作一条“信息链”,从计划立项、征地拆迁、招投标、开工进场、进度质量、地方保障、建设运作、环境保护等相关方面进行全方位跟进,立体化报送。世界第一大跨径斜拉桥－苏通大桥目前正在紧张的建设中,我们坚持把大桥的每季度建设完成情况和关键的工序节点情况及时向部办公厅报送,便于部领导和有关部门能在第一时间了解大桥的建设进展。

(三)及时报送重要紧急信息,当好“耳目”。保持社会的安定有序,很关键的一条就是及时妥善处置突发性事件。信息工作承担着一项重要工作任务,就是负责重要突发事件信息的收集报送,传递办理领导同志在这类信息上的批示和批示落实情况的反馈,这是一项政治性和政策性很强的工作,也是一项对敏锐性和时效性要求很高的工作。保证领导同志及时掌握信息,及时进行处置,关键是确保有关领导在第一时间掌握情况,对信息进行研判,迅速进行决断,以最快的速度,最优的方式来妥善处置突发性事件。目前我省交通系统的信息处理应急机制比较健全,做到突发事件随时掌握,随时报送,重要紧急信息畅通无阻地层层上报,确保了领导情况明、信息灵、处置快。2006 年 3 月,京杭运河邳州解台船闸发生了部分黄沙船主为经济利益堵航的突发事件,从黄沙船主发布预谋堵航的《一封告船民书》开始,直至事件的妥善解决,我厅始终坚持及时上报事件的进展过程,为厅领导、省领导的了解情况、采取措施提供了及时的情况参考,其中《省交通厅迅速贯彻省领导批示精神专题研究解决邳州短途运输黄沙船民在解台船闸集体罢运堵航事件》被部专报信息采用。

(四)广泛收集社情民意信息,当好主"渠道"。体察民情,关注民意,了解民生,是落实科学发展观,构建和谐社会的必然要求,也是加强领导干部作风建设的基本要求。我们努力使江苏交通系统政务信息工作建成反映民情、汇集民意、集中民智的主渠道。2006 年,针对油价上涨、养路费征收的合法性置疑等社会关注度高、敏感性强的问题,我们及时组织了相关的信息专题报送,反映群众的思想情绪和社会舆情,及时掌握基层干部群众对方针政策的看法、意见,并尽可能地原汁原味,如实反映,保证上级部门能够准确掌握真实情况,并据此作出正确的判断。

围绕中心　突出重点
不断提升信息报送质量

中国交通建设集团有限公司

中国交通建设集团有限公司是经国务院批准，由原中国港湾集团和原中国路桥集团强强联合，以新设合并方式于2005年9月组建成立，2006年12月15日在香港成功上市，是我国特大型交通基建企业，也是中国最大的港口建设及设计企业，中国领先的公路、桥梁建设及设计企业和全球最大的集装箱起重机制造商。目前，集团资产总额1300亿元，2006年营业收入超过1200亿元。

一、信息报送工作的几点做法

在企业发展过程中，我们紧紧围绕中心工作，把交通政务信息工作列入重要工作范畴，不断加大工作力度，提升信息工作质量，为上级领导了解情况、指导工作和科学决策发挥了积极作用。概括起来，主要有以下几点做法：

（一）建章立制，完善组织机构。中交集团于2005年11月18日正式挂牌，2006年2月17日，集团便制定印发了《中国交通建设集团有限公司信息资料报送管理暂行规定》，在集团内部建立起信息报送工作机制，对信息工作实施系统管理。按照《规定》，集团总部的信息工作归口办公厅管理，由一位副主任负责，秘书一处处长主管，专职秘书负责搜集、编辑和报送。为进一步理顺信息工作体制，2006年4月，经集团公司总裁办公会议研究决定，集团信息中心从原科技信息部划归办公厅管理。所属单位也都相应地建立了单位领导分管、经办部门负责人落实，专（兼）职信息员实施的信息工作制度。许多单位（部门）都大力加强基层信息员队伍的建设，选派素质过硬的同志担任本单位（部门）信息员。目前，中交集团已形成“项目部→三级公司→二级公司→集团总部”的四级信息报送网络，仅总部及二级公司的专（兼）职信息员就已达80多人，基本形成了覆盖整个集团的信息员队伍，确保了信息报送工作持续有效运行。

（二）统一认识，明确工作定位。中交集团成立时间不长，社会认知度还有待进一步提高，上级机关领导及社会各界希望通过信息渠道了解集团各方面的情况，这为我们的信息工作进行了明确的定位，即围绕企业中心工作，服务于集团改革发展大局。2006年1月10日，集团专门召开办公室主任工作会，对信息报送工作进行强调和部署，要求各单位按照“全面、及时、准确、针对、指导、规范、创新”的原则，强化基础信息的收集、整理、加工和传递，拓宽信息内容，增强信息深度，提高信息报送质量，为领导掌握情况、进行决策和指导工作提供第一手资料。及时向上级机关反映生产经营、改革改制中出现的新问题、创造的新经验，为上级领导机关的科学决策提供参考。会议统一了思想，提高了认识，为中交集团开展好信息报送工作打牢了基础。

（三）定期通报，营造竞赛氛围。中交集团总部设有19个部门，下属单位近40家。为做好集团信息报送工作，集团建立并严格执行信息报送情况定期通报制度。每月对各单位（部门）上报及被采用的信息数量进行通报，并根据各单位（部门）所报信息的质量及重要程度进行打分排名；每半年对信息报送工作进行总结，肯定成绩，查找不足，着力改进，同时也对各单位（部门）半年的信息报送情况进行统一排名。通过这种方式，在集团内部营造出良好的竞赛氛围，大家你追我赶，不甘落后，有力地提高了各单位（部门）信息报送工作的积极性和主动性。

（四）加强培训，提高人员素质。信息报送工作是辅助领导了解情况、作出决策的重要方式，是促进业务交流的良好平台，也是推动工作顺利开展的重要手段，涉及方方面面的内容和知识，这就对信息报送工作人员的素质提出很高要求。为此，集团每年都召开信息报送工作会议，总结工作，交流经验，布置任务，并通过举行信息报送工作专题讲座，进一步加强对各单位办公室主任和信息工作人员的培训，不断提高信息工作人员的政治理论素质和业务水平。对信息报送工作先进单位和先进个人,集团每年也都进行评比、表彰。在2007年4月21日,召开了中交集团2007年信息报送工作会议,表彰了2006年度信息报送工作先进单位特等奖和一、二、三等奖共10个,先进个人12名。这些举措都大大提高了集团各单位及信息员的工作积极性和主动性,提升了信息报送工作质量和水平。

(五)层层把关,打造精品信息。我们理解,"精品"信息就是言之有物、言之有理、言之有据,对领导同志决策有借鉴意义和参考价值。在实际工作中,我们不断加强内部信息管理,提高信息报送的质量。目前,集团总部已建立了由信息员、秘书一处处长、办公厅副主任、分管信息工作副总裁的四级审核制度。同时,我们还规定各单位(部门)上报的信息必须经本单位(部门)领导亲自签发,对信息进行严格把关。在编辑信息时,我们要求信息员从角度是否新颖、观点是否正确、主题是否鲜明、内容是否充实、标题是否醒目、行文是否简练、关键词句和数据是否精确等方面着手,着力打造"精品"信息。

二、信息报送工作的几点体会

做好信息报送工作,既责任重大,又任务艰巨。我们在如何有效开展中交集团信息报送工作方面进行了许多探索,在实践中得出以下几点体会:

(一)领导重视是做好信息报送工作的关键。当今,我们已处于飞速发展的信息时代,企业的决策和管理越来越依赖于信息的充分性、准确性和及时性。信息作为一种资源,可以提高工作效率,增强工作效益。作为特大型交通基建中央企业,中交集团在推进国家和行业发展过程中承担着重要使命,我们有责任和义务适应上级机关和领导对信息的需求,认真做好集团信息的收集、整理和上报工作。正是基于以上认识,中交集团领导一直非常关心和重视信息报送工作,周纪昌董事长、孟凤朝总裁多次作出重要批示,要求信息报送工作要适应新形势、体现高水平;集团多次召开专题会议落实领导要求,深入研究部署信息报送工作方案,明确目标任务,提高工作水平。集团所属各单位(部门)也都将信息报送工作列为"一把手"工程,有的单位安排办公室主任或副主任亲自报送信息;有的单位领导对上报的重要信息亲自过问、亲自修改、亲自审批,从而为信息工作在数量上和质量上提供了有力的保障。

（二）把握时效性是信息报送工作的根本。时效性是信息的生命。过了时效的信息写得再好，也是徒劳。在信息时效性方面，我们要求一事一报，突出一个“快”字。尤其对一些重大紧急性的信息，更是及时上报，上午能报的不拖到下午，今天能报出的不拖到明天。我们要求从事信息工作的同志，注意培养超前意识，注重对重要工程、重要事件的信息持续追踪报送。就我们集团的实际而言，大多数信息是可预见的，不管是重大工程节点，重要合同签约，还是国家领导人视察，我们都会事先得到日程安排，因此，我们要求信息员提前做好准备工作，一旦事件发生，就能第一时间上报。还有许多事件连续性比较强，我们要求信息员进行追踪报送，让上级机关领导和社会各界及时了解事件发展进程，取得了很好的效果。

（三）体现特色是信息报送工作的重点。中交集团是由中港、路桥两大交通企业集团强强联合，以新设合并方式组建，是中国国内第一家实现整体上市的特大型国有交通基建企业，广受社会各界关注。中交集团人才济济、技术领先，实力强劲，过去曾设计施工了一大批具有世界先进水平的国家重点标志性工程，创造了诸多我国乃至世界港口、公路、桥梁建设史上的“第一”和“之最”。集团目前正在实施的许多重大工程项目，也同样代表着本行业的最高水平，引领着行业的发展方向，对促进经济和社会发展都具有深远的意义。与此同时，作为集团本身，也在不断进行拓宽融资渠道、推进主业延伸、加大科技和管理创新、积极实施“走出去”战略、努力实现可持续发展等重要工作。有关这些方面的信息就是具有中交特色的信息，也是发挥集团信息工作优势、树立中交信息“品牌”的主要领域。中交集团的信息报送工作在紧紧围绕党和国家的重大方针政策和企业中心工作的基础上，牢牢把握自身特色，全方位、多角度地反映集团各项重要工作情况。许多信息主题突出，内容新颖，特色鲜明。如中交在香港成功上市、中交承建世界最大人工深水港航道拓宽工程、中交获签巴基斯坦喀喇昆仑公路改扩建项目、中交牵头“十一五”交通重大科技攻关专项启动等。这些信息都很好地展示了中交集团发展所取得的重要进展，体现了我们的行业特色，获得了良好反响。

积极探索规律　锐意创新思路
扎实做好新形势下的交通政务信息工作

广西壮族自治区交通厅

近年来，在部办公厅的大力指导和帮助下，我厅坚持以科学发展观为指导，紧紧围绕交通中心工作，以部在广西召开政务信息工作培训班暨座谈会为契机和动力，学习先进经验，不断强化交通政务信息基础工作，扎实工作、锐意创新，努力提高信息质量和工作水平，政务信息工作取得了较好成绩。

一、领导高度重视，把信息工作纳入日常工作范畴

我厅党组历来十分重视政务信息工作，把信息工作作为了解情况、把握形势、科学决策、加强指导的重要途径，纳入日常工作范畴，经常关心和过问信息工作，对本厅和部发的信息刊物是每期必看，每看到重要信息必作批示。党组书记、厅长黄华宽对信息工作高度重视，去年一年，仅他一人就批示信息 28 条次，占领导批示信息总数的 90%。他多次对政务信息工作作出指示，强调做好信息工作，除了日常动态性的各类信息要及时上报外，更要做好专题性、综合性信息上报工作。并经常过问信息工作，给办公室和信息工作人员交任务、出题目、提要求、压担子，让办公室通过调研收集自己比较关注的信息，各种重要会议和领导调研、检查活动，都要求信息人员参加和编发信息。分管信息工作的田金贵副厅长也非常重视信息工作，鼓励和大力支持厅办公室创办新的信息刊物，定期听取信息工作汇报，并多次在各种会议上要求各级交通部门特别是办公室从事信息工作的同志增强工作责任感，坚决杜绝紧急信息迟报、漏报和瞒报现象的发生，努力减少工作中的差错。厅直属

单位和各市交通局领导对信息工作的重要性认识不断增强，在人员、设备和经费上都给予落实，为信息工作的顺利开展提供了必要的工作条件和创造良好的工作环境。

二、抓住难点，突出特点，强化综合调研，报送适用对路的信息

新形势、新任务对信息工作提出新的更高要求，我厅及时调整工作思路、创新思维方式、改进工作方法，紧紧围绕中央、自治区党委政府的决策部署和交通中心工作，在确保信息报送数量的同时，切实在解决报忧的问题、加大信息调研和综合力度、大力开发一批具有广西特色的优势信息等方面下功夫，多角度、多侧面、多层次地为领导科学决策提供信息服务。一是解决报喜不报忧的问题。我们一方面对各级交通部门领导强调组织原则，加强督促检查，从责任和机制上明确要求实事求是地报送信息，既鼓励报喜也支持报忧；另一方面通过召开办公室主任会议、举办培训班等形式提高办公室对报送忧信息和问题类信息重要性的认识，使大家认识到忧信息在解决实际困难和问题方面具有快捷、直接到达领导手中的特点和优势，各级交通部门报忧信息的积极性明显高于前一年。如去年6月，由于燃油价格上涨，我区道路运输业受到较大影响，集体上访事件不断发生，钦州、柳州、防城港、桂林等地都发生了出租车驾驶员集体上访事件，各地交通部门不怕揭短，积极上报了这方面的信息，均得到自治区党委、政府的批示解决，事态得到了有效控制和平息。二是加大信息调研和综合力度。去年，各级交通部门在科学安排办公室工作的前提下统筹安排了一系列信息调研工作。如针对成品油调价对运输行业带来的影响，我们组织自治区运管局、桂林市交通局对我区道路运输行业进行了一次调研，形成了《当前影响全区道路运输行业稳定的问题及建议》、《我区交通主管部门落实燃油补贴工作存在的问题及建议》等综合调研信息，得到了自治区党委、政府领导的高度重视。三是大力开发一批具有广西特色的优势信息。广西是西部欠发达地区，地处沿海、沿江、沿边，同时又是少数民族地区、革命老区，边境口岸多，与越南等东盟国家交通合作交流较多，我们在信息的采编、上报上注意挖掘和突出这些特点，如上报的《北海至越南海上旅游客运航线复航》、《历时两年、投资14.5亿元、公路建设里程达1000多公里的东巴凤基础设施建设大会战交通项目胜利完成》等信息因特色鲜明而得到部、国务院办公厅的采用。

三、创办新的信息刊物，为领导提供更多更好的信息服务

为丰富信息内容，弥补我厅信息来源和结构单一的不足，我厅进一步完善信息刊物设置，根据新形势新任务和自治区党委、政府领导及厅领导对交通信息需求多样化的需要，创办了《交通要情专报》和《每日交通动态》两份信息刊物，使我厅信息刊物达到了4份。《交通要情专报》侧重于通报我区交通规划、建设、改革、发展和行业管理、资金筹措等方面的重要信息，专供自治区领导、地市级主要领导参阅，作为与高层领导沟通汇报的一个平台；《每日交通动态》侧重于一般动态性信息，时效性强，信息量大，主要刊登上级领导和厅领导对交通工作的重要批示、当日厅领导的工作动向、当日重要收发文情况以及区内外重要交通信息等，作为协调机关工作的一个平台。我们在《交通要情专报》上编发“广西出海出边公路通道规划建设情况和存在问题及对策建议”的信息后，社会反响强烈，各地市主要领导纷纷来电咨询地方公路规划建设情况。自治区领导也高度重视，多次召集我厅和自治区相关部门研究我区出海出边公路通道建设问题，形成了加快广西出海出边国际大通道建设，构建发达的现代交通网络的构想，并将这一构想写进了自治区第九次党代会工作报告中，充分发挥了信息的参谋助手作用。

四、加强与上级部门的业务联系和沟通交流，准确把握信息上报的着重点

每个时期上级部门对信息上报都有所要求和侧重。我们要求厅办公室信息员加强与上级部门的联系与沟通，时刻关注上级的信息需求，围绕上级信息需求的侧重点，结合我区区情及时报送适用对路的信息，取得了良好的效果。如2006年7月，我们得知部办公厅需要了解各地贯彻落实省部共建农村公路意见的情况后，及时编报了“广西部署一系列措施积极落实省部共建农村公路意见，全面推进新农村公路建设”的信息，得到了部的采用。厅办公室与部、自治区党委、政府信息处通过电话、上门拜访、

座谈交流等方式进行工作联系，不但能第一时间了解上级部门信息需求的侧重点，而且在捕捉、筛选、分析、加工、编辑信息等方面交流了经验，增进了友谊，提高了信息编报的质量和水平。

五、加强制度建设，夯实信息工作基础

一是坚持信息约稿制度。根据不同时期交通部的工作要求和我区交通工作重点，厅办公室多次以约稿信息的形式下发到各信息成员单位，定期检查，限期报送。制定印发了《2006年广西交通政务信息报送要点》，列出了新农村交通建设情况、北部湾港口群建设情况、区域交通合作与交流情况等13项交通部、自治区党委政府和厅领导需要了解和关注的信息点，收到了较好效果。二是实行信息反馈制度。对领导批示的信息和一些对决策有重要意义的信息，注意加强跟踪检查，确保问题得到落实和解决，使领导批示件件有回音。三是实行信息采用通报制度。各级交通部门上报的信息被采用后，我们通过厅局域网进行了即时通报，同时每个季度都以文件的形式及时通报信息工作进展情况、分析存在问题和提出下阶段工作重点。四是坚持信息评比表彰制度。厅办公室年底召开专门会议对信息工作进行总结、评比和表彰，及时发放奖金和稿酬。在评比表彰中，进一步扩大评奖项目，在评选先进单位和先进个人的基础上，增加“好信息单项奖”，以鼓励信息员多报送深层次高质量的信息。同时进一步提高稿酬和奖金的发放标准，使报送信息者既得到精神上的鼓励，也得到相应的物质奖励。

六、加强队伍建设，强化业务培训和交流，提高信息干部队伍素质

抓好信息工作，队伍是关键。我们要求各级交通部门不管人员如何变换，都必须保证信息人员落实到位，确保信息工作的连续性和稳定性。换届后，信息人员队伍基本保持稳定，但信息队伍中有相当一部分是新手，不少信息员从事信息工作的时间不长，有部分信息员还不熟悉交通政务信息工作的特点和要求，信息报送不对路，编写格式化，文字水平不高，针对这些问题，我们专门召开了办公室主任会议，特别要求信息员一起参加座谈交流学习。举办了信息培训班，邀请有经验的专家给信息员授课，厅办公室分管信息工作的领导和秘书也分别就个人经历，向培训班学员传授做好信息工作的经验和感受。通过面对面的培训和交流,进一步提高了各级交通部门报送信息的意识,交流了经验,增进了互相间的情感,畅通了信息渠道。此外,我们还从自治区港航管理局、新发展交通集团公司、西江公司等单位抽调4名信息骨干到办公室跟班工作和学习,进一步提高了基层报送信息的积极性和质量。

把握重点 注重质量
不断提升交通政务信息服务水平

福建省交通厅

近年来,福建省交通系统采取有效措施,突出交通发展大局,服务领导决策,不断完善信息报送体系,提高信息质量,拓宽信息服务领域,较全面地反映了全省交通建设发展情况,提出了具有参考价值的决策建议,为促进交通事业又好又快发展发挥了积极作用。福建省交通厅信息工作连年在全国交通系统和福建省委、省政府系统信息工作评比中获得较好成绩。

一、把握重点、突出亮点,增强政务信息服务功能

把服务领导决策、为交通发展提供有参考价值的信息为突破口,不断增强信息工作的针对性、预见性和实效性。努力做到多渠道、多方位、多领域、多角度收集信息,不断拓展政务信息服务功能。

(一)把握四个重点。围绕交通工作大局,紧扣交通工作重点,集中力量组织信息"强攻",通过一定量的支撑,突出某个主题,达到营造氛围、推动工作的作用。

一是重大决策部署。围绕交通部和省委、省政府对交通工作的重要部署,围绕交通发展目标、任务、措施,积极组织信息,让社会各界及时了解交通工作部署。交通部作出服务新农村加快农村公路建设的部署后,我们快速反应,及时把福建省新农村交通工程建设的动态报知各级各部门,组织报送有关典型经验、存在问题、工作建议,为省里决策和争取中央支持提供了第一手资料。

二是交通基础设施建设。对高速公路、农村公路、港口建设工程,各级领导和社会各界高度关注。我们加大工程立项、开工、竣工、运营等每个阶段工作进展的信息报送力度，在工程建设阶段的每个月都及时报送动态信息。同时，注重筛选重大项目建设典型经验的信息，去年，福建省开展了引进社会资金建设高速公路、推行高速公路设计施工总承包等试点工作，我们组织报送了系列信息，促进了试点工作的开展。

三是交通运输保障和市场管理。加强运输保障工作，确保旅客走得好、走得了、走得及时，确保煤、油等重点物资安全及时运输，与经济社会发展和群众日常生活息息相关，是社会十分关注的焦点。我们组织全省交通部门积极做好春运、“五一”和“十一”黄金周以及重大自然灾害的运输调度组织、应急预案、安全措施等方面信息。2006 年 6 月福建省持续强降雨，导致公路水毁损失严重，交通部和省委省政府领导高度关注交通水毁和抢修情况，我们坚持每天报送 2 次公路水毁损失、抢通最新动态信息，让社会及时了解公路通阻情况。同时报送我厅贯彻中央和省委省政府抗洪抢险工作部署的综合信息，其中报送的“福建省交通厅认真贯彻温总理重要批示精神做好当前防灾抗灾救灾工作”信息被交通部、省委省政府办公厅采用，并转报国务院办公厅。

四是重大紧急事件。交通事故、工程质量和交通堵塞中断等重要紧急事件，社会影响大，不仅是群众关心的焦点，也是各级领导极为关注的。切实增强敏锐性，力争在第一时间内收集、报送，做到不瞒报、不迟报、不漏报。同时做到全面准确，不仅准确报送事件发生的时间、地点，连续报送初步情况、最新发展，还报送采取的处置措施、遇到的困难、取得的成效，特别是落实上级批示精神，制止事态扩大，预防再次发生的措施。及时报送重要紧急信息，有利于得到上级的指示和有关部门的支持，也有利于交通部门在工作上赢得主动，及时有效处置重要紧急事件。去年，福建省交通执法工作中发生了 2 起不法车户暴力抗法事件，给执法工作带来负面影响。我们迅速向交通部和省委、省政府报送专报信息，部、省领导高度重视，当即批示有关部门严厉查处，抗法事件得到及时处理。

（二）突出亮点。目前，福建是海峡两岸国际集装箱班轮试点直航、两岸三地弯靠货运航线、福建沿海地区与台湾地区金马澎海上客货直航模式兼具的唯一省份。其中,海峡两岸国际集装箱班轮试点直航和福建沿海地区与台湾地区金门、马祖、澎湖海上客货直航是福建省独有的通航方式。我省交通在对台工作中具有重要而特殊作用,我们努力做到准确、及时报送福建交通对台信息。我们每月及时报送闽台海上直航动态信息,同时注重捕捉阶段性重要特色信息。2006 年,福建省交通部门认真贯彻落实胡锦涛总书记来闽视察时,要求福建发挥好两岸直接"三通"的中转枢纽、综合通道作用,加快直接、双向、全面"三通"的进程的重要指示,启动了泉州石井至金门客运和泉州至澎湖货运直航,经授权发布了《福建沿海地区与台湾地区金、马、澎间海上直接通航运输管理暂行规定》,推进宁德港成为对台货运直航口岸。我们及时整理报送,被交通部办公厅采用,并经转报被国办信息采用。

二、做到"三个结合",提高信息质量

(一)与主题结合。扣紧省委省政府和本单位中心工作、领导关注的焦点,报送的信息才有参考价值,才能适用对路。平时注重加强对上级文件、领导讲话、重大决策部署的学习研究,及时了解上级的重要决策、中心工作及本单位的重要工作部署。

(二)与综合结合,办公室承担着综合文稿的起草工作,这些文稿体现领导的工作思路和本单位的工作重点。在撰写材料时善于发现有价值的信息,及时加以浓缩提炼,加工整理成信息。

(三)与调研结合。十分注意信息和调研工作的结合。通过大量动态信息筛选调研题目,通过调研进一步发现深层次信息,了解、占有更多第一手信息。及时将课题调研中掌握的一些重要动态,整理编报信息。对形成的调研成果进行加工提炼,形成综合信息。

三、健全机制,促进信息工作规范化

制定了福建省交通政务信息评分、稿酬和奖励办法,健全完善四项制度。一是信息员制度。规定厅机关各处室、厅直各单位、各设区市交通局必须确定一名专(兼)职信息员,并报厅办公室备案,信息员调离岗位时应及时确定新人选并报厅办公室。二是定量报送制度。规定厅机关各处室及厅属系统各单位每周至少必须向办公室报送 2 篇以上的交通信息。

三是记分考核和稿酬制。重新修订了信息报送计分和稿酬标准,年终根据评分情况评选先进单位和先进个人,进行表彰。四是通报制度。每季度通报一次信息采用情况,年终进行综合点评,总结信息工作情况、分析存在问题和提出下一年工作重点。

从机制上保障和调动交通系统各单位认真做好信息工作的积极性。交通系统各单位的信息工作普遍形成一把手总体抓、分管领导亲自抓、办公室具体抓、相关业务部门紧密配合的良好格局,做到年初有计划、有布置,阶段有检查,年终有总结评比,进一步提高信息工作水平。

坚持“三个创新”
努力打造优质高效的政务信息交流平台

四川省交通厅

近年来，我厅坚持以抓政务信息质量为主线，服务中心，突出重点，求实创新，努力打造优质、高效的信息交流平台，为上级机关和领导科学决策、指导工作提供了优质高效的信息服务。2006 年，我厅政务信息工作获得交通部信息工作特等奖。

一、抓好三类信息，充分发挥政务信息的整体服务功能

（一）抓重点信息，为领导决策提供依据。重点信息是反映本行业一个时期重点工作的信息，是上级领导关注的重点。我们要求信息员以中央和交通部、省委、省政府政策动向、重大决策部署为导向，结合工作实际抓重点信息，贴近上级需求。如：朱德故里仪陇县“两路一桥”工程是胡锦涛总书记特别关心的工程，也是交通部、省委、省政府、厅领导关注的焦点，从 2004 年该项目开工建设至 2006 年 10 月工程完工，我们不仅对工程建设进展情况进行了全程的信息报送，还对工程建成后对当地经济的影响进行调研，形成调研报告。

（二）抓亮点信息，以点带面推动工作。抓好亮点往往会收到以点带面的效果。在工作中，我们对大量零散信息进行整理、归纳，从中发现工作亮点，提炼亮点信息，使工作中一些经验、措施得到推广，对推动整体工作起到了积极作用。2006 年，针对我省在川北革命老区开展的农村公路建设试点工作进行调研，撰写了《四川省通江县实施整体联动建设农村公路促进社会主义新农村建设》等稿件，把我省农村公路建设亮点反映给上级部门，同时，也为贫困地区发展农村公路提供了先进经验。

（三）抓热点信息，积极为基层群众排忧解难。热点信息是基层群众关心的焦点，这类信息对领导了解民情、优化决策具有重大意义。要求信息人员经常深入基层，围绕基层群众关心的重点抓热点信息，坚持既报喜又报忧，报喜不任意夸大，不"以偏概全"；报忧不带主观随意性，如实反映情况。2006 年，四川发生 50 年不遇的大旱，我们通过动态信息及时将旱情、各地交通部门采取的应对措施及群众对交通的需求传达给领导，为领导安排部署防暑抗旱工作提供了依据。

二、多措并举，着力构建信息质量保障长效机制

（一）强化队伍建设，提高信息人员的业务素质。我们每年分别对政务信息工作者进行业务培训，并在日常工作中，尽量为信息人员提供学习和调研机会，培养了一支具有较高写作能力和信息采编能力的政务信息队伍。每年评选一定的政务信息优秀稿件，给予作者一定奖励，促进了信息人员自觉提高业务素质，为提升信息质量提供了前提条件。

（二）建立信息审核制度。要求信息人员在编辑信息时注重细节，对每条信息字斟句酌；各单位除信息人员外，确定一名信息审核人员，对编辑的信息，从内容、文字表述、反映角度等方面反复核实；同时还要求办公室分管信息的主任对信息稿件最后把关，力求每条信息内容新、结构精、表述准、具有一定深度。

（三）重视信息调研，挖掘高质量信息。将调研信息作为年度对各单位政务信息工作和信息人员考核的重要指标，并根据不同时期工作重点，约稿下达调研信息任务，每年都向有关单位约稿 20 多次，收到各单位和各部门的调研稿件 80 多篇。我厅上报的调研信息《四川省通过"四个结合"推进政务公开成效明显》、《四川省农村客运站建设的措施及成效》等稿件被部采用，得到了上级领导充分肯定。

三、确保政务信息的时效性，努力提高信息的利用价值

（一）完善信息网络，建立信息报送快速通道。在信息传送渠道上，实现了与部信息处的专线连接，加快了与部信息的交流与共享；同时进一步完善了覆盖各市州交通局（委）和厅直各单位信息联络点的政务信息系统资源网，实现了全省交通系统政务信息收集、整理、传递的高速化。

坚持每天向交通部报送两条以上的信息，每周编发两期《四川政务信息》，把全省交通系统方方面面的工作快速、及时地传达到各级领导。

（二）简化审核程序，减少信息流转环节和滞留时间。对信息工作进行明确的职责分工，不同的信息分别制订报送制度，尽量减少信息流转环节。同时，制订并完善重大突发性事件报送制度，要求各单位对发生在本单位管辖区域内的突发性事件，在第一时间内快速组稿，并跟踪报道。2006 年 3 月 15 日，广安市岳池县沉船事故发生后，我们及时将事故情况上报交通部、省委、省政府，得到了上级领导高度重视，李盛霖部长亲自到四川，对事故的处理做了重要指示，使事故得到了妥善处理。此后，对我省交通系统贯彻落实李部长指示精神，积极采取措施，消除安全隐患，确保水上交通安全的情况和效果作了后续报道。

四、做好政务信息工作的体会

（一）创新理念、提高认识是政务信息工作不断推进的前提条件。确立了“围绕中心、服务大局、规范有序、务实高效”的工作理念，将政务信息定位为“三个作用”：一是服务作用。围绕构建和谐社会这一核心，提供优质高效服务。二是渠道作用。抓住促进交通发展这个主题，促进工作信息交流。三是窗口作用。适应新时代和新形势需要，展示我省交通建设新成果。坚持围绕“三个作用”采集信息，确保了信息工作始终体现时代要求，符合领导需要，在促进交通整体工作中发挥重要作用。

（二）创新机制、强化领导是政务信息工作顺利开展的可靠基础。逐步建立了以厅为中心，各市州交通局（委）、厅直属单位、厅机关各处室有专人兼管的政务信息工作机制，使信息工作纵向到底、横向到边。在厅机关，由副厅长专门分管信息工作，各级交通管理部门确定政务信息分管领导，并明确具体负责信息工作的办公室主任和 1 - 2 名工作人员。目前，全省交通系统有信息专兼职人员 80 人，实现了信息工作无“空白点”。

（三）创新制度、完善措施是政务信息工作始终保持活力的重要环节。建立并不断完善政务信息五项工作制度（必报制度、预约制度、保密制度、稿酬制度、考评制度），在全省上下形成了一套有条不紊的信息工作流程。同时,将政务信息工作纳入厅目标管理体系,作为厅考核各市州交通局(委)、直属单位和厅机关处室年度工作的重要指标,促使各单位将政务信息工作融入业务工作。目前,省厅每天能收到下级单位动态信息20多条,全年收集各类动态信息达5000多条、调研信息80多篇,政务信息工作始终保持着生机与活力。

突出特色　创新机制
着力提升交通政务信息工作的服务效能

河南省交通厅

近年来,河南交通政务信息工作按照"围绕交通中心、突出河南重点、创新工作机制"的工作思路,不断加强信息队伍建设,完善信息报送机制,努力提高信息质量,充分发挥信息的参谋助手作用,为促进我省交通事业的快速、健康、持续发展作出了积极贡献。回顾近几年来我省交通政务信息工作,主要有以下几方面的体会:

一、领导高度重视,是做好交通政务信息工作的基础

(一)交通部和省委、省政府领导对交通政务信息工作的高度重视,为我们做好信息工作树立了信心。我厅政务信息连续几年在交通部和省委、省政府信息刊物中保持了较高的采用率,信息内容多次被交通部领导和省委、省政府领导批示,冯正霖副部长、黄先耀副部长和省委徐光春书记,省政府李成玉省长,省委常委、省政法委书记李新民,张大卫副省长都分别对我厅上报的政务信息作出过批示。上级信息单位的领导同志也多次就部(省)领导关心的问题对我厅政务信息工作出题目,交思路,定调子。上级单位领导对我省交通政务信息工作的充分肯定和高度重视,给全省交通信息工作人员以极大的鼓舞和鞭策,为交通政务信息质量和数量的稳步提高提供了强大动力。

(二)交通厅党组对交通政务信息工作的关心和支持,为我们做好交通信息工作增添了动力。每一位厅领导对《河南交通政务信息》和《河南交通工作信息》每期必看,对于重要信息及时作出批示,使信息中反映的问题及时得以解决。近年来,厅领导对交通政务信息的批示率呈逐年递增趋势，并多次对交通政务信息提要求、定题目、理思路。在日常工作中，厅领导对信息工作人员也是关爱有加，无论是下基层调研，还是召开会议，检查部署工作，都特许厅办公室从事信息工作人员参加，以便随时掌握工作动向，为做好信息工作提供有利条件，同时也增强了我们做好信息工作的信心。

（三）各级交通系统领导对交通政务信息工作的一贯重视和帮助，为我们做好交通信息工作提供了保证。厅办公室领导在机关人员大幅精简，各方面人员都比较紧缺的情况下，从其他处室和省辖市交通局抽调了两名年纪轻、素质高、业务能力强的同志充实到厅办信息科，专职从事信息工作，为做好信息工作夯实人才基础。各省辖市交通局、厅直属各单位和厅机关其他处室领导也非常重视信息工作，许多单位领导在信息人员、办公设备、工作条件等方面都给予特别的重视和支持，有的单位主要领导亲自对上报信息审核把关、修改编发，有力地保证了信息工作的顺利有效开展。

二、服务中心工作，是做好交通政务信息工作的根本

近年来，我厅交通政务信息工作始终紧紧围绕全省交通中心工作和部（省）、厅领导关心，人民群众关注的难点、热点问题收集信息，并狠抓日常报送，促使信息的质量、采用率和批示率得以稳步提高。

（一）加大了有关我省交通中心工作信息的报送力度。近年来，“发展、改革、质量、廉政、安全”是我省交通工作的重点，也是各级领导关心和社会关注的焦点，我厅政务信息工作加大了对此类信息的收集、编报力度。2003 年以来，我省先后出台了计重收费、干线公路养护体制改革、交通规费征收管理体制改革、道路运输场站管理体制改革等多项交通改革的政策和措施。围绕这些重大政策的出台，我厅政务信息工作从改革内容、出台背景、各单位进展、取得成效、社会反响和改革中存在的问题困难等方面及时收集信息和组织报送，引起了上级领导的高度重视，对各级领导深入了解交通、理解交通和支持交通事业发展起到了积极推动作用。

（二）加大了国家、省重大决策和部（省）领导关注问题贯彻落实情况信息的编报力度，使各级领导同志及时掌握交通重要工作动态。如 2005

年、2006年“五一”黄金周期间，针对关于建设和谐社会，提高执政能力，确保高速公路安全畅通等问题，我厅及时将“五一”黄金周期间每天的保通情况编报成相关信息上报，并在黄金周后的第一个工作日将总体保通情况上报，得到了省委徐光春书记、原分管副省长李新民及现省政府分管副省长张大卫的批示，对我厅的工作表示肯定并向全省交通系统干部职工在黄金周期间所做的工作表示感谢，信息在为上级主要领导同志进一步了解和支持交通工作、树立交通系统良好形象等方面起到了十分积极的作用。

（三）加大了反映工作中存在问题的信息的采编力度。提高信息报送时效，做到问题性信息和紧急突发性事件及时、如实上报，不仅提高了信息采用率，而且使信息中反映的问题或发生的事件得以及时、妥善解决。2005年下半年至2006年上半年，我省部分地区连续发生扰乱超限超载检测站、收费站秩序的恶性事件，对正常的公路执法执收环境产生严重危害。我们及时将2005年至2006年上半年全省发生的此类事件的有关情况进行汇总整理以信息形式上报，得到了领导的高度重视并作出重要批示，同时省政府为此专门召集交通、公安、纠风、监察、宣传等几部门参加的“集中查处扰乱超限超载检测站、收费站秩序恶性案件专项行动新闻发布会”，由省政府牵头，多部门联合对各类扰乱超限超载检测站、收费站秩序的行为进行严厉打击，取得了显著成效，在全社会营造了遵纪守法、照章缴费的良好氛围。

三、突出河南特色，是做好交通政务信息工作的关键

河南地处中原，承东启西、连南贯北，具有得天独厚的区位优势。河南的交通建设解决的不仅是自身发展的需要，而且是提高全国路网通行能力的需要。我厅信息工作人员注重把河南交通发展优势转化为信息优势，抓特色、找亮点，着力促进信息工作见成效。

（一）加大交通投资信息的报送力度。近几年来，交通投资连创新高。2001年，我省交通基础设施建设投资首次突破100亿元，达到105亿元；2003年以来，我省交通基础设施建设4年先后跨越200、300、400、500亿元大关，分别达到246亿元、334亿元、406和526亿元。我们围绕这一亮点，及时编发了在资金筹措、体制创新、项目管理、投资进度等方面的信息。

（二）加大高速公路信息的报送力度。近几年来，河南省高速公路通车总里程由“九五”末的507公里增长到“十五”末的2678公里，2006年年底达到3439公里，跃居全国第一，今年年底有望突破4500公里。围绕高速公路快速发展，我们集中编发了开工、建设、控制性工程进展、通车和工程管理方面的信息。

（三）加大农村公路信息的报送力度。按照交通部农村公路建设的工作安排，我省全省动员，全民发动，从2005年开始，集中三年时间重点解决行政村通水泥（油）路问题，到明年年底全省行政村将全部实现“村村通”。围绕农村公路建设，我们重点编发了筹资渠道、工程推进、质量管理等方面的信息。

（四）加大交通改革信息的报送力度。近几年来，我省在全国率先推行了交通建设管理体制、投融资体制等一系列改革，努力从体制机制上解决制约交通发展的突出问题和深层次矛盾，取得了明显成效。围绕交通改革，我们综合编发了改革内容、进展、成效等方面的信息。

四、创新工作机制，是做好交通政务信息工作的保证

近年来，上级信息单位相继对信息刊物种类、信息编报时间、信息考评办法、信息成员单位范围等进行了调整，对信息报送的时效性和信息内容的全面性、针对性方面提出了更高的要求。我厅信息工作人员迅速跟进，严格按照部办公厅文件要求，进一步完善我厅的信息工作机制，调整信息报送战略，努力提高信息质量。

（一）对我厅信息刊物种类和下发形式进行调整。在原《河南交通政务信息》和《河南交通工作信息》的基础上，增加一类专用于在河南交通信息网上发布的网络信息，将原《河南交通工作信息》一般性、日常性、动态性的内容调整出来，随报随编随发随上网，减少《河南交通工作信息》的数量，提高其质量。今年2月，我厅为进一步加强和改进全省交通系统紧急突发事件的信息报送工作，新增设了一类信息刊物《交通要情专报》，用于专报省委省政府或交通部有关领导、部门和厅领导的一种信息形式,编发内容主要是涉及交通系统的重大突发事件、重大安全事故、重要社会动态、紧急疫情灾情及其他重要紧急情况及动态发展情况。

(二)对各信息成员单位信息报送的时效性提出明确要求。为保证重要信息不漏报,时效性强的信息不滞后于报纸、电视、网络等新闻媒体,我厅于近期对全省交通系统信息报送的时效性和超前性提出了明确要求:1. 高速公路开工、竣工等可预知的重要信息必须提前 3 – 5 个工作日上报;2. 交通重大事故、突发性事件、重大自然灾害等不可预知的突发性信息必须于事件发生后 24 小时内上报;3. 领导视察、重大活动、重要会议等日常动态性信息必须于事件发生后 48 小时内上报;4. 各市的投资完成、规费征收、道路水路运输等有关交通经济指标数据必须于每月 10 日前上报。这四类信息若超过规定报送时间,我们一律不予采用。

(三)加强与上下级信息单位的沟通联系,有针对性、有选择性地编报信息。我厅一贯十分注重加强与部办公厅信息处等上级信息单位的学习和交流,建立了定期联系、汇报制度,通过联系沟通,及时了解部办公厅在一段时期内的信息报送要点和信息工作重点,根据部办公厅具体信息需求,有针对性地组织和报送信息,大大提高了信息的报送质量和采用率。同时,我们突破以往坐在办公室等信息的方式,通过定期发布信息报送要点、与重点信息报送单位座谈、深入工作一线掌握第一手资料等方式对全省交通政务信息成员单位进行业务指导,逐步提高接收信息的数量和质量。

(四)突破传统信息内容,加大对问题性信息和调研性信息的采编力度。长期以来,我厅交通政务信息多以报交通建设投资、运输、规费征收额等数字类信息为主。上级信息单位对数字类信息提出上报时效性要求以后,对我厅信息工作带来了很大冲击。在保证传统类信息全面、及时上报的同时,我厅围绕今年交通中心工作,有目的、有计划、有侧重地加大了对反映问题类和调研类信息的采编,通过电话约稿、信息人员下基层或几个单位联合的形式,开发综合性的、深层次的、能为领导决策提供参考作用的问题性和调研性信息,有效提高了信息的采用率。

强化措施　夯实基础
建立高效政务信息工作机制

山东省交通厅

近年来,我厅紧紧围绕交通中心工作,切实加强对政务信息工作的领导,不断改进信息工作方式,努力提高信息质量和水平,取得了较好成效。我厅上报信息采用量一直保持在先进行列,连续多年被交通部、省政府评为信息工作先进单位,部分信息直接进入领导决策。我们的主要做法是:

一、进一步拓宽信息渠道,确保信息数量

信息数量是信息工作能否正常、有效开展的前提和基础。信息量不足,信息工作只能是无本之木,无源之水。为此,突出抓了以下几点:

(一)加强制度建设。为确保信息报送数量,我们进一步健全完善了信息报送制度,根据单位性质等对各联网单位进行了分组,分别规定了报送数量,并建立了信息台账,对各单位实行量化管理。对未完成规定报送任务的,取消其评选年度信息工作先进单位和先进个人资格。实行信息通报制度,各单位报送和采用信息情况,坚持每季度通报一次,通报除发给信息部门外,还专门发给有关单位主要负责人,使各单位能够横向对比,查找差距,改进工作,起到了较好的督促引导作用。建立考核奖惩制度,实行计分考核,按分计酬,适当调增了稿酬标准,有效调动了各联网成员单位及信息工作人员的积极性,促进了信息数量大幅增长。

(二)进一步完善信息网络。首先,延伸了纵向信息网络。2006 年我厅在健全市级交通局信息网、厅直单位信息网和厅机关信息网的基础上,逐步加大基层信息直报点数量,在全省 17 个设区市均设立了县级交通部门或有关基层单位直报点。对信息直报点实行双计分制,在对直报点单独计分考核的同时,所得分数计入上一级主管单位。实行动态管理,根据信息直报点信息报送情况,去年进行了较大幅度调整,充分调动了基层报送信息的积极性,信息数量和质量明显提高。目前全省交通系统共有一级政务信息联系点 49 个,二级政务信息联系点 22 个。2006 年共收到网络单位报送的信息 3500 多条,比 2005 年增长近 30%,平均每个工作日收到信息 20 条左右。其次,扩充了横向信息网络。与全国部分省、自治区、直辖市交通厅(局、委)开展了网上信息交流,并与部分省直部门和省内数十家新闻单位不定期地开展信息交流。第三,加强办公自动化建设。厅机关实行网上办公,全省 17 个市交通部门全部实现与厅机关宽带联网,信息传输速度和采编效率明显提高。同时根据部、省要求,对计算机网络进行了参数调整,确保了与交通部信息畅通。

(三)扩大信息来源。在注重搜集网络成员单位信息的同时,加强信息与新闻宣传的有机结合,注意从报纸、电视和广播中发现有价值的信息线索,按照信息的特点要求,进一步拓展内涵,进行深加工和整理,形成全面、真实的信息,大大拓宽了信息来源。同时,将掌握的信息动态及时向有关媒体通报,扩大了交通对外宣传力度。

二、加强规范化建设,进一步提高信息质量

质量是信息的生命,我们始终坚持一切从质量出发,把提高信息质量作为信息工作的根本来抓。

(一)建立信息质量控制机制。加强上报信息的针对性,根据部专报信息、情况交流信息、动态信息的不同要求,从层次、角度、深度上挖掘整理信息,做到目标明确、重点突出、有的放矢。同时,根据部和省委、省政府对信息选取角度的差异以及规范、要求的不同,在报送时加以严格区分,对部分相同题材信息进行适当调整和完善,有效提高了信息采用率。加大信息审核力度,通过多种渠道认真核实信息相关数据和内容,确保信息真实性和准确性。

(二)信息工作注重与综合材料、调研工作相结合。综合文稿中大都体现着领导的工作思路和一个时期的工作重点,包含着大量信息。每次重要会议、重大活动材料定稿后,我们都在第一时间对文字材料加以浓缩提炼，将有关内容整理编辑成信息，第一时间上报下发，使上级领导及时了解我厅工作情况，指导基层交通单位工作开展。注重信息与调研工作的紧密结合。围绕交通中心工作，在调查研究时及时将掌握的一些重要动态整理编报信息；同时对完成的调研成果进行加工提炼，形成综合类信息。如2006年我们实地考察调研了泰安、济宁等4个市5个县24个乡镇，现场察看农村公路392公里，广泛听取基层干部群众意见，编写了《山东省加强基础设施建设三年改造农村公路8.8万公里》信息，被部《专报信息》采用。

（三）切实提高信息人员素质。信息队伍素质是保证信息工作有效开展的重要基础条件。为此，我们规定全省交通一级信息网成员单位必须确定1名同志分管政务信息工作，明确具体办事机构，选配1－2名责任心强，综合能力和文字水平较高的秘书为专职或兼职信息员，目前全省交通系统共配备专兼职信息员80多人。强化业务培训，不断拓宽信息人员视野，提高信息人员观察能力、判断能力和写作能力，促使信息工作队伍整体素质不断提高。

三、增强信息报送的针对性，不断提高信息采用率

（一）围绕中心工作抓重点。在工作中，注重抓住一个时期、一个阶段的中心工作和需求，对收集到的信息进行深层次加工整理，形成综合性信息，使领导能够通过信息掌握某一方面工作的总体进展情况、存在问题和解决问题的途径。如安全生产是山东省交通工作的重中之重，根据这个工作重点，我们整理编报了《省交通厅突出五个重点全面加强冬季交通安全生产》的信息，被省政府信息刊物采用，省政府领导在批示中对交通厅工作给予了充分肯定。

（二）围绕民生抓热点。交通作为基础性、公益性行业，必须认真收集整理与群众生产、生活密切相关的热点、焦点和难点问题，及时有效的反映社情民意。为此，我们加强分析和预测，有针对性地挖掘信息，切实增强信息的深度。针对成品油价格上涨这一社会关注的焦点，我们编写了《成品油价格调整对山东交通运输带来较大影响》的信息，充分分析了成品油价格上涨使道路运输成本大幅度增加，可能导致运输企业大面积亏损等不利影响,建议对道路运输尽快实施“燃油差价”和燃油补贴,被国务院办公厅《政务情况交流》采用。

(三)围绕山东特色抓亮点。针对山东作为全国公路大省、沿海大省的特点,我们突出高等级公路建设管理、渤海湾客滚运输安全管理、港航规划建设等方面,积极报送具有山东特色的信息,大量信息被部信息刊物采用。

四、发挥能量,提升信息实际效果

发挥能量是信息工作的最终目的。我们认为,信息工作应该成为辅助领导决策、指导基层工作的重要工具,成为党组总揽全局、协调各方不可或缺的助手。

(一)加强信息工作督促落实。我们注重把信息作为督促落实工作的一个重要手段,对每年全省交通工作会、厅党组理论学习中心组会议等重要会议,上级领导视察山东交通等重大政务活动,以及我厅作出的各项重要决策部署,我们都及时将各地贯彻落实情况通过信息渠道反映,为服务厅领导决策发挥积极作用,同时也对下属单位起到了较好的督促作用。

(二)畅通信息工作渠道。信息具有简便快捷的优势,为此,我们高度重视基层信息的挖掘和传报,如实反映交通改革、发展中出现的新情况、新矛盾、新问题,以及基层干部职工的愿望和呼声,及时编报有关信息,让各级领导能够及时了解情况、作出决策,促进工作开展。通过编发《参阅信息》,搜集、整理和编发了一批反映情况准确、原因分析切合实际、提出建议有针对性的信息,厅领导高度重视,对半数信息都作出了批示。

(三)完善决策服务功能。开办了《信息摘编》,围绕领导关注的问题,每日选取国家、各省市交通领域内具有重要参考价值的信息进行整理汇总,为厅领导决策提供了重要参考和依据。

深入开展信息调研
着力提升政务信息服务质量和水平

宁夏回族自治区交通厅

近年来,宁夏交通信息工作在自治区党委、政府和交通部办公厅的关心指导下,全面树立和落实科学发展观,紧紧围绕交通中心工作,加强信息队伍建设,完善信息报送机制,不断提升信息的质量和水平,坚持信息服务大局、促进工作的方针,按照“日常信息不漏报、重点信息专题报”的原则,认真做好政务信息调研工作。信息在编报质量和采用数量上实现了新的突破,为交通部、自治区党委政府和交通厅党委掌握情况、科学决策、指导工作等发挥了重要作用。

我们的主要做法和体会是:

一、强化围绕中心、服务大局的工作意识

我们采取各种措施,较好地确保了信息调研工作紧扣中心任务、贴近领导需求。加强学习,切实做到胸有全局、手有具体。办公室把交通部和自治区主要领导的重要讲话,交通部和自治区党委的重大决策部署作为文秘人员学习的重点。通过学习,较好地把握了中央的方针政策、上级的中心工作、领导的工作思路,及时了解和掌握了上级的各项工作部署、领导的重大活动和关注的工作重点、社情民意、社会热点、改革难点等,进一步明确了我厅信息调研工作的目标和任务。在具体工作中实现了“三贴”、“三换”:即贴近上级,围绕上级的工作思路和关注的重点选题;贴近工作实际,特别是领导和群众关注的交通工作热点、难点选题;贴近当前形势,围绕交通改革中的新情况、新问题选题。换个人角度为领导角度选题,以决策的眼光观察问题和思考问题,选取适合领导需要的选题;换自选题为命题为主，以领导需求为导向，从上级文件、领导讲话、主要会议、工作部署等方面研究，筛选出能适应决策需求的课题；换微观角度为宏观角度，研究一些事关全局性、方向性、战略性的重大问题，研究那些小中见大，平中见奇，见微知著的深层次问题，与领导所谋有效对接，增强选题贴近度。明确信息要点，加强信息工作督促。每年年初，我厅通过发文征询、召开座谈会评议方式，确定了信息调研工作重点，如推进和谐交通建设、交通体制机制创新、民族地区农村公路建设、自治区物流产业发展、化解乡镇交通债务、建设生态环保型公路、交通安全文化建设等方面的信息调研课题，下发了《关于认真做好信息调研工作的通知》，提出信息调研工作要以落实科学发展观为主线，紧扣交通部、交通厅工作重点，着力把握全局性、前瞻性和长远性的问题，客观反映情况，服务决策需要。在信息调研工作中注意处理好五个关系：即深层次与一般动态性的关系，信息调研与利用信息调研成果的关系，为上级服务与为厅领导服务的关系，数量与质量的关系，报“喜”与报“忧”的关系。同时，加大了约稿力度，针对厅党委不同阶段的工作重点和特点，及时向厅属各单位、各市县交通部门发出约稿通知。特别是对交通部和自治区的约稿实行督查责任制，由分管领导批示，具体到有关部门和人员，做到责任明确、任务落实，高质量、高水平地完成信息约稿工作。

通过以上措施，我厅信息调研工作围绕中心、服务大局的意识进一步增强，服务效能明显提高：一是信息调研与厅党委领导思路实现了较好的同频共振，信息调研的针对性和适用性明显提高。如2006年组织厅属有关单位就自治区农村公路建设、农村客运、公路管理体制改革发展情况进行了专题调研，报送了专题信息。其中，《公路建设是民族地区新农村建设的重要保障》、《我区农村公路建设存在的问题和建议》等相继为交通部和自治区党委、政府采用。二是围绕贯彻落实科学发展观，紧紧抓住交通工作中的热点问题。注重通过调研发现信息、搜集信息，围绕交通重点工作编发一些社会关注的调研类信息，并就一些重大问题及时跟进，如去年宁夏物流业发展刚刚起步，我厅及时组织运管局、公路运输站场中心进行调研，全面了解自治区和国内、国外情况，形成调研报告，真实地反映了全区物流业发展情况，提出了问题和建议，该信息得到自治区党委书记陈建国同志的高度重视，并批示“请交通厅领导到德国考察其物流业，为自治区物流业发展提供更好的借鉴。”三是围绕构建和谐社会，紧紧抓住群众关心的一些热点、难点问题。如“宁夏出租车行业影响社会稳定的六大突出问题”、“宁夏绿色通道取得的成效及存在的主要问题”、“宁夏中心城市‘黑车’非法运营情况调查”等多条信息被交通部和自治区党委采用。

二、着力提高调研水平，进一步推动信息调研工作协调发展

信息调研的指导思想进一步明确。从服务领导决策这个大局出发，突出信息调研的政治性、思想性和政策性，将信息调研重点放在出思路、出办法上，努力提高“谋”和“策”的价值与效用。一是开展“参谋型”信息调研，根据领导的意图、领导的要求，明确调研课题，组织调查研究，为领导决策提出建设性的意见。二是开展“超前型”信息调研，对一些潜在的、将要或可能发生的事情进行调查分析，提出工作建议，为领导决策提供依据。三是开展“经验型”信息调研，围绕党的方针、政策和交通重大工作部署，对具体施行中出现的新情况、新问题组织调研，为领导总揽全局提供典型经验。四是开展“问题型”信息调研，根据交通工作在社会中的反映，开展专题调研，实事求是地反馈结果，并及时向领导提出参考意见。五是开展“追踪型”信息调研，对交通重大工作部署的落实情况，开展跟进式调研，反馈工作情况，分析原因和提出工作建议。为此，我们结合交通重点工作，将调研任务细化分解到各有关处室及厅属各单位、各市县交通局，并就“宁夏农村公路实现有路必养情况”、“宁夏公路建设筹融资情况”、“宁夏高速公路征地拆迁存在的主要问题及对策”等进行了专题约稿，为上级部门把握全局提供了参考。

三、建立健全工作制度，为开展信息调研提供基本保障

一是健全完善了制度。重新修订了《宁夏交通政务信息管理办法》，明确了交通政务信息工作各个环节的主要任务、标准和要求，实现了信息工作的有章可循。要求各市县交通局、厅属各单位明确领导责任，指派专人负责信息的收集、传递，保证信息资源渠道畅通、处理及时、运作高效。

二是调整了信息发布形式。从2005年开始，交通政务信息的发布范围，从原来只对上级部门调整为同时下发全区各地市、县交通部门和厅属单位。从只供内部交流到在交通厅政府网站上发布，交通政务信息的透明度愈来愈大。三是建立了信息工作激励机制。凡被上级部门和我厅采用的信息，均给予一定的稿酬。并定期或不定期地召开政务信息工作会，对政务信息先进单位和个人进行表彰奖励。四是建立了政务信息考核机制。把政务信息工作纳入了交通年度综合调研考核中，其中政务信息及调研占4分，并明确政务信息调研考核为零的单位不得评为先进单位，促进了基层抓信息调研工作的自觉性和责任感。五是实施了信息畅通工程。建立了交通政务信息电子邮箱，及时收集厅属各单位上报信息，既确保了信息的快速编报，也保证了信息质量，提高了信息的时效性。对交通投资、规费征收、公路运输任务完成情况等有关交通经济指标数据，坚持每月定期上报。但对已在报纸、电视等新闻媒体发布的信息，一律不再采用。

四、坚持拓展平台，着力实现信息资源交流与共享

近年来，我厅坚持拓展平台，利用现代信息技术，通过厅机关办公自动化平台、行业信息专网、交通厅政府网站和电子邮箱等方式，广泛收集和公开发布反映宁夏交通建设和管理的各类信息，促进信息资源交流与共享。一是研制开发了交通厅机关办公自动化及信息平台。其中，交通政务信息平台由交通新闻、交通政务信息、交通工作动态、公共信息资源等栏目组成，初步实现了政务信息资源局域共享。二是建成交通行业信息专网，为我厅与交通部、兄弟省区交通部门的沟通、联系和视频会议的召开提供了便利，为加快信息传递，提高信息的质量搭建了有利平台。三是通过交通厅政府网站，及时向全社会公布交通行业重要信息、反映交通主要动态，为社会公众关心交通、支持交通、参与交通和监督交通工作提供了便利条件。

强化政务服务　打造信息精品

湖南省交通厅

政务信息不等同于新闻宣传报道,其中最主要的特点就是,它的受众和服务对象即我们的上级机关和领导同志,它的出发点源于服务交通改革发展大局,服务领导决策。因此,只有凸现政务信息强烈的特定性和目的性,才能发挥出它应有的价值和效益。我们始终坚持:紧扣交通改革发展大局,从内容上做文章,从质量上下工夫,讲求信息服务的实效性。

一、围绕服务决策,突出重点信息

信息的主要作用之一是服务领导决策,信息如不能做到与领导的思路对接,与领导的需求合拍,就难以对领导的科学决策产生积极影响。

为此,我们一是吃透上情,变被动服务为主动适应。坚持"四多",即多看、多听、多接触、多思考。多看各种文件、报告、党报党刊及电视新闻,加强学习,拓宽视野,培养从大局出发、从大处着眼的思维;多出席各种会议,及时听取领会领导讲话精神,争做有心人;多与领导加强工作上的联系,多向领导汇报工作,通过接触,找准领导思维的兴奋点;经常开展换位思考,想领导所想,急领导所急,积极当好"首""脑"。二是摸清下情,加强信息与调研的有机结合。交通基础设施建设投资完成情况、交通运输经济情况、农村公路建设、交通规费征收、治理超限超载等,都是当前交通改革发展的重点工作,其信息也是领导关注的重点和决策的依据。如何把交通重点工作的信息编写和调查研究紧密结合起来,不但反映问题、分析问题,还能提出解决问题的对策建议。2006年,我们拟定调研提纲,对公路建设管理、公路客运燃油附加费征收、运输市场规范整顿等相关工作先后组织调研8次,了解、占有更多的第一手材料,编写了多篇高质量的综合信息,为领导科学决策和推动我省交通事业发展发挥了重要作用。其中,高速公路、干线公路、农村公路建设管理以及公路客运燃油附加费征收管理调研成果已付诸实施,争取省政府出台了相应管理办法。我们撰写的“水运发展研究对策”引起了省委省政府和省厅领导的高度重视,省政府专门就通航河流水利水电工程建设管理作出了明文规定。

二、围绕重大事件,关注焦点信息

交通重大事件既有广泛的社会关联度,又具有阶段性的特点,特别讲求时效性。对这类信息,我们加强了各级各部门之间的协调配合,建立健全以办公室为枢纽,各地上下联动,各部门左右互通的快速反应信息处理机制,进一步完善信息报送、跟踪、反馈处理体系,坚持做到事前快报预测性信息,事中速报动态性信息,事后急报反馈性信息,规定了报送时限和连续度,避免了重大事件信息因衔接不畅而迟报、漏报。“十一五”我省交通建设计划投资1735亿元,相当于“十五”的两倍多,2006年投资首次突破200亿元,省委省政府非常重视交通发展,省领导曾多次视察交通基础建设或出席开工、竣工仪式。对此,我们实行交通建设投资完成情况季度通报和及时跟踪制度,集中人员和精力,统筹安排,即时报送,定期反馈,为上级机关和领导了解、掌握实情提供了良好的信息服务。去年7月,我省受台风“碧利斯”、“格美”影响,先后遭受了7次特大暴雨山洪袭击,导致166条公路中断交通,公路水毁损失达8亿元,交通部和省委省政府领导高度关注交通水毁和抢修情况。我们建立了值班快报制度,并且规定每天报送2次公路水毁损失、抢修最新动态信息,确保了信息渠道畅通,为领导指挥应急处置赢得了时间。期间,部领导对我们报送的“湖南省积极修复水毁公路”的后续报道作了重要批示。

三、围绕协调发展,把握难点信息

当前,我省交通发展迅速,但同时也面临多种困难和矛盾。要履行

"聪耳明目"的职责,就不单要使领导看到成绩,更要让领导了解、掌握这些困难和矛盾,从而趋利避害,更好地指导工作。在信息工作中,我们进一步增强信息的针对性,把解决问题作为工作的最终目的,注重喜忧兼报,如实反映交通改革发展中出现的新情况、新矛盾、新问题,并能提出相关对策和建议。去年5月17日,长沙港发生装运烟花鞭炮集装箱爆炸事故。因担心安全问题,外省港口对我省出口的烟花鞭炮集装箱运输实行禁运,导致我省每年出口烟花鞭炮产值严重受损。我们将这一情况以信息的形式,向上级机关进行了反映,并提出了解决问题的初步意见,引起了交通部和省委省政府的重视。8月份,针对益阳、娄底等市相继发生客运班线停运、承包车主上访事件,我们及时编报信息,使上级机关及时采取应对措施,对上访人员进行了有效的劝解和疏散,较好地发挥了信息的预警作用。

四、围绕地区特色,展示亮点信息

就交通行业而言,各地政务信息既具有共性,但也具有个性。我们认为,能及时总结报送本地工作中独到的思路、做法、经验,向上级领导展示工作亮点,与其他地区兄弟单位共同交流,也不失为一种促进资源共享、推动工作进步的手段。在信息工作中,我们做到善于分析形势,研究政策,注重筛选结合省情和本地交通行业特色的信息。自2005年1月1日起,我省在开展道路旅客承运人责任险工作中,积极进行理念创新和政策创新,总结出了较好的管理模式和发展途径。我们及时将这一做法总结成信息材料上报交通部,得到了部领导的肯定,该做法也已由交通部推荐给各地兄弟单位参考借鉴。推进我省长株潭一体化是省委省政府提出的一项重大经济发展战略。为贯彻落实这项战略,去年12月,我厅组织相关部门,就长株潭一体化公交开通召开协调会,认真研究有关事宜,并拟定2007年上半年正式实施。"长株潭一体化公交将开通"的信息上报后,被部《每日快报》采用,同时也引起了省委省政府的关注。

适应形势要求 不断拓展渠道
努力为交通又好又快发展提供优质信息服务

内蒙古自治区交通厅

近年来，我厅紧紧围绕交通中心工作和人民群众关心的热点、难点问题，以提高信息服务质量为突破点，不断改进工作方法，拓宽服务领域，提高服务水平，为部、厅领导掌握情况、科学决策、指导工作发挥了积极作用。

一、立足三个“着眼点”，提高信息工作服务水平

（一）着眼于树立和落实科学发展观的新要求。我厅信息工作紧密围绕厅党组确定的“乘势而上、再铸辉煌”的“十一五”交通发展思路，和“一高一优一达到”的发展目标，进一步加强对宏观交通经济运行的监测，努力把握全区交通发展大局，全面掌握每一条信息的背景，及时、准确地反映行业动态，为厅领导决策提供科学依据，为各级交通部门驾驭复杂局面提供及时高效的信息服务。

（二）着眼于推进改革和发展的新举措。针对交通发展面临的新形势、新问题，结合交通政务公开和新闻宣传工作，不断健全全方位、宽领域、多层次的信息网络，适时调整了上报信息的内容、数量和结构，创办了《区外及网络信息》等新的信息载体，使信息更加符合厅领导和上级部门的要求，为实现交通决策的科学化、民主化，提高依法行政能力，起到了有效的推动和促进作用。

（三）着眼于把办公室工作提高到一个新水平。信息工作是办公室体现参谋助手作用的重要载体，是提高工作层次和工作水平的重要体现。厅办公室充分发挥综合部门的优势，把信息工作延伸、渗透到督查、信访、公文处理、会议、值班等各项政务和相关部门的业务工作中,不断加大工作力度,使信息内容更加丰富、全面,促进办公室工作和服务水平跃上新的台阶。

二、做好五项工作,努力构建大信息格局

(一)完善网络,形成合力。一是全员动手写信息。倡导"信息工作化、工作信息化"理念,强调信息与工作的相互促进与转化,厅领导坚持动笔写信息,起到了良好的示范带头作用。二是主动排查信息源。适时召集基层信息工作人员座谈,分析工作形势,挖掘工作亮点,总结基层经验,主动搜集信息。三是拓宽信息沟通渠道。充分发挥新闻宣传主渠道优势,建立了信息共享、横向互动、相互配合的信息工作协调机制。

(二)紧贴中心,发挥主动性。一是加大信息约稿力度。围绕不同时期交通工作阶段性重点,调整信息报送要点,增加约稿分量。2006 年,厅办公室根据上级部门重要政策的出台和领导指示情况,共发出约稿通知 12 份,重点就农村牧区公路建设、管理、养护体制改革,构建和谐行业,建设创新型行业等方面进行约稿。二是加强信息综合,拓展工作广度。重点对出租汽车行业稳定、水上交通安全、清欠工作等具有普遍性、倾向性和苗头性的动态信息进行定期汇总、专题综合,实现信息升值。三是积极配合部办公厅信息处,认真做好部办公厅信息约稿的报送工作。全年共完成约稿任务 20 余条。

(三)反应迅速,突出时效性。一是加大重大紧急信息跟踪报送力度。重点加强了雪阻、沙阻信息和安全事故信息的报送。2007 年 3 月 6 日,110 国道高速公路我区境内发生严重雪阻,1000 多台车辆、3000 名驾乘人员受阻,厅领导立刻赶赴现场了解情况,及时处置,所有受阻车辆和人员全部得到安全疏导。我们在事件前后共编发跟踪信息 6 条,为事件的处置提供了有力的信息支持。二是加快流转,及时提供信息。充分利用灵敏、高效的电子政务网络,不断改进信息处理手段。每年通过厅电子政务内网发布政务信息 400 多条。内蒙古交通门户网站向社会发布政务信息 300 余条。

(四)跟踪反馈,增强有效性。积极推进信息工作由决策前服务向全程服务延伸,重点加强决策实施过程中的信息跟踪、反馈,及时汇总反馈决策执行产生的经验和存在的问题。根据领导需求及时调整信息采编侧重点,加大了对厅领导关注的重点、难点问题信息的编发力度,全年共编发督查专报18条,结合厅领导的批示和指示要求,向厅领导提供信息专报10条。

(五)统筹兼顾,注重协调性。我区是边疆少数民族农牧区,具有对俄蒙陆路口岸多和草原牧场及矿产资源十分丰富的优势,地方特色较为突出,在经济社会发展中有自己的发展规律和工作特点。我们把握住这个特点,在上报信息中,坚持有的放矢。一是在信息内容上体现"特"字,在上报时间中体现"快"字,在质量上体现"精"字,在材料取舍上体现"准"字,突出报送具有内蒙古交通特色的个性信息,如口岸公路交通发展、三少民族地区公路建设等。二连浩特市交通局全年向部办公厅直报二连口岸信息10余条。二是正确处理报喜与报忧的关系,切实抓好忧信息的报送。坚持实事求是原则,有喜报喜,有忧报忧,特别注意及时反映新的方针政策在执行过程中遇到的矛盾和问题。

(六)注重调研,提高质量。2006年我厅开展了几次大型决策调研活动:一是对全区12个盟市农村牧区公路建设和治理商业贿赂工作情况进行调研。二是组成东部、西部两个督查组,对自治区重点公路项目进行全面调研。三是对全区农村牧区公路建设情况进行了调研。全年共报送调研类信息20余条,分别涉及公路建设权力下放、农村牧区公路建管养体制改革、东部盟市交通发展研究等方面,增强了调研信息的综合性和深度,收到了明显成效。

三、狠抓三项建设,夯实信息工作基础

(一)抓队伍建设。全区交通系统均建立了专业的信息工作队伍,配备了专兼职信息工作人员,健全了以厅机关处室、厅直单位、盟市交通局为主体,旗县交通局和基层交通单位为补充的信息网络。同时,督促各盟市交通局和厅直单位加强信息工作机构建设,保持队伍相对稳定,及时为信息工作人员提供阅读文件、参加会议、调查研究等方面的条件,并配齐计算机、打印机等必需设备。突出加大对包头市交通局、二连浩特市交通局两个部交通政务信息一级网地方信息联系点的指导力度,保证了部信息直报点工作的高效有序运转。对个别信息工作长期没有起色的部门采取主动服务的方法,帮助他们研究理清信息工作的思路、方法和选题等,积极争取他们对信息工作的理解和支持,推动其尽快提高信息工作的质量和水平。

(二)抓素质建设。在实践中,注重培养和发挥信息工作者的调查研究、组织协调、文字综合、依法行政和联系群众五种能力,努力使信息工作者逐步成为博学多才的"多面手"。2006 年以来,我厅通过集中培训、以会代训等方式,对全系统交通信息分管领导和工作人员进行了培训。同时,坚持有计划地推荐基层信息工作人员到交通部学习、锻炼。2006 年 7 月,我厅协助部办公厅在赤峰市圆满举办了交通政务信息工作培训班暨座谈会,并将参加人员范围扩大到盟市交通局办公室主任,使信息工作队伍素质得到普遍提高。

(三)加强制度建设。根据部《关于印发进一步加强交通政务信息工作意见的通知》精神,我厅修改完善了《内蒙古自治区交通政务信息工作办法》,从信息刊物的内容、栏目、采编审核运行、发送范围等方面进行了规范。建立了《政务信息通报制度和考评制度》,进一步健全了较为科学、完善的信息工作激励机制。制定了《交通工作每日动态报告制度》、《全区高速公路运行情况日报制度》和《农村牧区公路交通阻断情况信息报告制度》,进一步健全了重大紧急信息的制度规范。

立足决策服务 增强部门特色
认真作好三峡通航信息报送工作

三峡通航管理局

2006年,三峡通航面临着156米蓄水及三峡船闸完建施工的新形势。在上级的正确领导下,三峡通航管理局(以下简称“三峡局”)认真贯彻落实“合力建设黄金水道,促进沿江经济发展”的会议精神,紧紧结合创建全国航运管理示范窗口的目标,突出重点,排难奋进,圆满完成全年各项工作任务,充分发挥了三峡通航的社会效益,实现了“十一五”的良好开局。

三峡通航政务信息工作紧紧围绕三峡通航的中心任务和重点工作,立足服务领导决策,积极适应新形势发展需要,不断创新工作思路,努力提高信息工作质量和服务水平,政务信息工作呈现出良好的发展局面。2006年,三峡局共向部报送政务信息192篇,被部采用信息60多篇次,中共中央办公厅、国务院办公厅采用4篇次。

一、抓住“亮点”,在增强信息特色上下功夫

在采编、报送信息时,始终注重三峡通航工作的特色,积极开发和挖掘“精品”、“特色”信息。我们结合三峡水域周期性、阶段性变化,围绕三峡船闸完建施工、单线运行的工作特点,报送了《春节期间三峡航段旅客运输平稳有序》、《三峡通航局认真做好“五一”期间安全工作》、《三峡船闸通航3年通过货物近亿吨、旅客571万人次》、《三峡船闸单线运行两周通航秩序良好》、《三峡船闸单向运行一个月通航情况良好》、《国家发展改革委就煤炭过闸相关问题到三峡局调研》、《“十一”黄金周三峡通航情况》、《葛洲坝二号船闸计划大修前期工程开工》等有关信息,为上级领导

了解三峡通航情况和指导决策三峡工作提供了重要参考，多次被部每日快报、专报信息采用，得到了部领导的充分肯定和高度关注。

二、立足大局，在服务上级决策上下功夫

（一）紧贴三峡局工作中心。针对不同时期不同的中心工作、同时期不同的重点工作，不断调整、筛选报送具有可用性的信息。如在中央、交通部、长航局的重大决策和工作部署出台后，或重要会议召开后，我们都迅速报送贯彻落实情况等，以利于上级进一步优化决策。

（二）紧贴领导思路。局领导、局办亲自过问，多次指导信息工作，为我们创造宽松条件，并要求我们在制作信息时，加大换位思考力度，主动进入领导"角色"，站在领导者的高度、角度去调查和分析问题。通过参加会议，听取领导讲话，及时捕捉领导的思路、观点；通过研究文件，听取领导意见，准确了解领导关心的工作和问题，使提供的信息真正与领导的思维对接、需求合拍。如我们根据三峡船闸单线运行期安全运行状况，整理上报了《交通部采取措施确保三峡船闸完建期通航秩序》、《三峡局采取多项措施尽力疏散压船　确保安全稳定》、《三峡通航管理局积极做好煤炭运输协调工作》，部专报予以刊发。

（三）紧贴基层实际。"文变染乎世情"。我们在实际工作中，随时关注基层干部职工在想什么、盼什么，需要什么、反对什么，及时收集、整理、编写出来自一线的信息。

三、灵活机制，在提高信息实效上下功夫

（一）改进工作方法，变"守株待兔"为"主动出击"。局领导高度重视，多次亲自带领信息人员采取"走出去"的方式，到基层站点了解情况，深入实地专题调研，或协调部门配合调研，收集、捕捉一手材料，提供高视角、高品位、高效应的信息，使参谋服务真正"参"到点子上，"谋"在关键处。同时，提高了专职信息员的地位，让信息人员参加局业务周会、局长办公室或重要专题会议，使信息员及时把握第一手资料。

（二）健全运行机制，变"孤军奋战"为"众手合擎"。如果单纯依靠专职信息人员办信息，受人员数量、工作精力、知识结构等方面的制约，使信息在广度、深度上大打折扣，影响到服务决策的实效性。实践中，在明确专职信息工作人员的前提下，注重从各层面布网点，培育骨干，通过重点带动全面，实现信息收集网络化，现在三峡局内形成了一股人人都是信息员，个个都写信息的良好风气。同时，在办公室内部走全员办信息之路，增大信息容量，初步形成纵到底、横到边的信息联网格局。

（三）拓展信息效应，变“内部交流”为“对外开放”。信息工作不仅仅是收集、编发、上报信息，提供情况，还必须加强转化应用，充分利用信息成果来指导工作。实践中，我们主要畅通了四条渠道：一是将信息与宣传结合起来，增强借鉴作用，把那些对中心工作的开展具有指导意义和借鉴作用的典型经验类信息，通过报刊、电台、电视等广泛宣传，推进工作；二是将信息与调研结合起来，增强启迪作用，从中发现好的观点，组建专班、深入调查，深化工作，2006 年，分管信息领导每季度都会带领专职信息员到基层调研，形成了多篇调研报告；三是将信息与督办结合起来，增强警示作用，对一些热、难点问题通过领导批示，跟踪督办、重点督查，落实工作；四是将信息成果通过进一步丰富、综合、引申，形成决议、意见、规定等规范性文件，增强指导作用。

服务领导　服务机关　服务基层
不断提高交通政务信息工作水平

广东省交通厅

我厅政务信息工作按照部党组“三个服务”的要求，紧紧围绕全省交通中心工作大局，以创新为动力，以服务为根本，为厅党组及交通部、省委、省政府的科学决策提供富有价值的信息，有力地推动了交通各方面工作。

一、去年政务信息工作的主要特点

（一）提供数量多。去年，我厅上报省委、省府、交通部信息175条，编辑下发《广东交通信息》16期，《情况参考》5期，《督查专报》8期。

（二）被采用率高。去年，我厅上报信息中被省委办公厅采用49条，领导批示10条。省府办公厅采用35条，领导批示5条。被省委、省政府办公厅分别评为政务信息工作先进单位。交通部采用61条，其中《每日快报》57条，《交通部专报信息》3条，领导批示5条。国办采用1条。被评为全国交通系统政务信息工作一等奖。

（三）服务效果好。我们坚持政务信息工作为领导服务、为基层服务的原则。每期信息都及时报送省委、省政府和交通部，对重大信息我厅还采取专报形式送省委省政府主要领导批示，中共中央政治局委员、省委书记张德江先后在我厅的专报信息上批示4次，省委副书记、省长黄华华批示3次，这些批示对解决交通业发展中的难题，促进交通业的发展起到了关键作用。

二、主要做法

（一）围绕中心，报送高质量的信息。紧紧围绕交通中心工作，在高速公路建设、农村公路建设、运输行业管理、行业体制改革等方面，采编多期高质量的信息上报，如：为坚决贯彻落实张德江书记关于征地拆迁“三条红线”要求，做好征地拆迁工作，切实维护人民群众利益，采写了《不信春风唤不回——执行“三句硬话”，科学快速和谐建设高速公路》信息，得到了省领导的充分肯定。

（二）加强调研，报送有深度的信息。针对我省交通公路、水路发展中的突出问题，深入基层，深入一线加强调研，整理出针对性、建议性、对策性强的信息，为领导科学决策提供参考。如针对我省高速公路设施被盗毁较为严重的情况，深入京珠高速和在建的汕头揭阳高速公路等现场调研，编报了《我省部分高速公路设施被盗毁现象严重，影响行车安全》及《汕揭高速公路工地盗窃严重，项目建设一度受阻》两篇信息。

（三）巧选角度，报送有价值的信息。多方面获取信息，精心筛选，选准角度，注重信息的综合分析工作，提高报送信息的全局性、综合性、系统性，减少零碎、肤浅的信息。如针对佛山建成我国首条不收费快速路，总结了十个亮点；针对湛江海湾大桥建成通车，总结了“科技攻关，创新技术”上报信息，均得到领导批示。

（四）及时准确，报送重大突发信息。对重大的问题，重大突发事件、灾情，特别是带倾向性、苗头性的问题均及时上报。如针对去年部分媒体对养路费征收合法性的质疑，及时上报了《养路费征收有法可依》，省、部领导都作出批示。去年汛期，我省公路航道设施水毁严重，我们深入灾区调研，编辑《抢险防汛信息》近20篇，及时将灾情和复产情况上报，为省委、省政府决策起到一定的参考作用。

三、主要体会

（一）领导重视，是做好信息工作的关键。我厅领导非常重视信息工作，把信息作为自己的耳目，作为了解情况和掌握动态的主渠道，作为科学决策的重要依据。厅领导不仅看信息，批示信息，还经常提供信息素材。我们深深体会到，编报信息工作一定要紧贴领导要求，才能做到信息内容新颖、有前瞻性，对领导的科学决策和指导工作才能起较大作用，才能对交通改革与发展产生效益。

（二）围绕中心突出重点，是做好信息工作的重要环节。在信息专报工作中，我们牢固树立为领导提供优质服务的指导思想，贴近基层工作和群众关注的问题报送信息，坚持有喜报喜，有忧报忧，喜忧兼报。在具体工作中，注意捕捉"五点"：一是捕捉省委、省政府和交通部工作的中心点。注意编报重大部署、进展、成效及上级领导的主要思路等方面的信息，力争把信息工作办成向上级汇报工作的"显示屏"。二是捕捉领导的关注点。组织报送领导关注的信息，是信息工作为上级和领导服务的根本，也是信息工作的立足点。三是捕捉重大改革和行业管理的关键点。我们紧紧跟踪各项重大改革和行业监管措施的出台、进展与成效、遇到困难和阻力编报信息，为领导科学决策、指导工作提供有益的参考。四是捕捉工作中的亮点。突出本地区、本单位的特色。五是捕捉交通行业的聚焦点。及时把基层单位、广大干部和群众关注的热点、难点问题向上级报告。

（三）树立精品质量意识，是做好信息工作的核心。质量是信息的生命。报送的信息稿件要质量高、时效性强，无错报、漏报、迟报现象。采编的信息要具有一定的深度，要准确、及时反映本地区、本单位交通建设、改革、管理与发展中的情况及存在问题，为促进交通可持续发展发挥应有的作用。为提高信息质量，我厅强调处理好四个关系：一是处理好喜与忧的关系。"喜"信息反映成绩，能鼓舞斗志；"忧"信息反映问题，通过吸取教训，完善政策，同样有利于指导工作。我们始终坚持实事求是的原则，对苗头性问题，尤其是对容易诱发突发性事件的问题，不隐瞒、不虚报，做到快报、实报、追踪报送，引起领导的高度重视，使一些棘手问题得到及时妥善解决。二是处理好快与慢关系。我们坚持"今天再晚也是早，明天再早也是晚"的信息报送原则，做到及时上报、快速反应。三是处理好一次报送和追踪报送的关系。有些信息如某项重点工程的开工、竣工等，只需开工或竣工后一次报送即可，但如果是重点工程发生阻工或停工现象，则要事前一出现苗头就报，事中、事后还要跟踪报送，做到有问题、有措施、有结果。四是处理好点与面的关系。既突出当前工作中的重点、难点和热点问题，又对面上的一般情况予以关注，做到以点带面。

（四）健全网络，是做好信息工作的基础。为了进一步开拓信息来源，推动信息工作向纵深发展，我厅注意加强交通政务信息网络建设，交通政务信息网点已遍布全省21个地市交通局及13个直属单位，形成了横向到边、纵向到底、上下畅通的交通信息网络，使信息来源更宽、更广、更丰富，从而确保了信息的及时采编和上报。

（五）加强队伍建设，是做好信息工作的根本。为实现政务信息工作规范化、制度化和科学化，我厅制定了《广东省交通政务信息工作管理规定》，对信息的报送、登记、考核、奖惩等作出了具体规定。为了提高信息员队伍的业务素质，我们采取“年年培训”的办法，每年都举行一期政务信息工作人员培训班，除了传达学习部、省关于信息工作的有关指示外，还请省委、省政府办公厅负责政务信息的同志介绍经验、做法等，增强信息员做好信息工作的使命感和责任感，开拓信息员的视野，提高信息员的政策水平、写作水平及分析问题、发现问题的能力。

换位思考 拓宽视野
努力提高政务信息服务实效

广东海事局

近年来,广东海事局不断加强政务信息工作,努力提高信息时效性、针对性和服务性,政务信息的上报数和采用数连续三年位居直属海事系统前列,2006年被部评为交通政务信息工作先进单位一等奖。

总结近年来的工作经验,我们最突出的体会是:在信息采写过程中,一定要善于换位思考,拓宽视野,多从各级领导、上级信息部门的角度分析信息需求,才能根据需求确定信息选题方向,深入分析信息价值,从而选编出适用对路的信息,提高信息服务实效。

一、要善于换位从领导的角度思考,紧扣工作重点写信息

政务信息工作是为各级领导决策服务的重要渠道,因此报送政务信息要准确把握领导关注的重点,抓住海事中心工作,把握地方全局性工作,针对倾向性、苗头性问题,结合实际报送各级领导希望了解、需要掌握的信息。

(一)抓住海事中心工作。水上交通安全监管是海事的中心工作,也是海事部门信息要反映的主要内容。我局始终坚持信息采编紧紧围绕海事中心工作,确保动态信息及时全面,同时注重发掘深度信息,努力提高上报信息的质量和层次。2006年3月,我局向广东省政府报送的《琼州海峡客滚船安全管理工作存在六方面主要问题》信息引起了省政府领导的重视。佟星副省长作出批示,并带领有关部门领导专程到湛江进行安全检查,对危险品安全检测等方面的情况进行了解,对安全管理工作提出了要求。

（二）把握所在地方全局性重点工作。要密切关注当地政府部门的最新举措和动态，并通过信息渠道反映海事部门为中心工作服务的相关情况。2006年底，为响应广东省委、省政府关于促进粤东地区加快经济社会发展的号召，做好“三个服务”，我局站在海事的角度，采取各项积极措施，加大对粤东地区经济发展的服务支持力度，得到了省委省政府的充分肯定。我们向部办公厅上报了“广东海事部门采取积极措施服务地方经济社会发展”政务信息，并被《交通情况与交流》采用，徐祖远副部长在信息上批示：“广东海事局的四点做法很好，希望抓好落实，并在实践中不断总结和创造交通海事为地方党委、政府当好参谋的新经验，把海事的全面、协调、可持续发展深深地植根于区域经济发展的沃土之中，真正实现我交通海事的‘三个追求’。”

（三）针对问题提建议。政务信息不仅要汇报工作和成绩，也要反映困难和问题，要善于发现倾向性、苗头性问题，通过信息渠道及时上报，争取上级的指示和有关部门的支持，推动问题的解决。海上安全监管工作中，汛期、台风期、事故多发期、重点物资运输高峰期等都是需要重点关注的时期；再如在广东海事局辖区内，琼州海峡火车轮渡安全、珠江口高速客船安全、北江船舶通航秩序、西江枯水期、港澳航线、港澳供水等，更是区别于兄弟单位的监管重点，这些一直以来都是我们信息报送的重点。

2007年1月，我局上报的《珠江三角洲遭遇特大咸潮袭击 海事部门积极配合做好珠海市压咸抢淡工作》信息，由于涉及珠海市饮用水和澳门供水问题，十分重大敏感，部办公厅非常重视，并以专报形式上报中办和国办。2006年末2007年初，我局跟踪广州万顷沙等镇300名学生渡运安全问题，先后4次综合整理信息上报省政府，均引起省政府领导的关注，两位副省长先后作了4次批示，对协调解决万顷沙镇学生安全渡运问题起到了很好的促进作用，有关领导也对我局工作给予了高度评价。

二、要善于换位从上级信息部门的角度思考，掌握信息写作技巧

如何让我们报送的信息脱颖而出，除了找准选题外，还要求掌握一定的信息写作技巧，才能提高信息的针对性和采用率。

（一）根据上级部门的不同需求，找准信息切入点。海事局作为直属

单位，部领导既希望海事能够为地方经济社会发展作出贡献，又希望海事得到地方政府更多的支持。因此，我局十分注意根据部和地方政府的不同工作中心，斟酌同一篇信息的不同切入点。在开展“两防”专项整治活动的过程中，我局发现辖区内违规使用和装载低闪点不达标燃油现象存在较大安全隐患，严重影响水上交通安全形势的稳定。由于非标油整治涉及地方政府多个职能部门，我们向广东省政府报送了《广东海事局建议政府有关部门联合整治水上燃油供应市场》信息，提出了安全监管建议，得到了佟星副省长的批示，一定程度上推动了政府有关部门联合整治行动的深入开展，有效遏制了船舶违规行为。同时，我们又在第一时间向部报送反映与地方政府联系协调的信息，以“广东省政府高度重视广东海事局关于联合整治水上燃油供应市场的安全建议”为题向部报送信息，及时反映工作进展情况，以及我局与地方政府之间的良好关系，使信息起到了很好的沟通部和省政府的桥梁作用。

（二）标题鲜明，特点突出。对于信息阅读者而言，准确、醒目的标题有助于尽快了解信息的主要内容，需要信息编辑人员认真推敲。例如《全国铁路大提速　海事部门保障粤海铁路火车轮渡客列运输安全》，标题点明了海事工作所涉及的全国性背景和意义，我们选择在全国铁路提速第一天报送该信息，部和广东省政府办公厅均予以采纳，并得到了广东省政府领导的批示。此外，信息编辑时要善于发现事件表象背后蕴藏的价值，例如，我局所属某基层单位编写的《认真落实部海事局紧急通知精神，海事处召开琼州海峡北岸安全生产情况通报会》信息，文中连篇累牍地堆砌了大量领导讲话内容，从政务信息角度讲意义不大、价值不高。但我们仔细阅读后，从这则信息中发现了“南菜北运旺季保安全”的信息点，随即以《海事部门六项措施保障琼州海峡南菜北运安全》为题上报信息，提高了信息立意，内容详实，很快被上级采用。

（三）提高信息时效性，压缩信息流转时间。时效性是信息的生命，再好的信息丧失了时效性也就失去了其最重要的价值。我们总结出两点经验：一是时效性强的信息，要提前了解相关情况，拟出信息草稿，事件发生后再及时核对、尽快报送，这样做信息效率比等到事件结束后才动笔提高很多。二是对无法提前预知、紧急突发的事件，要在第一时间就已经了解到的情况简要报送概况，然后根据事件发展情况进行续报。

三、加强业务培训，提高信息工作人员素质

为帮助信息员掌握信息写作技巧，提高信息员队伍的素质，我局积极采取措施，努力加强在岗人员培训。2006、2007 年，先后在珠海、东莞、广州举办了三期全局政务信息员培训班，邀请部办公厅信息处，省委、省政府办公厅新闻信息处，《中国水运报》的有关领导和专家举办讲座，使全体信息员对上级部门的信息需求和处理方式有了更加直观的认识。分片区召开了政务信息工作座谈会，有效促进了政务信息员之间的沟通交流。选派人员到省政府办公厅新闻信息处学习，切实提高信息工作能力和水平。为提高政务信息工作的整体水平，形成全局合力，2007 年 5 月至 2008 年 1 月，我局实行了系统政务信息员跟班培训制度，期间，各直属单位依次选派一名政务信息员（共 30 余人）到广东局办公室跟班学习一星期。为此，我们制定了跟班学习培训方案，收集了与政务信息有关的规章制度、领导讲话、讲座资料、上级采纳稿件汇编等有关资料作为教材；要求参加培训的政务信息员在短短一周内，要协助编发局内部信息刊物，采写、处理政务信息，处理局内外网站新闻，并撰写心得体会，对做好政务信息工作提出意见建议；要求跟班信息员对信息稿件反复修改，深加工，在具体实践中体会和提高写作技巧，共同探索信息工作规律；针对大部分基层信息员身兼数职，写作基础不扎实，尤其对新闻和政务信息的写作特点容易混淆的情况，我们还专门编写了一本小册子，对同一事件作为新闻、信息两种体裁的不同写法进行了对比。以上措施对提高我局信息员的水平、提高报送质量起到了重要作用。

第五篇

部分交通部门（单位）政务信息工作制度

山西交通信息工作管理暂行规定

为了进一步做好交通信息工作,建立完善、有效、反应快捷的交通信息网,使信息工作逐步走上规范化、制度化、科学化的轨道,充分发挥信息的作用,为厅领导决策提供依据,并为基层各单位服务,特制定本规定。

一、交通信息网的组成与职责

1. 交通信息网由厅机关各处室、各地市交通局、厅属各单位组成,具体工作由单位(部门)的办公室负责办理。交通信息网成员单位的主要任务是:负责报送本部门、本地区、本单位的情况快报、工作简报和交通信息,为本级和上级领导及时了解情况、科学决策提供服务。

2. 交通信息网的各成员单位要设立相应的交通信息网,并负责对上一级交通信息网提供准确、快捷的交通信息。

3. 交通信息网的各成员单位要确定一位办公室领导为本单位信息工作的负责人。并指定1-2名具有一定政策水平、综合分析能力较强和文化素质较高的同志专职或兼职信息员(信息联系人)。

4. 信息工作负责人的主要职责是:

(1)管理和指导本单位和下一级交通信息网的信息工作;

(2)对本单位和下一级交通信息网的信息工作提出要求,并检查实施情况;

(3)审批本单位上报的信息;

(4)督促领导对信息批示的查办和反馈情况;

(5)负责对本单位信息工作的总结安排,提出表彰意见,并组织实施对信息工作搞得好的单位和个人进行表彰。

5. 信息员的主要职责是:

(1)按厅发的交通信息报送要点,了解、收集、整理本部门、本地区、本单位的交通信息情况;

(2)按规定的格式、时间、方法和要求向厅报送交通信息和情况快报;

(3)为本单位领导提供信息服务;

(4)完成上级和领导布置的与信息有关的工作。

6. 交通厅负责对交通信息网成员单位的领导,厅办公室由一名领导分工负责信息工作,具体工作由办公室秘书负责办理,其主要职责是:

(1)收集、整理、编辑各单位报送的各类交通信息,编写《山西交通政务信息》、《山西交通政务信息(快讯)》、《山西交通政务信息(增刊)》分别报交通部办公厅信息处、省委办公厅信息处、省政府办公厅信息处和厅领导,送有关省市交通厅局和单位、部门参阅。

(2)将厅领导在厅各种信息刊物上的批示,迅速传达到交通信息网各成员单位,并将查办落实情况和有关事项的办理结果向领导反馈。

(3)负责统一组织、协调和指导全省交通信息网各成员单位的信息工作。

(4)根据中共中央、国务院和国家交通部、省委、省政府及厅不同时期对交通工作的部署,及时发布交通信息报送要点。

(5)每年对交通信息工作进行总结,表彰信息工作搞得好的单位和个人。

二、交通信息的收集、整理和报送

1. 交通信息的收集

交通信息可以通过多种形式、多种渠道进行收集。

交通信息的主要来源是:上报或上发的文件,会议材料、领导批示、电话记录、工作总结、下基层检查情况、调研报告、下级报送的简报、信息及文件、材料和报表、信访材料、收集的群众反映等。必要时也可以直接下基层采访、调研,收集第一手材料。

收集信息时做到:

(1)及时:要在事件发生的最短时间内收集。

(2)准确:收集的信息一定要经当事人核实清楚。

(3)完整:事实要尽可能详尽,必要时要查明原因、背景。

(4)适用:收集信息时目的要明确,特别是要注意收集有典型性、指导性和倾向性的信息。

2. 交通信息的整理

(1)对收集到的信息分类登记,经过筛选确定其性质、使用价值和可靠性。重要信息要进行复核和必要的调查研究。

(2)对采用的信息进行综合、整理。经过整理的信息要标题简明、主题集中、结构严谨,语言简练。动态信息不要超过300字,政务信息不要超过3000字,经验材料不要超过6000字。

3. 交通信息的报送

(1)各信息成员单位要按规定的格式打印后,经主管领导或授权办公室主任审核签字,通过电话传真、电子邮件的形式报厅办公室,属于保密范围的信息按密级加密电传至厅办公室机要室转交承办秘书。时效性不强的信息可通过信件邮寄。

厅机关各处室和厅属在并单位报送信息,应经处室负责人(单位主管领导)或授权办公室主任审核签字后,以书面形式于当日报厅办公室。

(2)报送信息的时限要求:动态信息从收集到报厅不超过24小时,重大突发事件不超过2个小时。重大突发事件可先用电话口头直接上报,但必须在4个小时内以文字补报。政务信息要尽可能的缩短报送时间,一般不要超过1周。

(3)重要信息要进行连续跟踪报道,有新情况要不断续报。

三、信息的反馈

1. 厅办公室要将中共中央、国务院经及交通部省委、省政府和厅领导在《山西交通政务信息(快讯)》上的指示迅速传达到有关单位查办落实。领导批示落实后要及时向有关领导反馈办理结果。

2. 交通信息网络成员单位要迅速向主管领导报中共中央、国务院和交通部、省委、省政府以及厅领导的有关批示,并了解批示贯彻落实情况,及时向厅报送情况。

四、信息的管理

1. 各级采用的信息及有关资料,要按档案管理的有关规定立卷归档和保管。

2. 本着便于查阅和使用的原则,各单位要充分利用办公自动化的先进手段。开发、使用计算机,建立交通信息资料管理库。

3. 为尊重知识产权和信息编写人员的劳动,厅对信息工作实行稿费制度,对采用信息的单位作者发放稿费,厅《山西交通政务信息》采用1条发放稿费5元,《山西交通政务信息(快讯)》采用1条发放稿费10元,《参阅材料》采用1条发放稿费50元。

交通信息网各成员单位可参照厅的做法分别采取相应的管理办法。

五、评比和奖励

1. 厅办公室定期通报交通信息工作情况。

2. 厅每年年终对信息工作进行总结评比。

(1)先进单位评比条件:领导重视,认真贯彻信息工作管理规定,信息网络健全、有效、畅通,报送的信息质量高,被采用的数量多。

(2)优秀信息员评比条件:认真落实信息工作管理规定,深入实际积极捕捉信息,报送的信息质量高,被采用的数量多。

(3)每年11月15日前,交通信息网成员单位向交通厅报送交通信息工作管理总结,并推荐本年度优秀信息员。

3. 评比奖励办法:

(1)信息工作先进单位由厅办公室统一衡量、评比确定;优秀信息员由有关单位推荐,厅办公室统一衡量、评比确定。

为使评比客观、公平、公正,评比采用计分制,《山西交通政务信息》每采用一条者,计1分;《山西交通政务信息(快讯)》采用1条者,计2分;厅《参阅材料》采用1条者计10分;受到厅和上级领导批示的信息,计

20分;受到中共中央、国务院领导批示的,计50分;总分最多者为先进。

(2)厅办公室在交通信息工作年会上对信息工作先进单位和优秀信息员进行表彰。奖励以精神鼓励为主、物质奖励为辅。

厅对获得优秀信息员的同志颁发证书以资鼓励,并奖励人民币200元。

六、组织领导

1. 各单位要把信息工作列入领导议事日程,专人负责定期检查。

2. 主管信息工作的各级办公室主任(或副主任)要切实负起组织、协调和信息报送、查办反馈的责任。

3. 各单位要支持信息工作人员的工作,对信息工作人员参加会议、阅读文件、采编信息、业务学习、外出调研等方面要提供便利条件。

七、信息队伍建设

1. 交通信息网各成员单位要保持信息队伍的健全和相对稳定。由于工作或其他原因,需更换信息员时,要及时向厅办公室报备。确保信息工作的连续性。

2. 要加强对信息队伍的培训,经常组织信息工作人员学习政治和业务知识,加强信息采编等方面的训练,不断地提高信息工作人员的政治和业务水平。

八、信息装备

交通信息网各成员单位要逐步建立起完善的信息处理、传输和管理系统,保证信息迅速、准确、安全地处理和传递。

各单位要根据实际情况,配备计算机、传真机、复印机等设备,并尽快用于信息工作。信息工作人员要熟练掌握现代化办公设备的操作技术,快速处理和传递信息,提高工作效率和质量。

九、工作规范和制度

交通信息网各成员单位要逐步建立、健全本单位信息工作的规范和制度,实现信息工作的规范化、制主化,提高信息工作的质量和时效。

十、附则

本规定自二〇〇四年一月一日起施行。

内蒙古自治区交通系统政务信息工作管理办法

第一章 总 则

第一条 为了加强交通政务信息工作,实现交通政务信息工作规范化、制度化、科学化,更好地发挥交通政务信息的作用,以推动我区交通事业全面协调可持续发展,特制定本办法。

第二条 政务信息工作是各级交通部门的一项重要工作,其主要任务是:反映交通事业发展中的重要情况,为各级领导把握全局、了解动态、分析形势、发现问题、科学决策、指导工作提供及时、准确、全面的服务。

第三条 交通政务信息应当始终服从和服务于交通中心工作来开展,围绕以坚持和落实科学发展观为主线,根据不同时期、不同阶段的工作任务,适时把握政务信息的重点,全面反映交通建设和社会发展的新情况。

第四条 各级交通部门要加强对政务信息工作的领导,明确目标任务,明确措施要求,搞好组织协调,充分发挥整体功能,做好政务信息工作。

第二章 交通政务信息网络建设

第五条 我区交通政务信息网络(以下简称信息网)成员单位包括各盟市交通局、厅直各单位、厅机关各处室和厅管项目办及监管办。

第六条 信息网成员单位的办公室或相应机构是本单位交通政务信息的责任部门,负责采集、编写、报送本地区、本单位的交通政务信息。

第七条 信息网成员单位(除厅机关各处室外)可根据工作需要建立本地区、本单位、本部门的交通政务信息网络,并负责对其进行指导和管理。

第八条 交通政务信息队伍由专、兼职的政务信息工作人员组成。各盟市交通局和厅直各单位应当配备专职政务信息工作人员,其他部门可根据情况配备专职或兼职信息员。

第九条 交通政务信息工作人员应当具备如下素质:

(一)有较强的事业心和政治敏锐感,热爱政务信息工作,作风正派,实事求是;

(二)熟悉党的路线和方针、政策、熟悉政府及部门的主要业务工作;

(三)掌握政务信息工作的基本知识和工作技能,具备一定的经济、科技和法律等方面的基本知识;

(四)具有较强的综合分析能力、文字表达能力和组织协调能力;

(五)严格遵守党和国家的保密制度。

第十条 信息网成员单位要加强交通政务信息队伍建设,搞好业务培训,不断提高交通政务信息员的思想政治素质和业务素质。

第十一条 信息网成员单位应配备计算机、传真机、复印机等现代化办公设备,保证交通政务信息迅速、准确、安全地处理和传递。

第三章 交通政务信息工作职责

第十二条 自治区交通厅办公室负责对全区交通政务信息工作的归口管理和指导,其主要职责是:

(一)负责组织、协调和指导全区交通系统政务信息工作;

(二)根据自治区党委、政府、交通部及厅党组对交通工作的部署,适时发布政务信息报送要点和信息调研课题,预约重要交通政务信息的报送;

(三)负责收集、整理、编辑各单位报送的政务信息,编发交通政务信息;

(四)根据领导的指示或批示,传达或督办有关事项,并及时反馈办理结果;

(五)负责规划和指导全省交通系统的政务信息网络建设,组织政务信息人员的业务培训；

(六)负责政务信息报送、采用情况通报，定期对信息调研工作进行总结和表彰。

第十三条 各盟市交通局、厅属各单位、机关各处室在交通政务信息方面的工作职责是：

(一)按厅办发布的信息报送要点和信息调研课题，收集、整理上报本地区、本单位、本部门的交通政务信息和综合调研材料；

(二)根据本地区、本单位、本部门的实际和工作重点，确定和发布本地区、本单位、本部门的信息报送要点和信息调研课题并组织实施；

(三)完成厅办预约的交通政务信息报送任务；

(四)指导和管理本地区、本单位、本部门交通政务信息网络工作。

第十四条 信息网成员单位要高度重视交通政务信息工作，健全机构，加强领导，为有效开展交通政务信息工作创造必要条件。

第十五条 厅信息中心归口厅办公室管理，按照交通信息化工作的要求，负责厅交通政务信息的网上发布；研究、开发与推广交通信息计算机网络应用，并负责技术培训工作。

第四章 交通政务信息工作程序

第十六条 交通政务信息的收集。

(一)交通政务信息应通过多种形式、多种渠道进行收集。要特别重视收集有典型性、指导性和普遍性的综合性交通政务信息。

(二)交通政务信息的主要来源是：往来文件、会议材料、领导批示、电话记录、工作总结、调研报告、群众来信来访以及简报、信息专报、报表资料等。必要时应直接到生产一线采访、调研，收集第一手材料。

第十七条 交通政务信息的编辑整理。

(一)收集交通政务信息后要进行分类登记、综合、编辑。

(二)综合、编辑交通政务信息要坚持实事求是的原则，反映的事件应当真实、可靠、及时；要主题鲜明，文题相符，标题简明，结构严谨，语言简练；反映情况和问题应力求有一定的深度，努力做到有新意、有分析、有预测、有建议；所列的事例、数字、计量单位应力求准确无误。

第十八条 交通政务信息的报送和发布。

（一）交通政务信息报送和发布前必须经有关负责人审核签字，重大信息需单位领导审核签字。

（二）报送交通政务信息必须坚持及时、准确、全面、适用的原则，确保信息的时效性、真实性、完整性和可用性。

（三）交通政务信息网成员单位根据《交通政务信息网成员单位表》（附表一）中组别的划分，属于I组的成员单位每月应当向厅办公室报送信息10条以上，全年报送量不少于120条；属于II组的成员单位每月应当向厅办公室报送信息5条以上，全年报送量不少于60条；属于III组的成员单位每月应当向厅办公室报送信息1条以上，全年报送量不少于12条。

第十九条 交通政务信息传递。

交通政务信息以纸质传送为主，同时以电子文件形式报送，也可采用电话传真、文件交换、邮寄或直接送达的方式及时报省厅，重要信息可通过口头报送，但随后应尽快补报纸质信息。

第五章 交通政务信息工作制度

第二十条 重要交通政务信息报送制度。

（一）重要交通政务信息主要包括：

1. 中央、交通部、自治区领导到本地区、本单位、本部门视察工作的情况和对本地区、本单位、本部门交通工作的重要指示和批示；

2. 关系国计民生的重要生活、生产资料的运输生产情况；

3. "五一"、"十一"、春节等重要节假日本地区、本单位、本部门主管业务范围内每日行业经济运行情况；

4. 交通重点工程建设项目的立项、审批、资金筹措和建设情况；

5. 涉及交通系统和交通行业的重要社会动态、重大交通事故、重大灾情和重大突发性事件及可能威胁社会稳定的因素、隐患等紧急情况，以及上述重大事件的预防措施及结果等；

6. 信息网成员单位主管业务范围内的重要事项和基础统计数据;

7. 交通部、自治区党委、政府、交通厅约稿信息。

(二)对重要交通政务信息必须迅速收集和上报,有新情况要及时续报。对漏报、迟报甚至隐瞒、扣压不报重要交通政务信息的信息网成员单位,省厅将予以通报批评;对造成重大损失或恶劣影响的,将依法依纪严肃查处。

第二十一条 交通政务信息预约制度。

厅办公室视工作需要,可通过预约方式,向信息网成员单位发出交通政务信息预约通知,提出预约交通政务信息的内容撰写要求和报送时间,有关成员单位应按要求组织专人搜集材料和撰写,按时上报。

第二十二条 交通政务信息稿酬制度。

厅对采用的交通政务信息按照采用级别、有无领导批示及批示领导级别实行累加式稿酬制度。

信息网成员单位(厅机关各处室除外)可参照本办法对本部门、本地区、本单位交通政务信息网实行相应的稿酬制度。

第二十三条 交通政务信息工作考评制度。

(一)厅对交通政务信息工作考评实行计分制。凡按要求完成月度、年度报送任务的,当月加计2分,当年加计10分;被厅采用的一般性信息1条加计3分,紧急、突发性信息1条加计2分,调研信息1条加计10分;被交通部、自治区党委、政府采用1条加计5分;重要信息每漏报1条扣5分,迟报1条扣3分。

(二)厅按季度和年度,适时公布信息网成员单位季度得分和累计得分情况。

信息网成员单位所属本部门、本地区、本单位交通政务信息网的采用信息分数计入相关成员单位的总分中。

漏报或扣压不报重要信息达3次以上的(含2次),给予通报批评,并取消年度评先资格。

第二十四条 交通政务信息工作表彰制度。

省厅对交通政务信息工作先进单位和优秀交通政务信息员进行年度

表彰。表彰主要依据每年年底综合考评得分情况。

信息网成员单位应在每年1月10日前,向省厅报送上年度本单位交通政务信息工作总结,并推荐上年度本单位优秀政务信息员。省厅将根据信息网成员单位年终总分排序和交通政务信息工作情况,确定交通政务信息工作先进单位和优秀交通政务信息员。

第六章　附　　则

第二十五条　本办法由自治区交通厅办公室负责解释,并根据施行情况适时完善、修订。

第二十六条　本办法自发布之日起施行。

湖南省交通政务信息管理暂行办法

为了促进交通政务信息工作规范化、制度化、科学化,更好地发挥交通政务信息的作用,以促进交通事业的改革和发展,根据省人民政府和交通部的有关规定,制定本办法。

第一章 交通政务信息网络

第一条 省交通政务信息网络(以下简称信息网)成员单位包括厅机关各处室、各市州交通局、厅属各单位和挂靠厅的各学会、协会。

第二条 信息网成员单位(除厅机关各处室外)可根据工作需要建立本地区、本部门、本单位的交通政务信息网,并负责对其进行指导和管理。

第三条 信息网成员单位的办公室或相应机构是本单位交通政务信息的主管部门,负责采集、编写、报送本单位、本地区的交通政务信息。

第四条 信息网成员单位要加强交通政务信息队伍建设,搞好业务培训,不断提高交通政务信息员的思想政治素质和业务素质。

第五条 信息网成员单位应配备计算机、传真机、复印机等现代化办公设备,保证交通政务信息迅速、准确、安全地处理和传递。

第二章 交通政务信息工作职责

第六条 省厅办公室负责对全省交通政务信息工作的归口管理和指导,其主要职责是:

一、根据省委、省政府、交通部及厅党组对交通工作的部署,适时发布政务信息报送要点和信息调研课题,预约重要交通政务信息的报送;

二、负责收集、整理、编辑各单位报送的政务信息,编发《交通政务信

息专报》;

三、根据领导的指示,传达或督办有关事项,并及时反馈办理结果;

四、负责组织、协调和指导全省交通系统政务信息工作;

五、负责规划和指导全省交通系统的政务信息网络建设,组织政务信息人员的业务培训;

六、负责政务信息报送、采用情况通报,定期对信息调研工作进行总结和表彰。

第七条 厅信息中心归口厅办公室管理,按照政府上网工程的要求,负责厅交通政务信息的采编与发布;研究、开发与推广交通计算机应用系统,并负责技术培训工作。

第八条 各市州交通局、厅属各单位和挂靠厅的各学会、协会在交通政务信息方面的工作职责是:

一、按厅办发布的信息报送要点和信息调研课题,收集、整理上报本部门、本地区、本单位的交通政务信息和综合调研材料;

二、根据本部门、本地区、本单位的实际和工作重点,确定和发布本部门、本地区和本单位的信息报送要点和信息调研课题并组织实施;

三、为本单位领导和机关提供交通政务信息服务;

四、完成厅办预约的交通政务信息报送任务;

五、指导和管理本部门、本地区和本单位交通政务信息网络工作。

第九条 交通政务信息工作负责人的主要职责是:

一、负责组织制订和实施交通政务信息工作规划、计划;

二、负责组织拟定和实施信息报送要点和信息调研课题方案;

三、审核本单位上报的交通政务信息;

四、负责上级领导和本单位领导对交通政务信息批示的督办、催办工作及其他政务信息工作的督促、检查;

第十条 交通政务信息员的主要职责是:

一、收集、编辑本单位、本部门、本地区的交通政务信息;

二、按规定的格式、时间、方法和要求报送交通政务信息;

三、为本单位领导和上级部门提供交通政务信息服务;

四、完成上级机关和本单位领导布置的与交通政务信息有关的工作。

第十一条 信息网成员单位要高度重视交通政务信息工作,健全机构,加强领导,为有效开展交通政务信息工作创造必要条件。

第三章 交通政务信息工作程序

第十二条 交通政务信息工作程序是:收集—编辑—审核—报送(发布)—立卷归档。

第十三条 交通政务信息的收集

交通政务信息应通过多种形式、多种渠道进行收集。要特别重视收集有典型性、指导性和普遍性的综合性交通政务信息。

交通政务信息的主要来源是:往来文件、会议材料、领导批示、电话记录、工作总结、调研报告、群众来信来访以及简报、信息专报、报表资料等。必要时应直接到生产一线采访、调研,收集第一手材料。

第十四条 交通政务信息的编辑整理

收集交通政务信息后要进行分类登记,并确定其性质、使用价值和可靠性。

综合、编辑交通政务信息要坚持实事求是的原则,反映的事件应当真实、可靠、及时。具体要求是主题鲜明,文题相符,标题简明,结构严谨,语言简练;反映情况和问题应力求有一定的深度,努力做到有新意、有分析、有预测、有建议;所列的事例、数字、计量单位应力求准确无误。

动态性交通政务信息一般不超过300字,综合性交通政务信息一般不超过2000字。

第十五条 交通政务信息的报送和发布

交通政务信息报送和发布前必须经有关负责人审核签字,重大信息需单位领导审核签字。

报送交通政务信息必须坚持及时、准确、全面、适用的原则,确保信息的时效性、真实性、完整性和可用性。

厅办公室以《交通政务信息专报》的形式向省委、省政府、交通部上报,同时在政务信息网上发布。每月上报数量不少于8条,全年报送量不少于90条。

各市州交通局和厅直各行业管理局每月向厅办公室报送的信息要达5条以上,全年报送量不少于60条;厅直其他单位每月报送信息2条以上。

第十六条 动态性交通政务信息从收集到报省厅不得超过2天。重大紧急事件必须在事件发生后4小时内上报。并及时续报事态进展、处置措施和原因、后果以及对事件的处理情况,直至处理完毕。一般性交通政务信息应尽可能缩短报送时间。

第十七条 交通政务信息传递

交通政务信息应优先采用交通系统计算机互联网络的电子邮件方式传送,待条件成熟后格式化数据采用AMT/EDI方式传送,也可采用电话传真、文件交换、邮寄或直接送达的方式及时报省厅。

第十八条 交通政务信息资料应按档案管理的有关规定立卷归档和保管。厅办每月整理汇编一期交通政务信息专辑。

信息网成员单位要充分利用办公自动化的先进手段,建立交通政务信息数据库。

第四章 交通政务信息工作制度

第十九条 重要交通政务信息报送制度

一、重要交通政务信息主要包括:

部、省、厅级领导到本部门、本地区、本单位视察工作的情况和对本部门、本地区、本单位交通工作的重要指示和批示;

对省厅的重要工作部署、交通工作的重大改革措施和重大决策的贯彻落实情况;

政府出台的有关交通工作政策和措施;

关系国计民生的重要生活、生产资料的运输生产情况;

交通重点工程建设项目的立项、审批、资金筹措和建设情况;

重大事故和突发性事件,重大自然灾害给本单位、本地区交通造成损失的情况;

信息网成员单位在工作中的重要事项和重要举措;

省厅机关各处室主管业务范围内的重要事项和基础统计数据;

省厅确定的其他重要交通政务信息。

二、对重要交通政务信息必须迅速收集和上报,有新情况要及时续报。对漏报、迟报甚至隐瞒、扣压不报重要交通政务信息的信息网成员单位,省厅将予以通报批评;对造成重大损失或恶劣影响的,将依法依纪严肃查处。

第二十条　交通政务信息预约制度

省厅办公室视工作需要,可通过预约方式,向信息网成员单位发出交通政务信息预约通知,提出预约交通政务信息的内容撰写要求和报送时间,有关成员单位应按要求组织专人搜集材料和撰写,按时上报。

第二十一条　交通政务信息稿酬制度

省厅对采用的交通政务信息实行稿酬制度。

信息网成员单位(厅机关各处室除外)可参照本办法对本部门、本地区、本单位交通政务信息网实行相应的稿酬制度。

第二十二条　交通政务信息工作考评制度

省厅对交通政务信息工作考评实行计分制。省交通政务信息网成员单位和政务信息每年计基础分 100 分。凡完成目标任务的,计 100 分;对质量较高的信息采用加分制,即被中办、国办采用 1 条信息加计 8 分,被交通部、省委省政府采用 1 条加计 5 分,被厅办采用 1 条加计 3 分;每少报 1 条扣 2 分,迟报重要信息 1 条扣 4 分,漏报重要信息 1 条扣 8 分。

省厅按季度,适时公布信息网成员单位季度得分和累计得分情况。

信息网成员单位所属本部门、本地区、本单位交通政务信息网的采用信息分数计入相关成员单位的总分中。

漏报或扣压不报重要信息达 2 次以上的(含 2 次),给予通报批评,并取消年度评先资格。

第二十三条　交通政务信息工作表彰制度

省厅对交通政务信息工作先进单位和优秀交通政务信息员进行年度表彰。表彰主要依据每年年底综合考评得分情况。

信息网成员单位应在每年1月10日前,向省厅报送上年度本单位交通政务信息工作总结,并推荐上年度本单位优秀政务信息员。省厅将根据信息网成员单位年终总分排序和交通政务信息工作情况,确定交通政务信息工作先进单位和优秀交通政务信息员。

第五章　交通政务信息安全保密

第二十四条　交通政务信息工作必须严格维护国家的安全和利益,切实遵守有关保密的规章制度,在交通政务信息的收集、使用、传递、保管、移交等各个环节要严格按照安全保密规定办理。

第二十五条　信息网成员单位必须加强计算机信息网络系统的安全保密,确保计算机及相关的配套设备、设施的安全、运行环境的安全、信息传递的安全,不泄露国家机密。

计算机信息网络系统的建设和应用必须遵守国家安全保密的有关法律、法规和其他规定。

计算机房必须配备1－2名思想业务素质高的系统管理员(专职或兼职),制定安全保密制度,明确安全保密职责,自觉遵守国家关于互联网的有关法规,不访问有反动和不良内容的站点。

必须定期对所有机器进行检查,防止病毒或黑客程序扩散。

第二十六条　信息网成员单位必须建立上网信息保密审查制度。要按照"谁上报谁上网谁负责"的原则,信息上报、上网必须经过信息提供单位的严格审查和批准,确保国家秘密不上网。

第二十七条　信息网成员单位必须加强对上网人员的保密教育和管理。要提高上网人员的保密观念,增强防范意识,自觉执行有关规定;要强化监督与管理,明确责任,落实制度,确保在公共信息网上不发生泄露国家秘密的事件。

第六章　附　　则

第二十八条　本办法由省交通厅办公室负责解释。

第二十九条　本办法自2003年1月1日起施行。

陕西省交通系统政务信息工作暂行办法

第一章　总　　则

第一条　为了加强全省交通系统政务信息工作,逐步实现政务信息工作规范化、制度化、科学化,参照中共陕西省委办公厅《关于加强重大紧急信息报送工作的通知》(陕办发〔2006〕26 号)、陕西省人民政府办公厅关于印发《陕西省政府系统政务信息工作暂行办法》(陕政办发〔2003〕108 号)和交通部关于做好交通政务信息工作的有关通知精神,制定本办法。

第二条　交通政务信息工作必须坚持以邓小平理论和"三个代表"重要思想为指导,坚持党的四项基本原则,坚持解放思想、实事求是、与时俱进的思想路线。

第三条　交通政务信息工作的主要任务是面向基层、面向群众,面向媒体、面向社会,收集、加工、反映涉及交通工作的重大情况和重要动态,为领导把握全局、科学决策提供及时、准确、全面的交通政务信息服务。

第四条　交通政务信息工作按照分层次服务的原则,以为本级交通主管部门服务为重点,同时为上级和下级交通主管部门服务。

第五条　交通政务信息工作应当围绕交通的中心工作和交通发展中的重点、难点、热点问题,反映在交通建设中出现的新情况、新问题、新经验;同时,要按照"群众利益无小事"的要求,及时反映涉及群众切身利益和群众生产生活实际困难的有关交通问题。

第六条　各设区市、杨凌示范区交通局和厅直各单位要切实加强对交通政务信息工作的领导,把交通政务信息工作列入重要议事日程,确定一名领导同志分管此项工作,及时解决交通政务信息工作中存在的困难和问题，支持和指导本地区、本单位办公室做好交通政务信息工作。

第二章　组织机构

第七条　健全的交通政务信息组织机构是交通政务信息工作的基础。全省交通系统政务信息组织机构以省交通厅的信息工作机构（厅办公室）为中心，由设区市、杨凌示范区交通局和厅直各单位办公室及厅机关各处室和交通政务信息直报点组成。

第八条　各设区市、杨凌示范区交通局和厅直各单位办公室应当明确负责政务信息工作的机构；厅机关各处室要相对固定人员承担交通政务信息工作。

第九条　政务信息工作机构的基本职责：

1. 按照党和国家的方针、政策以及省委、省政府和交通部的要求，结合本地区、本部门工作部署，研究制定交通政务信息工作计划，并组织实施。

2. 做好交通政务信息采集、筛选、加工、传送、反馈和存储等日常工作。

3. 结合交通中心工作和领导关心的问题，以及通过各种信息渠道发现的问题，组织信息调研，提供有情况、有分析、有预测、有建议的专题信息。

4. 适应交通发展与改革的需要，为领导实施信息引导提供宏观性、导向性和超前性的信息服务。

5. 组织开展交通政务信息工作经验交流，了解和指导下级部门的交通政务信息工作，组织开展交通政务信息工作理论研究。

6. 组织本地区、本部门交通政务信息工作的奖惩和政务信息人员业务培训。

第三章　队伍建设

第十条　厅办公室配备交通政务信息专职人员；各设区市、杨凌示范区交通局和厅直各单位、厅机关各处室、各信息直报点和当年交通重点建设项目要确定一名同志为交通政务信息员,承担交通政务信息工作。

第十一条 交通政务信息工作人员应当具备下列基本条件:

1. 熟悉党和国家的路线、方针、政策,熟悉交通部门的主要业务工作。

2. 热爱交通政务信息工作,有较强的事业心和责任感,工作认真负责。

3. 掌握政务信息工作基本知识和技能,熟练掌握必要的计算机及计算机网络应用技术。

4. 具有较强的文字表达能力、综合分析能力和组织协调能力。

5. 严格遵守党和国家的保密制度。

第十二条 交通政务信息工作人员的职责及权利

1. 适时收集、编写、报送交通政务信息。

2. 及时了解交通政务信息工作中的问题,提出加强交通政务信息工作的建议和意见。

3. 完成上级交办的与交通政务信息有关的工作任务。

4. 根据工作需要,经批准可阅读有关文件、调阅相关资料,列席本单位、本部门的有关会议,参与有关活动。

5. 参加上级部门组织的政务信息业务培训。

6. 参加政务信息先进评选。

第四章 一般性信息

第十三条 按照对信息时效性的要求,一般性信息是指信息的时效性要求不高,具有交流性、调研性和问题性的基本信息。

第十四条 一般性交通政务信息的主要内容包括:

1. 各设区市、杨凌示范区交通局,厅直各单位贯彻落实省委、省政府和交通部重要决策的工作部署、安排、措施。

2. 上级和同级党委政府重要决策执行中出现的新情况、新问题,包括阶段性成效、影响决策落实的突出问题和进一步修正、完善有关决策的意见、建议等。

3. 各市为加快交通发展出台的新政策、新举措;重点交通基础设施建设和各单位重要工作取得的新成就、遇到的新问题。

4. 精神文明建设的新情况、新问题；廉政建设的新举措，以及有待解决的新问题及意见和建议。

5. 重要的社情民意，如一个时期群众最关心、议论最多、意见较大和亟待帮助解决的问题，群众对重要国际动态的反映等。

6. 国家有关部委和其他省(区、市)出台的重要政策可能影响我省交通发展的有关重要情况。

7. 上级预约报送的信息。

8. 其他应当通过政务信息渠道反映的需要领导知道和领导需要知道的信息。

第十五条 一般性交通政务信息应当符合下列基本要求：

1. 所报情况真实可靠，喜忧兼报，数据准确，严禁上报内容失实、片面、以偏概全的虚假信息。

2. 上报信息应主题鲜明，语言规范，文字简练，使用数据反映事物的全貌和发展趋势，并使用国家法定或规范化的计量单位。

3. 信息所反映的本地区或本部门工作情况，应突出有典型性的问题和创新性的思路、举措、经验，避免一般化。

4. 反映情况和问题有一定的深度，透过事物的表象，揭示本质和深层次问题，努力做到有情况、有分析、有对比、有预测、有建议，既有定性分析，又有定量分析。

5. 所有上报信息必须经过主管各单位信息工作负责人的确认后方可上报。

6. 上报信息和向本单位、本系统内部交流信息在内容、角度及写作方法上加以区别，并使用第三人称，不得以本单位、本部门下发信息代替上报省厅的信息。

第十六条 强化反馈信息上报工作，提高反馈信息的质量和数量。重点是上报本级政府和交通行政主管部门在政策执行和决策实施过程中遇到的、需要上级政府和交通行政主管部门重视或帮助解决的困难和问题。

第五章　重大突发事件信息

第十七条　重大突发事件信息是指时效性要求高,事件重大,后果严重,对交通工作及交通行业形象产生重大影响紧急事件。重大突发事件信息基本包括:

1. 全省高速公路、国省道干线公路、重点航道的重大水毁事件;

2. 全省高速公路、国省道干线公路、重点航道发生的中断交通 6 小时以上的事件;

3. 发生在公路、水路范围内的重大灾情、桥隧病害,影响车辆安全通行的事件;

4. 一次死亡 3 人以上或伤情严重的重大、特大交通事故;

5. 其他原因导致的交通中断事件;

6. 发生在交通运输站场、运输工具、施工现场及其他场所的重大安全事故或重大安全隐患;

7. 因交通原因和交通系统人员参与人数多,涉及面广,影响较大的集体上访、请愿、游行、罢工、罢运、械斗事件和非法集会、非法组织的活动。

8. 其他影响交通正常运行,需上级部门了解的重大情况。

第十八条　重大突发事件信息报送应坚持即有发生、随时报送的原则。事件发生后,在向同级领导报告的同时,向上级交通主管部门报送。报送信息可采用电话、传真等形式,缩短报送时间。

第十九条　加强重大突发事件的连续报告,及时报告事件发展的态势和工作进展情况。对后续报告的时效要求等同突发事件本身的要求。

第二十条　重大突发事件信息报送坚持一事一报的原则。要求标题鲜明、文字简要,事件表述清楚,时间、地点、人物、原因、结果等要素齐全。

第二十一条　对重大突发事件信息迟报、漏报、瞒报的行为,均为信息报送的失职行为。迟报、漏报、瞒报突发公共事件信息行为的认定标准如下:

1. 迟报是指事件发生后 12 小时还未向上级报告信息的行为或者经上级有关部门催办后才报送信息的行为。

2. 漏报是指事件发生后24小时还未向上级报告信息的行为或上级已通过非交通系统信息渠道获知信息的行为。

3. 瞒报是指事件发生后48小时还未向上级报告信息的行为或事件经新闻媒体已向社会刊播,造成严重不良影响的行为。

第六章 工作要求

第二十二条 各设区市、杨凌示范区交通局和厅直各单位、厅机关各处室必须严格按照要求做好信息报送工作。

第二十三条 对有领导人批示的信息,信息承办单位要按批示范围,迅速通报批示内容。需要反馈办理结果的,由承办单位将办理情况及时反馈给有关领导,厅政务督察室负责督办。

第二十四条 厅办公室应定时印发交通政务信息报送参考要点并通报信息采用情况。根据一个时期的工作和领导决策需要实行专题信息约稿,被约稿单位应按照要求,按时完成约稿任务。

第二十五条 厅办公室应紧紧围绕改革和发展的重点、领导关注的焦点和群众关心的热点问题,定期组织开展信息调研,提高信息服务质量。

第二十六条 各设区市、杨凌示范区交通局和厅直各单位信息机构可根据工作需要开展信息交流活动,在依法保守秘密的前提下,实现信息资源共享。

第二十七条 省交通厅办公室对信息直报点实行动态管理,每年年终依据年度考核情况及来年工作重点予以调整。

第七章 绩效考核

第二十八条 省交通厅办公室负责对各设区市、杨凌示范区交通局,厅直各单位,厅机关各处室信息工作进行考核。考核结果纳入本单位、本部门年度目标考核内容。

第二十九条 省交通厅办公室根据各单位、各部门报送信息的采用情况累计积分,参考政务信息队伍建设、网络建设、制度建设等指标,按季度对信息工作进行通报。年终统一进行奖罚。

第三十条 上报省交通厅政务信息累计积分办法为:

1. 被省交通厅网站新闻栏目采用积 0.5 分,被陕西交通政务信息刊物采用积 1 分,上报省委、省政府和交通部积 1.5 分,被上级机关信息刊物采用积 3 分,被厅领导及上级领导批示积 5 分,一条信息积分不进行累加,以最高得分为计分标准。

2. 为鼓励上报问题信息和调研信息,加强约稿信息的写作,对被采用问题信息、调研信息和约稿信息,在现有积分的基础上,每篇增加积分 1 分。

3. 为促进信息写作水平提高,厅办公室对以上积分根据写作水平和内容情况,乘以 1 – 1.2 的质量系数。

4. 对发生重大突发事件信息迟报、漏报和瞒报的情况,每发生一次,分别扣减 5 分、10 分和 20 分,并将视情节在全省范围内通报。

5. 各信息直报点的积分计入当地交通局累计总分。

第八章 手段与条件

第三十一条 各设区市、杨凌示范区交通局、厅直各单位应当积极创造条件,加强政务信息自动化建设,配备必要的办公自动化设备,尽快建立健全政务信息工作需要的计算机管理系统和传输系统,保证政务信息工作的正常开展,实现信息迅速、准确、安全地处理、传递和存储。

第三十二条 各设区市、杨凌示范区交通局、厅直各单位应当建立严格的设备管理、维护和值班制度,保持政务信息工作机构的正常运行和信息传输畅通。

第九章 附 则

第三十三条 本办法由陕西省交通厅办公室负责解释。

第三十四条 本办法自 2007 年 1 月 1 日起实施。以往所发的陕西省交通厅政务信息办法及相关配套办法同时废止。

新疆交通政务信息工作暂行办法

政务信息是新时期赋予办公室的一项重要工作之一，是政府部门了解掌握交通情况、指导交通工作、密切与人民群众联系的重要渠道，是贯彻科学执政、民主执政、依法执政的要求，实施科学民主决策的重要基础。为进一步加强交通政务信息工作，逐步实现交通政务信息工作的规范化、制度化、科学化，更好地发挥交通政务信息的作用，以促进交通事业的改革和发展，根据中办、国办、自治区党委、人民政府和交通部《信息工作暂行管理办法》和我区交通行业的实际情况，特制定本办法。

第一章　新疆交通政务信息网络

第一条　新疆交通政务信息网成员单位，由各地、州、市交通局（处），交通建设局、运管局、公路局、征稽局及厅属各单位组成，具体工作由各单位办公室负责办理。

第二条　新疆交通政务信息网成员单位组成情况：一级网络单位：各地、州、市交通局（处）、交通建设局、公路局、运管局、征稽局；二级网络单位：设计院、科研所、新疆交通职业技术学院、路通公司、一、二、九运输公司；三级网络单位：厅机关各行政事业处室；四级网络单位为信息直报点。

第三条　各一级信息网成员单位可根据本单位、本部门的实际情况，设立下一级信息网点。并负责对下一级交通信息网的管理和指导。

第四条　新疆交通政务信息网成员单位的主要任务是：负责报送本单位、本地区的信息，为本单位和上级领导了解情况、科学决策提供信息服务。

第五条　一级网成员单位的办公室主任为本单位信息工作的负责人（第一责任人），秘书为信息员，另指定 1－2 名信息敏感性强，具有较高政策水平、综合分析能力和文化素质,热爱信息工作的同志为兼职信息员。

(一)信息工作负责人的主要职责是:

1. 根据《新疆交通政务信息工作暂行办法》,围绕本单位的中心工作和阶段工作的部署,制定本单位信息工作的目标和规划;

2. 管理和指导本单位和下一级信息网的工作,提出要求并进行检查;

3. 审核签发本单位上报的信息;

4. 负责本单位和上级领导对信息批示的查办、催办工作,并及时向领导反馈查办、催办情况;

5. 负责本单位、本系统信息工作的总结和表彰。

(二)新疆交通政务信息员的主要职责是:

1. 按厅发布的新疆交通政务信息报送要点,了解、收集、编辑本单位、本地区的信息;

2. 按厅规定的格式、时间、方法和要求报送信息;

3. 为本单位领导和上级部门提供交通政务信息服务;

4. 完成上级部门和单位领导布置的与新疆交通政务信息有关的工作。

第六条 厅办公室负责对新疆交通政务信息网成员单位信息工作的归口管理和指导,其主要职责是:

(一)收集、整理各单位报送的交通政务信息,采编《新疆交通政务信息》、《区外交通》和《信息专报》刊物,负责向自治区党委、人民政府、交通部办公厅报送新疆交通政务信息。

(二)将各级领导在《新疆交通政务信息》刊物上的批示,迅速传达到厅领导和有关部门,并将查办落实情况和有关事项的办理结果向厅领导和上级有关部门反馈。

(三)负责制定交通政务信息工作及相关的管理办法和规定,指导协调信息网成员单位的信息工作。

(四)根据中共中央、国务院、自治区党委、人民政府和交通部不同时期对交通工作的部署安排,及时发布新疆交通政务信息的报送要点,预约重要信息的报送。

（五）负责新疆交通政务信息工作的总结表彰。

第二章 采编上报信息工作的程序

第七条 交通政务信息的收集

交通政务信息可以通过多种形式、多种渠道收集，其主要来源是：上报或下发的文件、会议材料、领导批示、电话记录、工作总结、基层情况、调研报告、交通事故、公路通阻报告、群众反映、信访材料及下级报送的信息、文件材料和报表等。同时也可以直接下基层采访、调研、收集第一手材料。采编交通政务信息时目的要明确，特别要注意收集有典型性、指导性和普遍性的综合类交通政务信息。

第八条 交通政务信息的编辑整理

对收集到的交通政务信息要进行分类整理，经过筛选确定其性质、使用价值和可靠性。编辑上报的信息应符合下列要求：

（一）反映的事件应当真实可靠、有根有据。重大事件上报前应当核实。

（二）所列的事例、数字、单位、地址应力求准确无误。

（三）要实事求是、有喜报喜、有忧报忧，准确可靠，恰如其分，防止以偏概全，杜绝虚假信息。

（四）主题鲜明、文题相符、标题简明、结构严谨、语言简练。

（五）反映问题力求有一定的深度，努力做到有新意、有分析、有预测、有建议。

（六）动态性交通政务信息一般不要超过300字，调研信息不得超过2000字。

第九条 数量要求

一级成员单位每年上报40条，每月不少于3条；二级网成员单位每年上报30条，每月不少于2条；三级网成员单位每年上报20条，每月不少于1条。

第十条 时间要求

（一）动态和突发性信息要尽可能缩短报送时间，力求一事一报，在第一时间内上报，突发信息上报不得超过6小时，如情况紧急可先通过电话或其他方式口头直接上报，但必须在最短的时间内以文字形式详细补报，并及时报告事态发展情况。

（二）一般性交通信息应尽可能缩短报送时间。

第十一条 传递方式

（一）上报信息必须做到单条报送，上报信息必须写明所在地区和单位全称，不得将积压信息打包上报，确保上报信息的时效性和质量。

（二）交通政务信息应优先采用互联网络的电子邮件方式传送，可采用电话、传真、电子邮件、文件交换或直接送达等方式报送。

（三）对重要信息进行跟踪，有新情况要及时续报。

第十二条 信息反馈

《新疆交通政务信息》成员单位收到厅信息的反馈后，要迅速向本单位领导报告，并负责向厅办公室反馈处理情况。

第十三条 交通政务信息资料的管理

交通政务信息资料应按档案管理的有关规定立卷、归档和报备。一级网成员单位要充分利用办公自动化的先进手段，建立交通政务信息数据库。

第三章 新疆交通政务信息工作制度

第十四条 重要信息上报制度

重要信息必须迅速收集上报，重要信息内容包括：

（一）中共中央、国务院和部、自治区、厅领导对本单位、本地区交通工作的重要指示、批示和视察工作的情况及讲话要点。

（二）围绕着行业的中心工作对自治区、交通部、交通厅重要工作部署、交通工作的重大改革措施和重大决策的贯彻落实情况。

（三）各级人民政府出台的有关交通工作的法规、政策和措施。

（四）关系国计民生、社情民意和生产资料的运输生产情况。

（五）交通重点工程建设项目的立项、审批和建设情况。

（六）重大事故和突发性事件，重大自然灾害给本单位、本地区交通造成损失的情况。

对漏报、迟报甚至扣压不报重要信息的成员单位，交通厅将予以批评通报。

第十五条 重要交通政务信息预约制度

交通厅视需要，可通过预约方式，向一级网成员单位发出重要交通政务信息预约通知，提出预约信息的内容、撰写要求和报送时间。有关成员单位应按要求组织专人搜集材料和撰写，按时上报。

第十六条 信息保密制度

信息工作要严格维护国家的安全和利益，切实遵守国家和自治区、交通部、交通厅有关保密工作的规章制度，在信息材料的收集使用、传递、保管、移交等各个环节，要严格按保密规定办理。

第十七条 新疆交通政务信息稿酬制度

交通厅对已采用信息实行稿酬制度。各单位报送的信息被《新疆交通政务信息》采用的每条发稿酬 20 元，被部、自治区有关部门采用奖励 50 元，被自治区、交通部、厅领导批示奖励 100 元，被中办、国办采用奖励 200 元，中央领导批示奖励 500 元。

第十八条 信息工作计分办法

厅对各单位信息报送实行计分考核，被《新疆交通政务信息》采用 1 条计 2 分，☆表示被部、自治区党委、人民政府采用加计 5 分，■表示被区、部领导批示加计 10 分，★表示被中办、国办采用每条加计 20 分，▲表示被中央领导批示每条加计 50 分。

第十九条 信息工作表彰制度

（一）厅办公室每年将对各成员单位进行一次检查考评，对信息工作做得较好的单位将予以表彰奖励，对较差的单位将进行通报或批评。

（二）一级信息网成员单位，每年年底前需向厅办公室报送上年度信息工作总结，并推荐上年度本单位优秀信息员。

（三）厅对《新疆交通政务信息》工作的先进单位和优秀信息员进行表彰奖励，表彰奖励以精神鼓励为主，物质鼓励为辅。

第四章 交通政务信息工作的基础建设

第二十条 一级信息网成员单位要建立和健全信息员队伍并保持相对稳定。由于工作调动或其他原因,需要更换信息负责人和信息员的,要及时向厅办公室报备,确保信息工作的连续性、稳定性。

第二十一条 信息网成员单位要积极为政务信息工作的开展创造条件,支持信息员的工作,对信息员参加会议、查阅文件、采编信息、业务学习、外出调研等方面为信息员提供便利条件。

第二十二条 信息网成员单位应不定期地对信息员进行培训,设立下一级信息网络点并建立信息队伍,可采取集中培训、以会代训、交流锻炼等形式,有计划、有步骤地对信息员进行培训,加强信息采编的训练,不断提高信息员的政治思想素质和业务水平。

第二十三条 加强信息网络建设,及时对信息网络系统进行升级。保证系统反应灵敏,运转高效、安全可靠。

第五章 附 则

第二十四条 本办法由交通厅办公室负责解释。

第二十五条 本办法自发布之日起施行。

长江航道局政务信息管理办法

第一章　总　　则

第一条　为加强长江航道局政务信息工作，实现政务信息工作规范化、制度化，更好地为长江航道发展服务，根据交通部、长航局有关政务信息工作要求，结合我局实际情况，制定本办法。

第二条　长江航道局政务信息是长江航道局履行长江航道建设、维护、管理职能及进行内部管理时形成的各类消息，是各项工作过程、成果、现象的综合反映。

第三条　政务信息工作基本要求是准确、及时、安全、保密。

第四条　政务信息工作实行统一领导、归口管理、分工负责、逐级上报的制度。重要政务信息报长航局、交通部。

第五条　政务信息原则上通过局外网、局域网上报、发布。

第二章　政务信息工作职责、内容

第六条　局属各单位要明确政务信息工作归口管理机构和政务信息人员，局机关各部门、局机关直属单位要将政务信息工作纳入岗位职责，指定专人负责。

第七条　各单位、各部门政务信息工作职责：

（一）负责做好本单位、本部门政务信息收集、加工、编辑、传递、反馈工作；

（二）负责本单位、本部门一般政务信息的发布工作；

（三）负责做好本单位、本部门专题政务信息采集、编辑、报送、发布工作；

(四)负责做好相关重大、重要事项报送工作。

第八条 需要报送的重大、重要事项。

(一)党和国家领导人及上级领导对长江航道发展的批示、指示的贯彻落实情况;

(二)各单位重要工作进展情况;

(三)预防和处置重大事故、灾情的情况;

(四)长江航道局全局性会议及承办上级会议(照片)情况;

(五)各单位所在地区对长江航道有较大影响的重要政治、经济活动、重要决策、重要要求等;

(六)各单位、各部门每月工作计划及完成情况;

(七)局属各单位班子成员、局机关各部门、局机关直属单位负责人每周主持的重要工作、处理的重要问题及参加的重要活动(每周四17:00前报长江航道局办公室);

(八)其他需要报送的事项。

第九条 长江航道局办公室政务信息工作职责:

(一)研究制定长江航道局政务信息工作计划和要点,并组织实施;

(二)收集、整理长江航道局重大、重要政务信息,在局域网、局外网上发布,并可推荐在《长江航道报》上发表;

(三)负责长江航道局政务信息工作考核和表彰;

(四)组织全局政务信息人员培训。

第十条 局档案信息中心负责局信息传输网络的管理维护工作。

第三章 政务信息上报

第十一条 各单位按照逐级上报的要求报送政务信息。按长航局或交通部要求报送的信息需抄报长江航道局办公室。

第十二条 局机关各部门、局机关直属单位报长航局、交通部或对社会发布的政务信息,按统一口径、严格审核的要求进行,并报局办公室备案。报长航局、交通部领导的政务信息需先送局办公室审核。

第十三条 局属各单位政务信息通过互联网报送,长江航道局办公室邮箱:cjhdjjb@263.net;局机关各部门、局机关直属单位政务信息通过局OA报送。

局属各单位每月至少报送3条政务信息,局机关各部门、局机关直属单位根据工作开展情况及时报送。

第四章　政务信息发布

第十四条　政务信息原则上在各单位局域网、局外网两级网络和电子显示屏发布。政务信息由各单位、各部门负责信息工作的人员负责发布。

第十五条　各单位的政务信息需在《长江航道报》发表的,由局宣传部门负责审核。

第十六条　长江航道局外网、电子显示屏发布信息由局档案信息中心按规定进行。

第十七条　《长江航道局政务信息》反映长江航道局重要工作和重大事项,由长江航道局办公室不定期编辑,送局领导审核后报长航局。

第十八条　《长江航道局月度工作计划》反映长江航道局有关单位、部门当月主要工作完成和次月主要工作安排情况,由长江航道局办公室每月初汇总编辑后送局领导审阅,同时在局域网发布。

第十九条　《长江航道局领导、局属单位领导、局机关部门、局机关直属单位负责人周工作动态》反映长江航道局有关单位、部门领导、负责人每周重要工作及重要活动,由长江航道局办公室每周一编辑后送局领导审阅并报长航局,同时在局域网发布。

第二十条　各单位要加强政务信息工作领导,严格政务信息工作程序,做好政务信息归档管理。

第五章　考核与奖惩

第二十一条　政务信息工作纳入长江航道局方针目标考核范围。

第二十二条　政务信息工作考核内容:

(一)是否明确政务信息工作机构、分管领导、工作人员及岗位职责;

(二)是否按时限、程序报送政务信息;

(三)是否有漏报、瞒报政务信息现象;

(四)是否有错报、误报政务信息现象。

第二十三条 长江航道局按年度对政务信息工作先进单位和个人进行表彰,对未按规定做好政务信息工作的单位给予批评。

第六章 附 则

第二十四条 本办法由长江航道局办公室负责解释。

第二十五条 本办法适用于局属各单位、局机关各部门、局机关各直属单位。

第二十六条 本办法自发布之日起实施。原《长江航道局信息工作管理办法》同时废止。

北京市交通委员会关于加强和改进信息工作的意见

为完善交通信息网络，提高信息质量和实效，更好地为各级领导提供信息服务，根据市委、市政府有关规定，结合交通系统信息工作的实际，制订如下意见。

一、增强意识，加强领导

各级领导要高度重视信息工作，增强信息意识，把信息工作作为一项重要的日常工作，把报送信息作为各项工作完成后一个必经的程序。要善于运用信息了解下情，把握全局，指导工作。各单位主要领导和办公室主任对信息工作负有领导责任。各单位、各部门要把向委办公室报送信息作为一项重要责任，切实履行。

二、明确职责，健全网络

交通系统信息网络体系要做到人员到位、纵横贯通、反应灵敏、工作规范。

（一）委办公室是全市交通信息工作的具体承办部门。职责是：组建本系统信息工作网络；聘任交通系统专（兼）职信息员；对网络中各单位的信息工作进行指导；负责向市委、市政府及交通部、建设部报告信息；组织交通系统信息工作的考核、评比、奖励。

（二）委属各单位、委机关各处室除明确一名领导分管信息工作外，还应指定一人为专兼职信息员，负责本部门日常信息工作。

（三）市属各交通企业要及时向市交通委报送信息。

（四）各单位办公室是本单位信息工作的具体承办部门，各职能处室是信息来源的主要渠道。办公室主任和职能处室负责人要亲自抓信息工作。重要信息要由办公室主任和职能处室负责人亲自动手起草。

(五)信息工作人员要讲学习,努力学习掌握党的路线、方针、政策,国家的法律、法规以及有关的专业知识,具备较强的调查研究能力、文字表达能力和现代办公设备操作技能;要有较强的政治责任感和信息意识,善于站在全局的角度观察和认识事物;要讲正气,发扬勤奋工作、无私奉献和深入实际、科学严谨的工作作风,坚持实事求是。

三、信息的收集

紧密围绕中心工作和领导决策需求收集和报送信息是信息工作的出发点和着力点。

收集信息的主要内容是:

(一)贯彻落实市委、市政府及本单位决策的重要情况。包括贯彻落实的思路、部署、措施、效果;干部群众的反映、要求和建议;贯彻落实中出现的新情况、新问题;对修正、完善有关决策的建议。

(二)领导同志到基层检查工作、现场办公、调查研究时的重要讲话,以及贯彻落实领导讲话的情况。

(三)系统内各行业、各部门、各单位在规划、建设、运营、管理等各方面工作的重要情况。注意反映本行业、本部门、本单位的新情况、新问题、新思路、新举措、新经验。包括重大工程的进展情况、重要措施的落实情况、领导和群众关注事项的办理情况等,可以是总体结果,也可以是阶段性成果。

(四)重大的社会动态。包括参与人数多、影响较大、不利稳定的情况;不正当的宗教活动和封建迷信活动;重大的刑事犯罪案件;对各种造成重大伤亡或影响较大的事故、重大的自然灾害和疫情等。

(五)重要的社情民意,特别是一个时期干部群众最关心、议论较多、意见较大的问题;社会各阶层中苗头性、倾向性的思想动态。

四、编写信息的要求

(一)反映的事件应当真实可靠,事例、数字、单位应当力求准确。重大事件上报前应当核实。

（二）各类信息的报送要及时，适应科学决策和领导需要。突发性事件等紧急重大信息应当立即报送，必要时应连续报送。

（三）实事求是，有喜报喜，有忧报忧，防止以偏概全。

（四）主题鲜明，言简意赅，力求用简练的文字和有代表性的数据反映事物的概貌和发展趋势。

（五）反映情况和问题力求有一定的深度，透过事物的表象，揭示事物的本质和深层次问题，既有定性分析，又有定量分析，努力做到有情况、有分析、有预测、有建议。

（六）搞好信息调研。各单位、各部门要努力提供高水平的信息，而信息调研是开发高水平信息的基本手段，也是我们提高信息质量的突破口。各单位、各部门都要在抓好重要工作动态反馈的基础上，围绕中心工作，对热点难点问题开展信息调研，每年应向委提供 1 篇信息调研材料。

五、信息的报送

（一）报送信息的方式。上报信息一般应用书面形式，需有单位或部门名称、信息员姓名、上报时间。时效性较强的信息用传真或电子邮件发送到委办公室。

（二）报送信息的时间。以委名义召开的交通系统的工作会议，由主管业务处室当日或次日向委办公室报送信息。每月经济指标完成情况各有关部门应在次月 5 日前报送；全年重要经济指标完成情况应在次年元月 10 日前报送；其余的重要信息要随时报送，尽量做到及时准确。

（三）上报信息的使用。对于重大的、有影响的信息，委办公室以《北京交通信息》的形式上报主管市长、市委办公厅、市政府办公厅。对于有交流、借鉴、参考价值的信息，委办公室刊登在《内部情况通报》上。《内部情况通报》印发委领导、各职能处室，下发各单位。委办公室定期向各单位、各部门通报上报和刊用信息的情况。对于上报和采用信息数量多、质量优的单位和部门，在《内部情况通报》上予以通报表扬，对于一个月不向委报送信息的单位和部门，在《内部情况通报》上予以通报批评。对不报、迟报、漏报、匿报和虚报重要信息,并由此造成重大损失和重要影响的,要追究单位领导责任。

六、信息工作现代化建设

为保证信息工作的正常开展,应加强信息工作现代化建设,建立并逐步完善信息采编、传递、储存、管理为一体的计算机处理信息系统。同时要研究开发图片和音像信息,为领导提供直观、形象的信息服务,增强信息服务效果。

重庆市交通委员会关于进一步加强交通政务信息工作及考核的意见

交通政务信息是党和政府了解交通情况、指导交通工作、密切党群关系的重要渠道,是交通部门坚持科学执政、民主执政、依法执政,实施科学民主决策的重要基础。进一步加强交通政务信息工作,对于各级交通部门了解动态、把握形势、驾驭全局、科学决策,提高执政能力,落实科学发展观,推动交通新的全面、协调和可持续发展具有重要意义。为了不断创新政务信息工作的思路和方法,解决报送信息意识不敏锐、渠道不畅、时效性不强、编写质量不高、发展不平衡和重大紧急信息迟报、漏报、不报等方面的问题,特制定本意见。

一、进一步明确信息工作思路和目标,切实加强对信息工作的领导

1. 当前和今后一个时期,交通政务信息工作的基本思路是:坚持以科学发展观为指导,紧紧围绕全市交通工作大局,以队伍建设为基础,以提高质量为核心,以服务各级领导和群众为重点,求真务实,开拓进取,努力开创信息工作的新局面。

2. 交通政务信息工作的目标是:用两年左右的时间,使全系统人员编写信息的意识进一步增强,组织制度进一步完善,人员素质进一步提高,信息报送渠道更加畅通,信息编写质量明显提高,为领导决策和促进决策落实提供全面、及时、准确、规范的信息服务。

3. 领导带头抓好信息工作落实。交通部门各级领导要从立党为公、执政为民的高度充分认识信息工作的重要性,切实把信息工作摆到重要议事日程,给予应有的地位,落实工作机构,充实信息队伍,加大对信息工作的投入,保证必要的经费。主要领导要定期听取信息工作汇报,切实解

决信息工作中的困难和问题,自觉运用信息科学决策、指导工作,经常给信息人员出题目、交任务、提要求,为信息人员查阅文件,参加调研、会议和重大活动提供便利,并对他们政治上关怀、工作上关心、生活上关照,为信息人员开展工作、成长进步创造条件。

二、围绕中心,突出重点,充分发挥交通政务信息的主渠道作用

4. 及时向上级部门报送交通政务信息,报告党中央、国务院和市委、市政府以及交通部的各项决策、部署和领导同志指示的贯彻落实情况,反映工作进展以及行业发展的重大问题,使各级领导同志及时掌握交通重要工作动态,是信息工作必须履行好的一项重要职责,也是发挥政务信息主渠道作用的重要体现。各单位要紧紧围绕市委、市政府的重大决策部署和交通中心工作,及时调整信息工作重点,增强信息工作的主动性、针对性、预见性和时效性,为各级领导和上级机关提供最新、最需要的信息。

5. 交通政务信息报送的重点。一是党中央、国务院和市委、市政府以及交通部的重大决策与重要工作部署的贯彻落实情况,上级领导关注的重要工作进展情况等。二是"二环八射"高速公路主骨架、国省道主干线、市重点公路和农村公路建设进展与工程质量情况、存在的问题及市交通发展战略的实施情况,各级政府加快交通基础设施建设的政策措施、兄弟省市对口支持的交通建设与发展项目的落实与进展情况以及相互合作的情况等。三是公路养护管理、公路水路运输及安全生产、交通规费征收情况及经验等,包括治理车辆超限超载、实施"安保工程"、煤电油运及农产品运输等。四是重大事故、重大灾情发生和处置情况,清理拖欠民工工资和促进社会就业所采取的措施及取得的效果等。五是交通行业深化改革和廉政建设、精神文明建设等情况。六是对交通发展有重要影响的社会各个方面的情况等内容。

三、严格政治纪律,高度重视并认真做好重大紧急信息和问题信息的报送工作

6. 坚持重大紧急情况及时向交通主管部门请示报告,是交通政务信

息工作历来遵循的一条纪律和要求。各级交通部门和各单位务必高度重视并认真做好重大紧急信息的报送工作，建立重大紧急信息处理应急机制。突发性事件、重大事故和灾情，必须在事发后及时报送有关情况并不超过5小时，同时要跟踪事件进展，做好续报工作，直至事情处理完毕。情况特别紧急或影响特别重大的，可先通过电话方式报告，并在3小时内补报信息。对因迟报、漏报、瞒报而给工作造成损失的，委将视情给予严肃处理。

7. 坚持实事求是、喜忧兼报的原则，全力解决报忧难的问题。信息是领导发现问题的重要渠道，而且是解决问题的有效途径。信息工作要围绕大局，敏锐捕捉工作中出现的典型性、倾向性、苗头性问题，有喜报喜，有忧报忧。报喜信息内容要恰如其分，避免浮夸和虚假情况。报忧信息要敢于反映真实问题，内容准确可靠，让领导全面、准确地了解基层实情，以促进问题的解决。

四、规范信息采编工作，加大信息开发力度

8. 围绕“准、快、全、深、前”的要求，精选精编每一条信息，着力提高信息采编质量。“准”，就是编报信息务求准确，不夸大成绩，不掩盖问题。突发事件情况不甚清楚时，可先报送掌握的情况与相关背景，进一步核实后，抓紧补报事件进展和采取的措施。“快”，就是对重大突发事件及苗头、重大事故及险情，做到快发现、快编辑、快报送。委一般不采用3个工作日以前的信息，不重复采用已在媒体上播发的信息。“全”，就是信息要全面反映事物的原貌、本质及特点，防止以偏概全。编报信息要对信息的基本要件反映清楚，并要适当介绍事件的前因后果，对专业术语进行必要的解释，使信息内容完整、全面。“深”，就是通过深入调查研究，发掘信息内在价值，重要内容写深写透，细枝末节可一笔带过，做到有情况、有分析、有建议。“前”，就是要有超前意识和大局观念，对市委、市政府关注和社会关心的事关全局的重大问题，提前作出反应，及时收集分析有关情况，不断跟踪，连续反馈，为领导提供系统的决策依据。

9. 大力拓展信息采集渠道，广泛收集并反映相关部门、研究机构、专家学者尤其是人大、政协对交通工作的意见、建议,使之成为领导科学决策的重要参考。互联网以其信息数量多、反应快、影响大的特点,已经成为各级领导了解社情民意的重要渠道。要重视互联网信息的采集、分析和综合,尤其是交通重大政策法规出台前后,更要关注网上舆情,向领导及时报送社会各界的反应。

10. 敏锐把握经济社会发展形势,密切关注环境变化对交通工作的影响,注重了解、研究社情民意,及时分析有关情况,不断深化对交通发展的规律性认识,提供有决策参考价值的高层次信息。

五、坚持信息工作与其他政务、业务工作相结合,努力形成全员信息工作格局

11. 要善于调动各方面的积极因素,形成工作合力,把信息工作延伸、渗透到调研、督查、信访、公文处理、会议、值班及规划、建设、改革、管理等各项政务、业务工作中,使其成为采集、挖掘、开发信息的源泉,努力形成"项项工作出信息、人人都是信息员"的工作格局。

12. 坚持信息工作与调研工作结合。调查研究是挖掘信息价值、提高信息质量的有效途径。要创造条件并鼓励信息人员深入基层调查研究,掌握第一手材料,写出内容翔实、有深度分析和对策建议的调研信息。对交通改革发展的重大问题,还要进行跟踪调研,提出解决办法。各单位每年向委提供2~3篇调研信息。

13. 坚持信息工作与信访工作结合。信息与信访工作都是党和政府联系群众的桥梁和纽带。信息工作做好了,可以增强信访工作的主动性,防止和避免矛盾激化。信息人员要关注信访线索和苗头,配合信访人员超前掌握和报告公路建设征地拆迁、交通企事业单位改制与职工就业、汽车客运线路审批、运力的调整等可能引发人民内部矛盾、引发集体上访等群体性事件的问题和隐患,为上级机关和领导同志提供预警信息,为交通改革发展创造稳定的环境。

六、加强制度、网络和队伍建设,为做好交通政务信息工作提供保证

14. 完善信息工作制度,推动信息工作制度化、规范化。要将信息工

作纳入本单位的目标管理考核体系，不断完善信息采编、审核、报送、传输、保密等方面的制度和程序。信息人员参加重要会议活动、查阅重要文件、调研学习考察和机关处室提供信息都要在制度中作出明确规定，并在工作中切实抓好落实。

15. 加强信息网络建设，提高交通政务信息的覆盖面和安全性。网络是信息采编、报送和共享的载体，也是信息时效性的重要保证。要不断加强信息网络建设，延伸信息触角。委办公室争取在近年内实现委系统网络联通，消除网络“盲点”。要加强信息网络保密工作，政务信息网络不得与互联网连接，并应加设保密装置，及时对网络进行升级改造，保证系统反应灵敏、运转高效、安全可靠，充分发挥网络在信息工作中的作用。除向上级报送信息外，下发信息也要尽量使用网络，逐步取消纸质信息。

16. 把队伍建设作为交通政务信息工作的一项根本任务来抓。委办公室将长期为基层从事信息工作的同志提供学习交流的机会。各单位可采取脱岗培训、以会代训等多种形式，有计划、有步骤地对信息人员进行培训，努力建设一支高素质的信息队伍。信息人员要开阔眼界，勤于动脑，脚踏实地，积极创新，努力推动信息工作不断迈上新台阶。

七、加强信息工作的考核，建立信息工作激励机制

为了不断提高交通系统政务信息的质量和水平，充分发挥政务信息工作的参谋、服务作用，根据《重庆市人民政府办公厅2005年政务信息工作目标考核办法》和《交通部政务信息工作考核办法》的精神，结合全市交通政务信息工作的要求，委办公室负责对委系统的政务信息工作进行一年一度的目标考核。

（一）目标考核对象

1. 各区县（自治县、市）交通局（委）；

2. 委属各企事业单位。

（二）记分标准

交通政务信息工作实行目标管理。委办公室按照各区县（自治县、市）交通局（委）和委属各单位的考核标准分别下达各被考核对象的目标

任务分,在完成考核目标任务分的单位中评选先进,并在每年的办公室主任会上进行表彰。

计分标准如下:

1. 政务信箱报一条计 1 分;

2. 每日信息采用一条计 2 分;

3. 网站信息报一条计 1 分,采用一条计 2 分;

4. 专报信息采用一条计 3 分;

5. 信息参考采用一条计 3 分;

6. 约稿信息采用一条计 4 分;

7. 市委、市政府、交通部采用一条计 5 分;

8. 被委领导批示一条加 3 分;

9. 被市领导批示一条加 5 分;

10. 被交通部领导批示一条加 10 分。

如委采用后,又同时被市委、市政府、交通部等信息刊物采用的,可分别计分,累计算分。

对要求报送的约稿信息出现漏报、迟报、错报的,每条扣 5 分;对报送不实导致严重影响的信息,每条扣 10 分,同时视情况予以通报批评,取消当年评选信息工作先进的资格。

(三)考核评选办法

1. 考核办法:

委办公室每月通报各单位当月报送信息被采用的条目、当月信息得分及累计得分情况,同时通报当月信息采用为零的单位。

凡未完成委下达的政务信息工作目标任务的单位,不纳入评选年度政务信息工作先进集体的范围。

2. 评选办法:

(1)全市交通政务信息工作先进集体。

完成全年交通政务信息工作目标任务的单位,以得分高低为基本依据,并综合考虑以下条件,评选出年度交通政务信息先进集体。

①全年至少有 1 条信息被市委、市政府或交通部办公厅以上单位采

用或市、部以上领导批示。

②每月至少有一条信息被市交委采用或被委领导批示。

③在年度交通信息工作目标考核中区县(自治县、市)交通局(委)信息得分应名列前15位;委属单位信息得分应名列前20位。

④年内没有漏报、迟报、错报信息的现象。

⑤按照要求,及时认真完成上级的约稿信息。

⑥按照要求,认真完成上级领导批示信息的办理和反馈。

⑦报送信息准确、及时,信息渠道畅通。

⑧建立和完善了内部信息工作机制,信息机构健全,配备有专门信息工作人员。

(2)全市交通政务信息工作先进个人。

凡纳入全市交通政务信息工作目标考核范围的单位,综合考虑以下因素,评选出年度交通政务信息工作先进个人。

①被评为全市交通政务信息工作先进集体的单位可评选1名交通政务信息工作先进个人。

②未被评为全市交通政务信息工作先进集体的单位中的信息工作人员,个人在全年上报信息中至少有1条被市交委、市委、市政府、交通部或以上的单位采用,或被市、部以上领导批示。

3. 各单位基础分(附后,略)。

江苏交通政务信息工作考核办法

第一条 为了全面贯彻科学发展观并适应政府管理职能转变的需要,努力提高我省交通政务信息工作水平,根据中央办公厅、国务院办公厅、交通部和省委、省政府有关信息工作的要求,结合我省交通工作的实际,制定本办法。

第二条 交通政务信息工作是交通工作的一项重要内容。当前和今后一个时期,江苏交通政务信息工作的指导思想是:坚持以"三个代表"重要思想为指导,全面贯彻科学发展观,紧紧围绕交通率先发展、科学发展、和谐发展大局,以提高信息质量为核心,以服务各级领导为重点,为领导机关把握全局、科学决策和实施领导提供及时、准确、全面的信息服务,不断开创信息工作的新局面。

第三条 交通政务信息工作必须贯彻和遵守党和国家的方针、政策与法律、法规,紧紧围绕政府和交通部门的中心工作,针对经济社会发展中的重点、难点、热点问题,及时反映交通工作中出现的新情况、新问题、新特点、新举措,增强信息工作的主动性、针对性、预见性和时效性。

第四条 交通政务信息报送的重点:

(一)国家、省、部、厅的重大决策和重要工作部署的贯彻落实情况;

(二)交通重点工程进展及工程质量控制等情况;行业管理的重大部署及实施情况,行业管理中面临的突出矛盾及相关建议;

(三)各级政府以及外省支持加快交通发展的政策措施;

(四)养护管理、运输及安全生产、交通规费征收情况及经验等;

(五)重特大事故、重大灾情以及其他突发事件的发生和处置情况;

(六)交通行业深化改革和廉政建设、精神文明建设情况等。

第五条 各级交通部门要认真做好政务信息的采集、筛选、加工、传送、反馈、存储和保密等工作。要进一步增强信息工作意识,加大信息工作力度,建立纵向到底、横向到边的信息工作网络,把全省交通系统的信息工作提高到一个新的层次。

(一)建立健全交通政务信息队伍。各单位和部门必须配备1-2名具有一定业务知识、文字表达能力以及综合分析能力的专、兼职信息员。

(二)着力提高信息质量。围绕“准确、全面、快速、深入、超前”的要求,精编精选,所用事例、数据要准确无误,重大事件上报前要认真核实,不夸大成绩,不掩盖问题;要全面反映事物的原貌、本质及其特点,防止以偏概全;对重大突发事件及苗头、重大事故及险情等,做到快发现、快编辑、快报送;要通过深入调查研究,发掘信息内在价值,做到有情况、有分析、有建议;要有超前意识和大局意识,对中央、交通部、省委、省政府关注和社会关心的重大问题,提前收集分析有关情况,不断跟踪,连续反馈,为领导提供系统的决策依据。

(三)强化报送时效。急事、要事和突发性事件应当在事发后4个小时内迅速报送至省交通厅,做到不迟报、不漏报、不误报,并做好续报工作,直至事情处理完毕。情况特别紧急或影响特别重大的,应在事发后立即通过电话告知省交通厅值班室,并在4小时内补报信息。

(四)突出报送主题。上报信息要一事一报,主题鲜明,信息的基本要件要反映清楚,适当介绍事件的前因后果,反映情况和问题要有一定的深度,去粗存精,由表及里,有情况、有分析、有预测、有建议,努力做到理论与实践、定性与定量相结合,适应科学决策和领导需要。

(五)坚持实事求是、喜忧兼报的原则。信息工作要围绕大局,敏锐捕捉工作中出现的典型性、倾向性、苗头性问题,有喜报喜,有忧报忧。报喜信息内容要恰如其分,避免虚假情况;报忧信息要敢于反映真实问题,内容准确可靠。

(六)充分利用互联网,拓宽信息来源渠道。互联网以其信息数量多、反应快、影响大的特点,已经成为各级领导了解社情民意的重要渠道。要重视互联网信息的采集、分析和综合,尤其是交通重大政策法规及决策部署出台前后,更要关注网上舆情,向领导及时报送社会各界的反应。

(七)坚持信息工作与调研工作结合。要创造条件并鼓励信息人员深入基层调查研究,掌握第一手材料,发现问题,分析问题,反映问题,写出内容翔实、有深度分析和对策建议的调研信息。对交通改革发展的重大决策部署,还要进行跟踪调研,及时反映推进过程中的新情况、新问题、新矛盾,提出相关建议。各市交通局及厅属各单位每年应向省交通厅提供不少于4篇调研信息。

第六条 交通信息工作基本制度:

(一)信息报送制度:

1. 信息载体。省交通厅政务信息载体为:《江苏交通政务信息专报》和《江苏交通政务信息专报(综合)》,发往省委、省政府、交通部办公厅;《领导参阅信息》,分送厅有关领导,增发有关部门和单位主要负责同志;《互联网信息摘报》,分送厅领导。各地、各单位信息载体可自行确定。

2. 信息报送。各单位上报的信息主要以电子邮件形式规范上报,无法用网络传输形式时可用传真形式。报厅信息,须经主办处室负责同志签发,重大信息要报单位分管领导或主要领导签发,除一些时效性特强的突发性事件外,均要签发上报。

(二)信息工作通报、考评制度:

1. 信息通报。省交通厅将定期通报各市、县交通局、厅机关各处室(部门)、厅直属单位交通政务信息采用及计分情况,并同时提供电子文件下载。

2. 信息考评。省交通厅每年对信息工作进行一次考评、表彰和奖励。没有完成省交通厅办公室约稿任务3次以上,或因迟报、漏报、瞒报信息给工作造成较大影响的,取消当年信息工作先进单位评选资格。

第七条 信息工作评比,以每年度内上报信息的得分情况为主要依据。具体计分办法为:

(一)被省交通厅《江苏交通政务信息专报》、《领导参阅》采用,每条得4分,被《江苏交通政务信息专报(综合)》采用,每条得8分;被省委、省政府、交通部办公厅《每日动态》采用,每条各加8分,被中央办公厅、国务院办公厅和交通部《专报信息》采用的每条各加15分。

（二）被交通厅领导批示的信息，每条加 8 分；被部省以上领导批示的信息，每条加 15 分。

（三）被省交通厅《互联网信息摘报》采用，每条得 1 分。

（四）部直报点上报信息被部采用，按上述办计分办法一并计分。

第八条 加强信息保密工作，除按规定上报外，未经签发人批准不得对外提供所编信息。

第九条 本办法由省交通厅办公室解释。

第十条 本办法自 2007 年 1 月 1 日起施行。

广西壮族自治区交通厅
交通政务信息工作考评和表彰办法

第一条 为了调动各级交通部门做好信息工作的积极性,促进我区交通政务信息工作的不断发展,更好地为领导决策和交通事业发展服务,根据交通部《交通政务信息工作暂行办法》和《广西交通厅政务信息管理办法(试行)》等有关规定,制定本办法。

第二条 为加强对我区交通政务信息工作的指导和管理,将全区交通系统划分为4个交通政务信息联系点。第一联系点由河池地区、百色地区、柳州地区、柳州市、桂林市交通局组成;第二联系点由南宁地区、南宁市、钦州市、北海市、防城港市交通局组成;第三联系点由贺州地区、贵港市、玉林市、梧州市交通局组成;第四联系点由厅机关各处室、直属各单位组成。各交通政务信息联系点成员单位要确定一位领导分管信息工作,并明确主管信息工作的部门,落实具体信息工作人员,同时报送交通厅办公室备案。厅办公室对各交通政务信息联系点成员单位实施直接管理,要采取有效措施加强对各交通政务信息联系点的指导和检查,促进我区交通政务信息工作效率与质量的提高。

各交通政务信息联系点成员单位,可根据工作需要设立下一级交通政务信息联系点,并负责对下一级交通政务信息联系点的管理和指导,定期组织开展信息研讨活动。

第三条 各交通政务信息联系点的基础建设:

(一)各交通政务信息联系点成员单位要保持交通政务信息工作队伍的健全和相对稳定。由于工作或其他原因,需更换交通政务信息负责人和交通政务信息员时,要及时向厅办公室书面报告,确保交通政务信息工作的连续性。

（二）各交通政务信息联系点成员单位要支持交通政务信息员的工作，为交通政务信息员参加会议、查阅文件、采编交通政务信息、业务学习、外出调研等提供便利条件。

（三）各交通政务信息联系点成员单位应不定期地对交通政务信息员进行培训，组织交通政务信息员学习政治和业务知识，加强交通政务信息调研、采编等培训，不断提高交通政务信息员的政治和业务水平，不断提高交通政务信息采编工作能力。

（四）有条件的交通政务信息联系点成员单位应配备计算机、传真机、复印机等现代化办公设备，保证交通政务信息迅速、准确、安全地处理和传递。

（五）交通政务信息工作人员应熟练掌握现代化办公设备的操作技术，快速处理和传递交通政务信息，提高工作效率和质量。

第四条 各交通政务信息联系点成员单位的主要任务是：负责报送本单位、本地区的交通政务信息，为本单位和上级领导了解情况、科学决策提供服务。

第五条 交通政务信息工作负责人的主要职责是：

（一）管理、指导本单位和下一级交通政务信息联系点的交通政务信息工作。

（二）对本单位和下一级交通政务信息联系点的交通政务信息工作提出要求，并进行检查。

（三）审核本单位上报的交通政务信息。

（四）负责本单位和上级领导对交通政务信息批示的查办、催办工作，并及时向领导反馈查办、催办情况，催办结果须书面报告厅办公室。

（五）负责本单位、本地区交通政务信息工作的总结和表彰。

第六条 交通政务信息工作人员的主要职责是：

（一）按厅发布的交通政务信息报送要点，了解、收集、编辑本单位、本地区的交通政务信息。

（二）按厅规定的格式、时间、方法和要求报送交通政务信息。

（三）为本单位领导和上级部门提供交通政务信息服务。

(四)完成上级部门和本单位领导布置的与交通政务信息有关的工作。

第七条 厅办公室负责对交通政务信息联系点成员单位交通政务信息工作的归口管理和指导,其主要职责是:

(一)收集、整理各交通政务信息联系点成员单位报送的交通政务信息,编写《广西交通政务信息》、《领导参考》等信息刊物,上报交通部和自治区党委、自治区人民政府,呈送厅领导参阅。

(二)将交通部、自治区党委、自治区人民政府领导以及厅领导对交通政务信息的批示,迅速传达到交通政务信息联系点有关成员单位,并将催办落实情况和有关事项的办理结果向厅领导和上级领导反馈。

(三)负责指导和协调交通政务信息联系点成员单位的交通政务信息工作。

(四)根据交通部、自治区党委、自治区人民政府不同时期的工作部署,及时发布交通政务信息报送要点,预约重要交通政务信息的报送。

(五)负责年度交通政务信息工作的总结和表彰。

第八条 交通政务信息的报送要求:

(一)报送数量要求:各交通政务信息联系点成员单位每年向厅报送交通政务信息数量不少于24条,每月不少于2条。

(二)报送时间要求:动态性交通政务信息从收集到报厅不得超过24小时,重大突发性事件不得超过2小时。如情况紧急可先通过电话或其他方式口头直接上报,但必须在4小时内书面补报。一般性交通政务信息也应尽可能缩短报送时间。

(三)报送内容要求:

1. 反映的事物应当真实可靠,有根有据。重大事件上报前应当核实;

2. 所列的事实、数字,以及所涉及的单位应力求准确无误;

3. 实事求是,有喜报喜,有忧报忧,防止以偏概全和只报喜不报忧;

4. 主题鲜明,文题相符,标题简明,结构严谨,语言简练;

5. 反映情况和问题力求有一定的深度,努力做到有新意、有分析、有预测、有建议;

6. 动态性交通政务信息一般不要超过 300 字,一般性交通政务信息一般不要超过 1500 字;

7. 交通政务信息要按规定的格式打印,经本单位交通政务信息工作负责人审核签字或单位盖章后报送。已经完成政务信息联网的单位,要尽可能通过电子邮件方式发送交通政务信息,并注明签发人。全区实现政务信息联网后,一般不再处理书面传送的信息。

第九条 重要交通政务信息范围:

(一)中共中央、国务院和交通部、自治区党委、自治区人民政府领导以及厅、地市党政领导对本单位、本地区交通工作的重要指示和批示。

(二)中共中央、国务院和交通部、自治区党委、自治区人民政府领导以及厅、地市党政领导到本单位、本地区视察交通工作的情况和讲话要点。

(三)对厅的重要工作部署、交通工作的重大改革措施和重大决策的贯彻落实情况。

(四)自治区人民政府以及地方出台的有关交通工作的法规、政策和措施。

(五)关系国计民生的重要生产、生活资料的运输生产情况。

(六)交通重点工程建设情况。

(七)重大的工程或运输安全事故、隐患和突发性事件,重大自然灾害给本单位、本地区交通造成损失的情况。

(八)群众中交通方面的重要思想动态,交通工作涉及社会稳定的情况等。

(九)厅机关各处室、直属单位主管业务范围内的重要事项和基础统计数据,要求每季度抄送一份给办公室。

(十)厅确定的其他重要交通政务信息。

第十条 对漏报、迟报甚至扣压不报重要交通政务信息的交通政务信息联系点成员单位,厅将予以通报批评。

第十一条 交通政务信息稿酬标准:

(一)《广西交通政务信息》采用的:10 元/条。

(二)交通部《每日动态》采用的:20元/条;部《交通政务信息》采用的:40元/条。

(三)自治区党委信息刊物采用的:每条奖励20元。

(四)自治区人民政府《政务要讯》采用的:每条奖励20元。

(五)中共中央办公厅、国务院办公厅信息刊物采用的:每条奖励50元。

(六)得到厅领导批示的:每条奖励20元。

(七)得到交通部领导、自治区领导批示的:每条奖励50元。

(八)得到中共中央、国务院领导批示的:每条奖励100元。

第十二条 交通政务信息的考评计分:

(一)《广西交通政务信息》采用的:1条计5分;得到厅领导批示的:加计10分。

(二)交通部《每日动态》采用的:1条计10分;部《交通政务信息》采用的:1条计20分;得到交通部领导批示的:1条加计30分。

(三)自治区党委信息刊物采用的:1条计10分;得到自治区领导批示的:1条加计30分。

(四)自治区人民政府《政务要讯》采用的:1条计10分;得到自治区领导批示的:1条加计30分。

(五)中共中央办公厅、国务院办公厅信息刊物采用的:1条计40分;得到中共中央、国务院领导批示的:1条加计50分。

第十三条 交通政务信息工作的评比:

(一)奖项设置:交通政务信息工作先进单位、先进个人、好信息单项奖共3项。

(二)交通政务信息工作先进单位的评比条件:

1. 单位领导重视,交通政务信息工作有分管领导和部门,并落实信息员具体负责信息工作,业务活动正常开展;

2. 按规定完成每月和年度的信息报送任务;

3. 交通政务信息报送数量较多,质量较好,采用率高,差错、错误率低;

4. 信息考评年终总分排序在各交通政务信息联系点中位于前列。

（三）交通政务信息工作先进个人的评比条件：

1. 从事交通政务信息的调研、拟稿、审核、编辑等工作；

2. 积极撰写交通政务信息，报送数量较多，质量和采用率较高；

3. 为交通政务信息工作作出突出贡献。

（四）交通政务好信息单项奖的评比条件：

1. 信息报送及时、准确；

2. 信息内容重要，有较大的价值；

3. 信息格式规范，主题新颖，材料翔实，有情况、有分析、有建议；

4. 得到领导批示，解决了实际问题，产生了较大的经济和社会效益。

第十四条 交通政务信息工作的表彰：

各交通政务信息联系点成员单位每年1月15日前，向厅报送上年度本单位交通政务信息工作总结，并推荐上年度本单位交通政务信息工作先进个人、好信息单项奖。厅将根据交通政务信息联系点成员单位年终总分排序和交通政务信息工作的情况，确定交通政务信息工作各个奖项的获得者，颁发证书。奖励以精神鼓励为主，物质鼓励为辅。

第十五条 本办法由厅办公室负责解释。

第十六条 本办法自2000年8月1日起施行。

四川省交通政务信息计分奖励办法

为加强全省交通系统政务信息工作,提高交通政务信息的采编质量,进一步调动各单位和政务信息工作人员的积极性,更加全面、准确、及时地反映交通行业发展中的新情况、新问题、新经验,为上级机关和领导决策提供信息服务,特制订本办法。

一、交通政务信息报送要求

政务信息稿件须按规定一事一报,并通过厅政务信息采编系统直接报送厅内网信息平台,原则上不接受传真稿件。

突发信息稿件在通过政务信息采编系统及时报送的同时,须电话通知厅办公室信息编辑人员。

二、各单位信息任务分配

(一)市、州交通局(委)

全年报送信息数量不少于48条(每月不少于4条),凡完成年度报送任务计基础分24分;年终累计积分不少于80分。

(二)厅直单位

1. 公路局、航务局、运管局、稽征局、川高公司:全年报送信息数量不少于60条(每月不少于5条),凡完成报送任务计基础分36分;年终累计积分不少于100分。

2. 各高速公路公司(指挥部):有建设项目的高速公路公司(指挥部),全年报送信息数量不少于48条(每月不少于4条),凡完成报送任务计24分,年终累计积分不少于80分。营运管理公司,全年报送信息数量不少于36条(每月不少于3条),凡完成报送任务计18分,年终累计积分不少于60分。

3. 交通职业学院:全年报送信息数量不少于48条(每月不少于4条),凡完成年度报送任务计基础分24分;年终累计积分不少于80分。

4. 厅公路设计院:全年报送信息数量不少于36条(每月不少于3条),凡完成报送任务计基础分18分;年终累计积分不少于60分。

5. 结算中心、厅质监站、厅造价站、重点公路监理处、史志总遍室、交通设计院:全年报送信息数量不少于24条(每月不少于2条),凡完成报送任务计基础分12分,年终累计分不少于40分。

6. 大件管理处、交通工会、厅后勤服务中心、厅就业服务中心:全年报送信息数量不少于12条(每月不少于1条),凡完成报送任务计基础分6分;年终累计积分不少于20分。

(三)厅机关处室

1. 厅办公室、人事处、规划处、建管处、运输处、外经处:全年报送信息数量不少于48条(每月不少于4条),凡完成报送任务计基础分24分,年终累计积分不少于80分。

2. 厅法规处、财务处、科教处、监察室、公安处、厅直机关党委:全年报送信息数量不少于24条(每月不少于2条),凡完成报送任务计基础分12分;年终累计积分不少于40分。

3. 厅离退休处:全年报送信息数量不少于12条(每月不少于1条),完成报送任务计基础分6分,年终累计积分不少于20分。

三、信息计分标准

(一)《四川交通信息》

采用综合信息1条计分2分,信息短波1条记1分,被领导批示1次,该条信息加计5分。

(二)《领导参阅》

采用1篇计30分,被领导批示1次,加计15分。

(三)《值班报告》

重特大交通事故、重大突发事件及其他重要紧急情况1条计10分,被领导批示1次,加计10分。未及时报送或瞒而不报倒扣10分。

(四)厅上报交通部、省委、省政府信息

厅采用上报信息1条计5分;被部、省委、省政府信息刊物采用的,另计10分;被部、省领导批示1次的,再加计20分;部、省委、省政府采用的领导参阅、情况交流、专报信息稿件,加计40分。

四、信息稿件稿费标准

《四川交通信息》综合信息每条20元,信息短波每条10元,有领导批示奖励20元/次;《领导参阅》每篇100元,有领导批示奖励50元/次。

五、信息工作奖励

厅年终按各市州交通局(委)、厅直单位、厅机关处室三个序列对信息工作完成的积分比例进行排序,并进行通报。

年终根据信息目标任务完成情况评定信息工作先进单位和先进个人,给予表彰奖励。奖励办法:凡纳入“增收节支及削峰填谷政策”的单位严格按照省政府有关规定执行;其余单位可按原奖励办法执行;厅将对获得优秀《领导参阅》的作者给予适当奖励。

厅对未完成信息目标任务的单位,扣本单位年终目标分。

宁波市交通局(港口管理局)政务信息考核办法

为健全政务信息网络,畅通信息报送渠道,提高信息编撰质量,进一步调动各单位报送信息的积极性,现根据交通党工委《关于加强交通新闻信息宣传工作的意见》精神,制订本办法。

一、考核对象

考核对象为市交通系统政务信息网络单位。根据被考核单位特点,采用分组方式考核。分组情况如下:

第一组:杭州湾大桥工程指挥部,市高指、铁指,局属事业单位;

第二组:栎社国际机场,市交通控股公司、公运集团公司、海运集团公司、交工集团公司、汽运公司;

第三组:各县(市)、区交通局,大榭开发区交通局,东钱湖旅游度假区交通局;

第四组:局机关各处(室)。

二、考核方法

考核由基准任务和计分评比两部分组成。

1. 基准任务。根据单位任务性质,确定每星期报送信息的基数。考核对象连续2个星期或1年内有4个星期未完成报送基数的,视作未完成基准任务。基准任务分配如下:

市公路局、公管处、港航局,各县(市)、区交通局,大榭开发区交通局等每星期至少报送信息2条。

杭州湾大桥指挥部,市高指、铁指,市高管处、交通质监站、交通设计院,栎社国际机场,交通控股公司、公运集团公司、海运集团公司、交工集团公司、市汽运公司,东钱湖旅游度假区交通局,局机关各处(室)等每星期至少报送信息1条。

2. 计分评比。将被采用的信息折算成分值,年底按得分多少在各组内评出先进单位。计分方式如下:

被市交通局网站采用的,每条计1分,被局《要情摘报》、《宁波交通》采用的,每条计5分;被市委市政府、省交通厅网站采用的,每条计10分,刊物采用的,每条计20分;被交通部采用的,每条计30分。

被领导批示的信息加倍计分。一条信息被多级领导批示的,重复计分。同级多个领导批示的,只计一次加分;经市委市政府、省交通厅、交通部转报到上级政府或部门采用的信息,加倍计分;上级信息部门规定增加分值的信息,市局计分时相应增加分值;一条信息被不同级别的刊物或同部门不同的刊物采用,但上级信息部门规定不重复计分的,市局不重复计分。

三、奖罚措施

1. 对撰稿人给予稿酬奖励。市大交通系统所有单位报送的信息,被市局《交通港口要情摘报》、《宁波交通》采用的,每条10元;被市委市政府、省交通厅网站采用的,每条20元,刊物采用的,每条40元;被交通部采用的,每条60元。

被市委市政府、省交通厅、交通部转报到上级政府或部门采用的,按转报单位基数加倍计奖。被上级领导批示的加倍计奖。被不同级别的刊物或同部门不同的刊物采用,但上级信息部门规定不重复计分的,市局不重复奖励。

2. 将单位(处、室)信息工作与年终考核挂钩。年终按照得分多少,在第一、二组内评出优秀、合格单位,在第三组内评出优秀、良好、合格单位,完成基准任务的第四组成员为合格单位。对瞒报、漏报、误报、迟报重特大紧急信息或未完成基准任务的单位(处、室),取消计分评比资格,并视为年度信息工作考核不合格。

年度考核时,根据评比结果,分别按照市局下发的年度工作目标考核办法、机关文明处室考核办法和交邮系统党建精神文明考核办法相应加减分。

四、考核说明

1. 为便于采编和统计，一般信息按一事一报原则，通过电子邮件发送到 nbjt××@163.com。遇有紧急情况、敏感信息请通过交通 OA 网报送或发送到 nbjt××@zjt.gov.cn，同时电话通知市局办公室。非工作时间，遇到紧急情况请传真至市局值班室，并通过电话予以确认。

2. 为确保信息的准确性，各单位报送信息时要在正文后注明报送单位、撰稿人姓名及联系电话，重要信息要同时注明签发领导的姓名及联系电话。未注明的视作无效信息，不列入基准任务统计范围。

3. 因节假日等原因调整工作日的，调整前后两星期报送的信息可累计计入基准任务数内。由于上级部门信息采用情况通报滞后等原因，年终考核时未能统计计分的，转入下年度累计得分中。

4. 各县（市）、区公路段、公管所、航管所直接报送到市局的信息不计入所在县（市）、区交通局基准任务内，被采用的，得分计入所在县（市）、区交通局的积分内。经由市公路局、公管处、港航局等单位转报的，得分计入转报单位积分中。

5. 局机关各处（室）在内网公布的业务信息，计入基准任务统计范围内。局机关各处（室）报送的信息稿件被局网站、《交通港口要情摘报》、《宁波交通》采用的，只按规定给予个人奖励，不计处（室）得分。

6. 遇有两个及以上单位报送相同内容的信息时，计分以先报为准；同时报送的，计分以用作采编底稿的为准；市局综合采编的，所有报送单位同时计分。市局从报刊、网站、报表、工作报告上自行采编的信息，不计入各单位得分中。同一条信息有多个撰稿人的，稿酬只发给第一具名人；市局综合采编后被上级采用的，由市局酌情计发稿酬。

本办法印发后，以往有关规定与本办法不一致的，停止执行。